传承中华文化精髓

建构国人精神家园

菜根谭

全集

原著 【明】洪应明
注译 张铭一
主编 唐品

天地出版社 | TIANDI PRESS

图书在版编目（CIP）数据

菜根谭全集／唐品主编.—成都：天地出版社，2017.4（2020年3月重印）

（中华传统文化核心读本）

ISBN 978-7-5455-2382-9

Ⅰ.①菜… Ⅱ.①唐… Ⅲ.①个人—修养—中国—明代—通俗读物 Ⅳ.①B825-49

中国版本图书馆CIP数据核字（2016）第283068号

菜根谭全集

出 品 人	杨 政
主 编	唐 品
责任编辑	陈文龙 沈海霞
封面设计	思想工社
电脑制作	思想工社
责任印制	葛红梅

出版发行	天地出版社
	（成都市槐树街2号 邮政编码：610014）
网 址	http://www.tiandiph.com
	http://www.天地出版社.com
电子邮箱	tiandicbs@vip.163.com
经 销	新华文轩出版传媒股份有限公司

印 刷	河北鹏润印刷有限公司
版 次	2017年4月第1版
印 次	2020年3月第8次印刷
成品尺寸	170mm×230mm 1/16
印 张	30
字 数	506千字
定 价	39.80元
书 号	ISBN 978-7-5455-2382-9

版权所有◆违者必究

咨询电话：（028）87734639（总编室）
购书热线：（010）67693207（市场部）

本版图书凡印刷、装订错误，可及时向我社发行部调换

序言

　　上下五千年悠久而漫长的历史，积淀了中华民族独具魅力且博大精深的文化。中华传统文化是中华民族无数古圣先贤、风流人物、仁人志士对自然、人生、社会的思索、探求与总结，而且一路下来，薪火相传，因时损益。它不仅是中华民族智慧的凝结，更是我们道德规范、价值取向、行为准则的集中再现。千百年来，中华传统文化融入每一个炎黄子孙的血液，铸成了我们民族的品格，书写了辉煌灿烂的历史。

　　中华传统文化与西方世界的文明并峙鼎立，成为人类文明的一个不可或缺的组成部分。中华民族之所以历经磨难而不衰，其重要一点是，源于由中华传统文化而产生的民族向心力和人文精神。可以说，中华民族之所以是中华民族，主要原因之一乃是因为其有异于其他民族的传统文化！

　　概而言之，中华传统文化包括经史子集、十家九流。它以先秦经典及诸子之学为根基，涵盖两汉经学、魏晋玄学、隋唐佛学、宋明理学和同时期的汉赋、六朝骈文、唐诗宋词、元曲与明清小说并历代史学等一套特有而完整的文化、学术体系。观其构成，足见中华传统文化之广博与深厚。可以这么说，中华传统文化是华夏文明之根，炎黄儿女之魂。

　　从大的方面来讲，一个没有自己文化的国家，可能会成为一个大国甚至富国，但绝对不会成为一个强国；也许它会强盛一时,但绝不能永远屹立于世界强国之林!而一个国家若想健康持续地发展,则必然有其凝聚民众的国民精神,且这种国民精神也必然是在自身漫长的历史发展中由本国人民创造形成的。中华民族的伟大复兴,中华巨龙的跃起腾飞,离不开中华传统文化的滋养。从小处而言,继承与发扬中华传统文化对每一个炎黄子孙来说同样举足轻重,迫在眉睫。中华传统文化之用,在于"无用"之"大用"。一个人的成败很大程度上取决于他的思维方式,而一个人的思维能力的成熟亦绝非先天注定,它是在一定的文化氛围中形成的。中华传统文化作为涵盖经史子集的庞大思想知识体系,恰好能为我们提供一种氛围、一个平台。潜心于中华传统文化的学习,人们就会发现其蕴含的无穷尽的智慧,并从中领略到恒久的治世之道与管理之智,也可以体悟到超脱的人生哲学与立身之术。在现今社会,崇尚中华传统文化,学习中华传统文化,更是提高个人道德水准和构建正确价值观念的重要途径。

近年来,学习中华传统文化的热潮正在我们身边悄然兴起,令人欣慰。欣喜之余,我们同时也对中国现今的文化断层现象充满了担忧。我们注意到,现今的青少年对好莱坞大片趋之若鹜时却不知道屈原、司马迁为何许人;新世纪的大学生能考出令人咋舌的托福高分,但却看不懂简单的文言文……这些现象一再折射出一个信号:我们现代人的中华传统文化知识十分匮乏。在西方大搞强势文化和学术壁垒的同时,国人偏离自己的民族文化越来越远。弘扬中华传统文化教育,重拾中华传统文化经典,已迫在眉睫。

本套"中华传统文化核心读本"的问世,也正是为弘扬中华传统文化而添砖加瓦并略尽绵薄之力。为了完成此丛书,我们从搜集整理到评点注译，历时数载，花费了一定的心血。这套丛书涵盖了读者应知必知的中华传统文化经典，尽量把艰难晦涩的传统文化予以通俗化、现实化的解读和点评，并以大量精彩案例解析深刻的文化内核，力图使中华传统文化的现实意义更易彰显，使读者阅读起来能轻松愉悦并饶有趣味，能古今结合并学以致用。虽然整套书尚存瑕疵，但仍可以负责任地说，我们是怀着对中华传统文化的深情厚谊和治学者应有的严谨态度来完成该丛书的。希望读者能感受到我们的良苦用心。

前言

中华民族的传统文化博大精深、源远流长，经过历史长河的不断冲刷、洗礼，留下了一颗颗瑰丽无比的明珠！《菜根谭》就是其中一颗璀璨的明珠。常言道："咬得菜根，百事可做"。明代奇人洪应明将谭以菜根名，化大俗为大雅，变腐朽为神奇，清雅超逸，在洞察世情之余，点化人间万事。

洪应明，字自诚，生活在明代嘉靖、万历年间，关于洪应明的其他生平履历，《明史》及其他史料均无多记载。但《菜根谭》于精微深刻的语言中所表现出的旷达高远的智识，正是洪应明这位通达于人生的智慧成熟之士为世人所做的贡献。

《菜根谭》将儒、释、道三家之精髓融于一体，总结处世为人之策略，概括功业成败之智慧，指示修身养性之要义，界分求学问道之真假，指点生死名利之玄妙；既主张积极入世、经营天下、为民谋福、恩泽后世的进取精神，又宣扬亲近自然、悠游山水、独善其身、清静无为的隐逸趣旨及机智圆融、淡泊通变的人生哲学，同时也倡导悲天悯人、普度众生、空灵无际的超脱境界，且文采斐然、意境悠远。

《菜根谭》是一部奇书，之所以奇，是因为它里面浓缩了中国几千年的处世智慧和技巧，即使在现今，它同样可以让社会各行各业人士领略到它的内蕴，以至于日本人将《菜根谭》《孙子兵法》和《三国演义》并列为日本企业界经营管理的"指南"和"教材"。潜心研读《菜根谭》，细细揣摩，深悟其意，则如醍醐灌顶，倍觉终身受用无穷。

目前，社会上流行的《菜根谭》版本很多，但大多原文条目数量不足，虽谓"精编版"，但对于读者朋友来说，无法读到完整的原文，确是一件憾事。因此，本书参考了《菜根谭》的各种版本并经过切实考证，最终在其基础上精心加以搜集整合，收录原文575则，堪称目前所有刊行《菜根谭》版本中最全的版本。

《菜根谭》在读，更在悟。本书以现代人的视野和思维方法来对它进行提炼与演绎，力图给现代的读者朋友以最大的启示与指导。本书按内容分为修身励志篇、求学悟道篇、交际处世篇、克己警示篇等四个部分，每一则原文都加上标题，对难解的字词作了注释，并参考大量文献配注了相应译文，还有精彩点评来阐释精辟的道理，使生活在现代的读者更容易理解距今几百年前的古人的思想精髓。

目录

1/ 金玉人品　烈火中炼 …………002
2/ 昨日之非不可留
　　今日之是不可执 …………002
3/ 时时检点　学问真谛 …………003
4/ 念虑只差毫厘
　　人品直判天渊 …………004
5/ 是非邪正不可迁就
　　利害得失不可分明 …………005
6/ 淡泊之守须过浓艳
　　镇定之操须经纷纭 …………005
7/ 持身如泰山九鼎
　　应事若流水落花 …………006
8/ 完得心之本　尽得世之道 …………007
9/ 面上扫开千层甲
　　胸中涤去数斗尘 …………008
10/ 融得偏私　消得嫌隙 …………008
11/ 和气致祥　喜神多瑞 …………009
12/ 净从秽生　明从晦出 …………010
13/ 为万物立命　为天地立心 …………011
14/ 欺人愧报　失志晚悲 …………011

15/ 枕席上参勘心体
　　饮食中谙练世味 …………012
16/ 临小事如临大敌
　　坐密室若坐通衢 …………013
17/ 闲中先检点　静里密操持 …………014
18/ 以恬养智　以重持轻 …………014
19/ 拨开世上尘氛
　　消却心头鄙吝 …………015
20/ 彩笔描空不受染
　　利刀割水不留痕 …………016
21/ 一念常惺避弓矢
　　纤尘不染解天罗 …………016
22/ 浓夭淡久　大器晚成 …………017
23/ 能察能不察之谓明
　　能胜能不胜之谓勇 …………018
24/ 祸起玩忽之人
　　功败细微之事 …………019
25/ 持身涉世　不可随境而迁 …………019
26/ 世人以心惬处为乐
　　达士以心拂处为乐 …………020
27/ 不作垢业　不立芳名 …………021
28/ 遇忙处会偷闲
　　处闹中能取静 …………021

29/ 风息时休起浪
　　岸到处便离船 ……………… 022
30/ 无事如有事时提防
　　有事如无事时镇定 …………… 023
31/ 肝肠煦若春风
　　气骨清如秋水 ………………… 024
32/ 市恩不如报德之为厚 ………… 024
33/ 少年当抑躁心
　　老人当振惰气 ………………… 025
34/ 众人忧乐以情
　　君子忧乐以理 ………………… 026
35/ 心事天青日白
　　才华玉韫珠藏 ………………… 027
36/ 忙于闲暇之时
　　放于收摄之后 ………………… 028
37/ 贫贱所难　难在用情 ………… 028
38/ 做人一味率真
　　踪迹虽隐还显 ………………… 029
39/ 背后防射影之虫
　　面前有照胆之镜 ……………… 029
40/ 心体澄澈　天下无可厌之事 … 031
41/ 宁以风霜自挟
　　毋以鱼鸟亲人 ………………… 031
42/ 做人要脱俗　不存矫俗之心 … 032
43/ 梦里悬金佩玉
　　睡虽真觉后假 ………………… 033
44/ 痴人每多福　以其近厚也 …… 034
45/ 密则神气拘逼
　　疏则天真烂漫 ………………… 034

46/ 事事用意意反轻
　　事事忘情情反重 ……………… 035
47/ 饮酒莫教成酩酊
　　看花慎勿至离披 ……………… 036
48/ 芝草无根醴无源
　　志士当猛奋翼 ………………… 037
49/ 至人常若无若虚
　　盛德多不矜不伐 ……………… 037
50/ 人之有生也　太仓之粒米 …… 038
51/ 地阔天高　尚觉鹏程窄小 …… 039
52/ 翠竹淡雅　红莲清幽 ………… 040
53/ 花逞春光　催归尘土 ………… 040
54/ 老鹤虽饥　饮啄犹闲 ………… 041
55/ 东海无定波　世事勿扼腕 …… 041
56/ 逸态闲情　惟期尚自 ………… 042
57/ 君子穷当益工
　　勿失风雅气度 ………………… 043
58/ 厚德以积福　修道以解困 …… 043
59/ 顺境不足喜　逆境不足忧 …… 044
60/ 困苦穷乏　锻炼身心 ………… 045
61/ 节义来自暗室漏屋
　　经纶缲出临深履薄 …………… 046
62/ 金须百炼　矢不轻发 ………… 047
63/ 坎坷世道　耐而撑持 ………… 048
64/ 平居息欲调身
　　临大节则达生委命 …………… 048
65/ 学贵有恒　道在悟真 ………… 049
66/ 谢豹覆面　犹知自愧 ………… 050
67/ 量弘识高　功德日进 ………… 051

| 68/ 外伤易医　心障难除 …………051
| 69/ 意见害心　聪明障道 …………052
| 70/ 易世俗所难　缓时流之急 ……053
| 71/ 骄矜无功　忏悔灭罪 …………053
| 72/ 居安思危　处乱思治 …………054
| 73/ 保已成之业　防将来之非 ……055
| 74/ 一念贪私　万劫不复 …………056
| 75/ 习伪智矫性循时
　　至人所弗为也 …………………057
| 76/ 急流勇退　与世无争 …………057
| 77/ 明利害之情　忘利害之虑 ……058
| 78/ 事上敬谨待下宽仁 ……………059
| 79/ 天下无事　雄心宜平 …………059
| 80/ 已响其利者　柳跖之腹心 ……060
| 81/ 为生民立命　为子孙造福 ……061
| 82/ 抗心希古　雄节迈伦 …………061
| 83/ 去声华名利　做正人君子 ……062
| 84/ 以物付物　出世于世 …………063
| 85/ 居官无私　居乡有情 …………063
| 86/ 涉境之心　须防流宕之忘归 …064
| 87/ 闲时吃紧　忙里悠闲 …………065
| 88/ 天道忌盈　卦终未济 …………066
| 89/ 做事勿太苦　待人勿太枯 ……066
| 90/ 原其初心　观其末路 …………067
| 91/ 执拗者福轻　操切者寿殀 ……068
| 92/ 苦中有乐　乐中有苦 …………069
| 93/ 抱身心之忧　耽风月之趣 ……069
| 94/ 居安思危　天亦无法 …………070

| 95/ 尘许旃檀彻底香
　　毫端鸩血同体毒 …………………071
| 96/ 多喜养福　去杀远祸 …………072
| 97/ 未雨绸缪　有备无患 …………072
| 98/ 持盈履满　君子兢兢 …………074
| 99/ 大处着眼　小处着手 …………074
| 100/ 成败生死　不必强求 …………075
| 101/ 得意处论天地
　　俱是水底捞月 ……………………076
| 102/ 忙里偷闲　闹中取静 …………076
| 103/ 盛极必衰　剥极必复 …………077
| 104/ 震聋启聩　临深履薄 …………078
| 105/ 功过不容少混
　　恩仇不可过明 ……………………079
| 106/ 立得脚定　回得头早 …………080
| 107/ 应以德御才　勿恃才败德 ……081
| 108/ 一念过差　足失生平之善 ……082
| 109/ 居安思危　处进思退 …………082
| 110/ 躁性偾事　平和徼福 …………083
| 111/ 当念积累之难
　　常思倾覆之易 ……………………084
| 112/ 心善而子孙盛
　　根固而枝叶荣 ……………………084
| 113/ 过满则溢　过刚则折 …………085
| 114/ 一念一行　都宜慎重 …………086
| 115/ 为官公廉　居家恕俭 …………087
| 116/ 德在人先　利居人后 …………087
| 117/ 陆鱼不忘濡沫
　　笼鸟不忘理翰 ……………………088

118/ 动静合宜　道之真体 ………089
119/ 降魔先降自心
　　 驭横先驭此气 ………………090
120/ 欲无祸于昭昭
　　 先无得罪于冥冥 ……………090
121/ 心无其心　物本一物 ………091
122/ 谦虚受益　满盈招损 ………092
123/ 仇边之弩易避
　　 恩里之戈难防 ………………093
124/ 哲士多匿采以韬光
　　 至人常逊美而公善 …………094
125/ 事事培元气　念念存好心 …095
126/ 畏恶有善路　显善存恶根 …095
127/ 养天地正气　法古今完人 …096
128/ 不着色相　不留声影 ………097
129/ 君子德行　其道中庸 ………098
130/ 心公不昧　六贼无踪 ………099
131/ 诸恶莫作　众善奉行 ………100
132/ 情急招损　严厉生恨 ………100
133/ 修身养德　事业之基 ………101
134/ 无事寂寂以照惺惺
　　 有事惺惺以主寂寂 …………102
135/ 不轻诺不生嗔
　　 不多事不倦怠 ………………103
136/ 长袖善舞，多钱能贾
　　 漫衒附魄之伎俩 ……………103
137/ 乐贵真趣　景不在远 ………104
138/ 善操身心　收放自如 ………105

139/ 去思苦亦乐　随心热亦凉 …106
140/ 修养定静功夫
　　 临变方不动乱 ………………107
141/ 为奇不为异　求清不求激 …107
142/ 持身不可轻　用意不可重 …108
143/ 伸张正气　消杀妄心 ………109
144/ 多心招祸　少事为福 ………110
145/ 莫认偶尔之效
　　 勿以暂时之拙 ………………111
146/ 清冷凉薄　和气福厚 ………112
147/ 遇艳艾于密室
　　 见遗金于旷郊 ………………112
148/ 羡达人旷　笑俗士迷 ………113
149/ 人生重结果　种田看收成 …114
150/ 推己及人　方便法门 ………114
151/ 世态变化无极
　　 万事必须达观 ………………115
152/ 竞处而复竞时
　　 才是有根学问 ………………116
153/ 中和为福　偏激为灾 ………117
154/ 只畏伪君子　不怕真小人 …118
155/ 君子以勤俭立德
　　 小人以勤俭图利 ……………118
156/ 机动者杯弓蛇影
　　 念息者触处真机 ……………119
157/ 自得之士　自适之天 ………120
158/ 饱谙世味慵开眼
　　 会尽人情只点头 ……………121

159/ 鸣其天机　畅其生意………122
160/ 盘根错节别利器
　　 贯石饮羽明精诚………123
161/ 放下屠刀　立地成佛………123
162/ 君子之心　雨过天晴………124
163/ 过俭者吝啬　过让者卑曲………125
164/ 量宽福厚　器小禄薄………126
165/ 慈悲之心　生生之机………127
166/ 勿为欲情所系
　　 便与本体相合………128
167/ 造化唤作小儿
　　 天地原为大块………129
168/ 趋炎附势　人情之常………129
169/ 吾身小天地　天地大父母………130
170/ 善人和气　凶人杀机………131
171/ 天机最神　智巧何益………131
172/ 晴空可翔　莫学飞蛾………132
173/ 喜忧相生　顺逆一视………133
174/ 拖泥带水之累，
　　 病根在一恋字………134
175/ 世事如宴席　劝君早回头………135
176/ 良药苦口　忠言逆耳………135
177/ 乐心在苦处　苦尽方甘来………136
178/ 以失意之思　制得意之念………137
179/ 过而不留　空而不著………138
180/ 临崖勒马　起死回生………139
181/ 功名一时　气节千载………139
182/ 自然造化之妙
　　 智巧所不能及………140

183/ 执著是苦海　解脱是仙乡………141
184/ 得好休时便好休
　　 如不休时终无休………142
185/ 烦恼由我起　嗜好自心生………143
186/ 来去自如　融通自在………144
187/ 身放闲处　心在静中………145
188/ 善根暗长　恶损潜消………145
189/ 人生一傀儡　自控便超然………146

求学悟道篇

1/ 难处做功夫　苦中得学问………150
2/ 堵塞物欲路　放下尘俗肩………150
3/ 富贵名誉　自道德来………151
4/ 此处除不净　石去草复生………152
5/ 适志恬愉　养吾圆机………152
6/ 动静殊操　锻炼未熟………153
7/ 事障易去　理障难除………154
8/ 弃尽虚名　才见真体………155
9/ 一错百行非　无悔万善全………156
10/ 事理自悟　意兴自得………156
11/ 忧劳兴国　逸豫亡身………157
12/ 淡中知真味　常里识至人………158
13/ 随时而救时　混俗得脱俗………159
14/ 谙尽世中滋味
　　 领得世外风光………159
15/ 炎凉无嗔喜　浓淡无欣厌………160

16/ 随缘便是遣缘
　　顺事自然无事 ……………161

17/ 救既败之事者
　　如驭临崖之马 ……………161

18/ 刚强终不胜柔弱
　　偏执岂能及圆融 ……………162

19/ 伺察乃懵懂之根
　　朦胧正聪明之窟 ……………163

20/ 寻常历履　易简行藏 ……163

21/ 遍阅人情　始识疏狂之足贵 ……164

22/ 静中观心　真妄毕见 ……165

23/ 快意须早回头
　　拂心莫便放手 ……………165

24/ 登高使人心旷
　　临流使人意远 ……………166

25/ 于人不轻为喜怒
　　于物不重为爱憎 ……………167

26/ 识吾真面目
　　方可摆脱得幻乾坤 ……………168

27/ 会心不在远　得趣不在多 ……169

28/ 宁有求全之毁
　　勿有过情之誉 ……………169

29/ 祸来不必忧　要看你会救 ……171

30/ 智小者不可以谋大
　　趣卑者不可以谈高 ……………172

31/ 古人闲适处　今人忙一生 ……173

32/ 莫谓祸生无本
　　须知福至有因 ……………173

33/ 达士处阴敛翼
　　巉岩亦是坦途 ……………174

34/ 秋虫春鸟共畅天机
　　老树新花同含生意 ……………175

35/ 多栽桃李　开条福路 ……176

36/ 迷真逐妄　自设坷坎 ……176

37/ 贫士肯济人　闹场能学道 ……177

38/ 福善不在杳冥
　　祸淫不在幽渺 ……………178

39/ 世事如棋局　不着是高手 ……178

40/ 木落草枯觅消息
　　才是乾坤之橐钥 ……………179

41/ 苦乐无二境　迷悟非两心 ……180

42/ 遇缺处知足　向忙里偷闲 ……181

43/ 日月笼中鸟　乾坤水上沤 ……182

44/ 蓬茅下诵诗读书
　　日日与圣贤晤语 ……………182

45/ 夜静天高　眼界俱空 ……183

46/ 拂意事休言　会心处独赏 ……184

47/ 飞翠落红做诗料
　　浮青映白悟禅机 ……………184

48/ 看破身躯　尘缘自息 ……185

49/ 霜天闻鹤唳　雪夜听鸡鸣 ……186

50/ 烹茶听瓶声　炉内识真理 ……186

51/ 天地妙境　豁人性灵 ……187

52/ 芳菲园院看蜂忙
　　寂寞衡茅观燕寝 ……………187

53/ 乐意相关禽对语
　　生香不断树交花 ……………188

54/ 满室风月　坐见天心……189
55/ 扫地白云来　凿池明月入……189
56/ 磨练福久　参勘知真……190
57/ 老当益壮　大器晚成……191
58/ 诚可感动天地
　　伪则形影自愧……191
59/ 处逆境时比于下
　　心怠荒时思于上……192
60/ 心游瑰玮之编
　　目想清旷之域……193
61/ 喜忧安危勿介于心……194
62/ 伏久者飞高　开先者谢早……194
63/ 穷理尽妙　进道忘劳……195
64/ 幻中求真　雅不离俗……196
65/ 了翳无花　销尘绝念……197
66/ 肃杀存生意　可见天地心……197
67/ 花鸟尚绘春　人生莫虚度……198
68/ 恶人读书　适以济恶……199
69/ 性天未枯　机神宜触……200
70/ 静极则心通　言忘则体会……201
71/ 读心中之名文
　　听本真之妙曲……201
72/ 辨别是非　认识大体……202
73/ 舍举世共趋之辙
　　遵时豪耻问之途……203
74/ 勿妄自菲薄　勿自夸自傲……204
75/ 理寂事寂　心空境空……204
76/ 道乃公正无私
　　学当随事警惕……205

77/ 若要功夫深　铁杵磨成针……206
78/ 理出于易　道不在远……207
79/ 观形不如观心
　　神用胜过迹用……208
80/ 诗思野兴　出于自然……209
81/ 宽严得宜　勿偏一方……209
82/ 不虞之誉不必喜
　　求全之毁何须辞……210
83/ 修德须忘功名
　　读书定要深心……211
84/ 居官爱民　立业种德……212
85/ 天地同根　万物一体……213
86/ 胸次玲珑　触物会心……213
87/ 拙意无限　巧象含衰……214
88/ 道者应有木石心
　　名相须有云水趣……215
89/ 意随无事适　风逐自然清……216
90/ 才智英敏者　以学问摄躁……217
91/ 手舞足蹈　心融神洽……217
92/ 人生无常　不可虚度……218
93/ 读易晓窗　谈经午案……219
94/ 躁极则昏　静极则明……220
95/ 花开则谢　人事惧满……220
96/ 上智下愚可与论学
　　中才之人难与下手……221
97/ 处喧见寂　出有入无……222
98/ 红烛烧残　万念自然灰冷……223
99/ 宁静淡泊　观心之道……223

100/ 文章极处无奇巧
　　　人品极处只本然……………224
101/ 花落意闲　自在身心………225
102/ 世法不必尽尝
　　　心珠宜当自朗……………226
103/ 息心见性　了意明心………226
104/ 不能养德　终归末节………227
105/ 心境恬淡　绝虑忘忧………228
106/ 了心悟性　俗即是僧………229
107/ 修行宜绝迹于尘寰
　　　悟道当涉足于世俗………229
108/ 佳趣妙境　非在物华………230
109/ 了身外事　参心中禅………231
110/ 减省便可超脱
　　　求增桎梏此生……………232
111/ 悟得真趣　匹俦嵇阮………233
112/ 动中静是真静
　　　苦中乐是真乐……………234
113/ 尚奇者乏识　苦节者无恒…234
114/ 耳目皆桎梏　嗜欲悉机械…235
115/ 万虑皆抛　一真自得………236
116/ 心体要光明　念头勿暗昧…237
117/ 去得吾心冰炭
　　　便生满腔和气……………237
118/ 清静之门　淫邪渊薮………238
119/ 彻见自性　不必谈禅………239
120/ 我一视　动静两忘…………240
121/ 酝酿和气　昭垂清芬………240
122/ 真伪之道　只在一念………241

123/ 自然鸣佩　最上文章………242
124/ 幽人自适　不着泥迹………243
125/ 万象皆空幻　达人须达观…244
126/ 短暂人生　何争名利………244
127/ 广狭长短　由于心念………245
128/ 知足则仙凡异路
　　　善用则生杀自殊…………246
129/ 不为念想因系
　　　凡事皆要随缘……………247
130/ 游鱼不知海　飞鸟不知空…248
131/ 凡俗差别观　道心一体观…248
132/ 以我转物　逍遥自在………249
133/ 思及生死　万念灰冷………250
134/ 阴恶祸深　阳善功小………251
135/ 雌雄妍丑　一时假象………251
136/ 世路茫茫　随遇而安………252
137/ 以事后之悟　破临境之迷…253
138/ 静中见真境　淡处识本心…254
139/ 省事为适　无能全真………255
140/ 夜钟醒迷梦　观影见本真…255
141/ 会个中趣　破眼前机………256
142/ 不言妍洁　何来丑污………257
143/ 心常在定　心常在慧………258
144/ 心境澄澈　天人合一………258
145/ 嗜欲天机　尘情理境………259
146/ 得诗家真趣　悟禅教玄机…260
147/ 山间花鸟　更显天趣………260
148/ 识乾坤自在　知物我两忘…261
149/ 超脱物累　乐于天机………262

150/ 闲看庭前花　漫随天外云 …263
151/ 福为祸本　生为死因 ………263
152/ 任幻形凋谢　识自性真如 …264

交际处世篇

1/ 为师当为洪炉化铁
　　为友当为巨海纳污 ………268
2/ 好丑两得其平
　　贤愚共受其益 ……………268
3/ 无背后之毁　无久处之厌 …269
4/ 毋强开其所闭
　　毋轻矫其所难 ……………270
5/ 交友者难亲于始
　　御事者拙守于前 …………271
6/ 待人留有余恩礼
　　御事留有余才智 …………271
7/ 邀千人之欢
　　不如释一人之怨 …………272
8/ 宁以刚方见惮
　　毋以媚悦取容 ……………273
9/ 意气与天下相期
　　肝胆与天下相照 …………273
10/ 几句清冷言语
　　扫除无限杀机 ……………274
11/ 为人除害　导利之机 ………275
12/ 君子严如介石
　　小人滑如脂膏 ……………275

13/ 遇事镇定从容
　　纵纷终当就绪 ……………276
14/ 望重缙绅　怎似寒微之颂德…277
15/ 遭一番讪谤　加一番修省 …277
16/ 操存时要有真宰
　　应酬处要有圆机 …………278
17/ 防绵里之针　远刀头之蜜 …279
18/ 千载奇逢　好书良友 ………280
19/ 栖迟蓬户　心怀自旷 ………281
20/ 抱朴守拙　涉世之道 ………282
21/ 糟糠不为彘肥
　　锦绮岂因牺贵 ……………282
22/ 出淤泥而不染
　　明机巧而不用 ……………283
23/ 眼前放得宽大
　　死后恩泽悠久 ……………284
24/ 让名远害　归咎养德 ………285
25/ 知退一步之法
　　加让三分之功 ……………285
26/ 处世要方圆自在
　　待人要宽严得宜 …………286
27/ 不流于浓艳　不陷于枯寂 …287
28/ 厚德载物　雅量容人 ………288
29/ 宴游惕虑　茕独惊心 ………289
30/ 能彻见心性　则天下平稳 …290
31/ 操履不可少变
　　锋芒不可太露 ……………291
32/ 处世要道　不即不离 ………291
33/ 藏巧于拙　寓清于浊 ………292

34/ 身陷事中　心超物外 …… 293
35/ 真诚为人　圆转涉世 …… 294
36/ 春风育物　朔雪杀生 …… 295
37/ 浑然和气　处世珍宝 …… 295
38/ 冷眼冷耳　冷情冷心 …… 296
39/ 恶不可即就　善不可即亲 …… 297
40/ 退步宽平　清淡悠久 …… 298
41/ 出世在涉世　了心在尽心 …… 298
42/ 在世出世　真空不空 …… 299
43/ 勿仇小人　勿媚君子 …… 300
44/ 清浊并包　善恶兼容 …… 301
45/ 宁为小人所毁
　　勿为君子所容 …… 302
46/ 闹中取静　冷处热心 …… 303
47/ 世界之广狭　皆由于自造 …… 303
48/ 守口须密　防意须严 …… 304
49/ 非分之福勿信
　　无故之获慎取 …… 305
50/ 须冷眼观物　勿轻动刚肠 …… 306
51/ 戒疏于虑　警伤于察 …… 306
52/ 却私扶公　修身种德 …… 307
53/ 舍己毋处疑　施恩勿望报 …… 308
54/ 隐逸忘荣辱　道义无炎凉 …… 309
55/ 庸德庸行　平安和顺 …… 310
56/ 谗毁如寸云　媚阿似隙风 …… 310
57/ 过归己任　功让他人 …… 311
58/ 路要让一步　味须减三分 …… 312
59/ 侠义交友　真心做人 …… 313
60/ 退即是进　与即是得 …… 313

61/ 攻人毋太严　教人毋过高 …… 314
62/ 对小人不恶　待君子有礼 …… 315
63/ 忘功不忘过　忘怨不忘恩 …… 316
64/ 无求之施斗粟万钟
　　有求之施百镒无功 …… 317
65/ 忠恕待人　养德远害 …… 317
66/ 德怨两忘　恩仇俱泯 …… 318
67/ 直躬不畏人忌
　　无恶不惧人毁 …… 319
68/ 爱重反为仇　薄极反成喜 …… 320
69/ 毋偏信自任　毋自满嫉人 …… 321
70/ 毋以短攻短　毋以顽济顽 …… 322
71/ 对阴险者勿推心
　　遇高傲者勿多口 …… 323
72/ 亲善防谗　除恶守密 …… 323
73/ 穷寇勿追　投鼠忌器 …… 324
74/ 警世救人　功德无量 …… 325
75/ 伦常本乎天性
　　不可任德怀恩 …… 326
76/ 律己宜严　待人宜宽 …… 327
77/ 刻则失善人　滥则招恶友 …… 327
78/ 责人宜宽　责己宜苛 …… 328
79/ 勿逞所长以形人之短
　　勿恃所有以凌人之贫 …… 329
80/ 忘恩报怨　刻薄之尤 …… 330
81/ 戒高绝之行　忌褊急之衷 …… 331
82/ 诚心和气陶冶暴恶
　　名义气节激砺邪曲 …… 331
83/ 愈旧宜愈新　愈隐当愈显 …… 332

84/ 恩宜自淡而浓
　　威应自严而宽……………333

85/ 藏才隐智　任重致远………334

86/ 无过便是功　无怨便是德…335

87/ 立身要高一步
　　处世须退一步……………335

88/ 虚圆立业　偾事失机………336

89/ 人能诚心和气
　　胜于调息观心……………337

90/ 种田地须除草艾
　　教弟子严谨交游…………338

91/ 春风解冻　和气消冰………339

92/ 从容处家族之变
　　剀切规朋友之失…………339

93/ 谨言慎行　君子之道………340

94/ 先达笑弹冠　相知犹按剑…341

95/ 大量能容　不动声色………342

96/ 信人示己之诚
　　疑人显己之诈……………343

克己警示篇

1/ 贪得者虽富亦贫
　　知足者虽贫亦富…………346

2/ 事事实处着脚
　　念念虚处立基……………347

3/ 常时念念守得定
　　生时事事看得轻…………347

4/ 立处世之事业
　　怀出世之襟期……………348

5/ 弄权一时　凄凉万古………349

6/ 陶铸不纯　难成令器………350

7/ 一念慈祥立百福
　　寸心挹损启万善…………350

8/ 济人利物宜居其实
　　忧国为民当有其心………351

9/ 君子不能灭情
　　唯事平情而已……………352

10/ 名为招祸之本
　　欲乃丧志之媒……………352

11/ 常虚则义理来居
　　常实则物欲不入…………353

12/ 勿恕以适己　勿忍以制人…354

13/ 福从灭处观究竟
　　贫从起处究由来…………355

14/ 根拔草不生　膻存蚋仍集…355

15/ 扫除浓淡之见
　　灭却欣厌之情……………356

16/ 急回贪恋之首
　　猛舒愁苦之眉……………357

17/ 常思林下的风味
　　常念泉下的光景…………357

18/ 何必引来侧目
　　何必招致弯弓……………358

19/ 勿贪黄雀而坠深井
　　勿舍隋珠而弹飞禽………359

20/ 费千金结纳贤豪
　　孰若济饥饿之人……360
21/ 以威助斗怒气自平
　　以欲济贪利心反淡……360
22/ 大烈鸿猷
　　常出悠闲镇定之士……361
23/ 心与竹俱空　念同山共静……362
24/ 好名严责君子
　　不当过求小人……362
25/ 爱当知割舍　识要力扫除……363
26/ 荣与辱共蒂　生与死同根……364
27/ 英雄欺世　全无真心……364
28/ 读书穷理　识趣为先……365
29/ 美女不尚铅华
　　禅师不落空寂……366
30/ 浓艳损志　淡泊全真……366
31/ 荣宠不必扬扬
　　困穷何须戚戚……367
32/ 始以势利害人
　　终以势利自毙……367
33/ 失血于杯中，笑猩猩嗜酒……368
34/ 贪心胜者
　　逐兽不见泰山在前……369
35/ 车争险道　败处噬脐……370
36/ 富贵是无情之物
　　贫贱是耐久之交……371
37/ 欲字所累　听人羁络……372
38/ 龙可豢非真龙
　　虎可搏非真虎……373

39/ 争来闲富贵　虽得还是失……373
40/ 高居嫌地僻　驷马喜门高……374
41/ 麦饭豆羹淡滋味
　　放箸处齿颊犹香……375
42/ 鹬蚌相持　兔犬共毙……375
43/ 空拳握古今　握住当放手……376
44/ 醉倒落花前　天地为衾枕……377
45/ 静处观人事　闲中玩物情……377
46/ 闲看扑纸蝇　笑自生障碍……378
47/ 观山中古木方信闲是福……379
48/ 烹白雪清冰　熬天上液髓……379
49/ 炎凉不涉　甘苦俱忘……380
50/ 雪霜大夫愤　春暖处士醉……380
51/ 黄鸟情多　白云意懒……381
52/ 炮凤烹龙　与蔔蔬无异……382
53/ 想到白骨黄泉
　　壮士肝肠自冷……382
54/ 夜眠八尺　何须计较……383
55/ 脱俗成名　超凡入圣……383
56/ 欲路上勿染指
　　理路上勿退步……384
57/ 大智若愚　大巧若拙……385
58/ 轩冕客志在林泉
　　山林士胸怀廊庙……386
59/ 多种功德　勿贪权位……386
60/ 勿犯公论　勿陷权门……387
61/ 淡泊名利　自适其性……388
62/ 不希荣达　不畏权势……389

63/ 贪得者身富而心贫
　　知足者身贫而心富…………390
64/ 勿羡名位　勿忧饥寒…………391
65/ 浓不胜淡　俗不如雅…………391
66/ 明世相之本体
　　负天下之重任…………………392
67/ 位盛危至　德高谤兴…………393
68/ 操持严明　守正不阿…………394
69/ 正气路广　欲情道狭…………394
70/ 富贵多炎凉　骨肉多妒忌……395
71/ 山林息尘心　诗书消俗气……396
72/ 留正气还天地
　　遗清名在乾坤…………………397
73/ 天地之趣　闲静者得…………397
74/ 山居清洒　入尘赘瘀…………398
75/ 闲行芳草　兀坐落花…………399
76/ 超越天地之外
　　不入名利之中…………………400
77/ 天全欲淡　方为真境…………401
78/ 人欲初起要剪除
　　天理乍明宜充拓………………402
79/ 艳是幻境　枯见真吾…………402
80/ 文华不如简素
　　谈今不如述古…………………403
81/ 恬淡适己　身心自在…………404
82/ 卧云弄月　绝俗超尘…………405
83/ 心地能平稳安静
　　触处皆青山绿水………………406
84/ 福祸苦乐　一念之差…………406

85/ 乐苦者苦日深
　　苦乐者乐日化…………………407
86/ 栽花种竹　心境无我…………408
87/ 若为驱倥　生不如死…………409
88/ 动失真心　静得真机…………410
89/ 云去而本觉之月现
　　尘拂而真如之镜明……………411
90/ 机息风月到　心达远凡尘……413
91/ 拔除名根　驱散客气…………414
92/ 人生无望　必堕顽空…………415
93/ 独立云生处　高卧月华中……416
94/ 有浮云风　无耽酒嗜…………416
95/ 和衷共济　谦德防妒…………417
96/ 心体莹然　不失本真…………418
97/ 淡泊明志　肥甘丧节…………418
98/ 富者应多施舍
　　智者宜不炫耀…………………419
99/ 欲沸寒潭　虚凉酷暑…………420
100/ 雨余山秀　夜静钟清…………421
101/ 崇俭养廉　守拙全真…………421
102/ 尘世苦海　心自尘苦…………422
103/ 冷眼视之　冷情当之…………423
104/ 人有贵贱　心无二致…………424
105/ 有识有力　魔鬼无踪…………425
106/ 存道心　消幻业………………426
107/ 百折不回　万变不穷…………426
108/ 形骸为桎梏　情识是戈矛…427
109/ 猛兽易伏　人心难制…………428

110/ 言者多不顾行
　　谈者未必真知 …………429
111/ 生于自然　勿为世染 …………429
112/ 好利者害显而浅
　　好名者害隐而深 …………430
113/ 见外境而迷者卑
　　见内境而悟者高 …………431
114/ 富贵嗜欲猛　宜带清冷气 …432
115/ 守正安分　远祸之道 ………432
116/ 人情冷暖　世态炎凉 ………433
117/ 凡事当留余地
　　五分便无殃悔 …………434
118/ 竹篱闻犬吠　芸窗听蝉吟 …434
119/ 得冲和之气　识淡泊之真 …435
120/ 人能放得心下
　　即可入圣超凡 …………436
121/ 处富知贫　居安思危 ………437
122/ 富贵不义视如浮云
　　真性之外皆为尘垢 …………437
123/ 萼叶徒荣　玉帛无益 ………438

124/ 隐者高明　省事平安 ………439
125/ 富者多忧　贵者多险 ………439
126/ 巨万金钱　末中之末事 ……440
127/ 世间原无绝对
　　安乐只是寻常 …………441
128/ 心无物欲　坐有琴书 ………441
129/ 浮生可见　妙本难穷 ………442
130/ 冷静观世事　忙中去偷闲 …443
131/ 万钟一发　只在寸心 ………443
132/ 胸中无私欲　眼前有空明 …444
133/ 盛衰何常　强弱安在 ………445
134/ 去留无系　静躁何干 ………446
135/ 勿恃格兽之能
　　莫纵染指之欲 …………447
136/ 浓处味常短
　　淡中趣独真 …………448
137/ 繁华不及清淡
　　心动未若神爽 …………448
138/ 知哀破尘情
　　知乐臻圣境 …………449

修身励志篇

1. 金玉人品　烈火中炼

【原文】

欲做精金美玉的人品，定从烈火中煅来；思立掀天揭地的事功，须向薄冰上履过。

【注释】

事功：事业和功绩。履过：走过。典出《诗经·小雅·小旻》："如临深渊，如履薄冰"。比喻经过危险境地。

【译文】

要想具备那种精金美玉般纯洁美好的品德，必须到烈火中去磨炼；要想创立惊天动地的功绩，必须体尝如履薄冰的艰辛。

【评析】

苦难是人生最好的炼炉，古今中外，多少品德高尚者、成就大事业者，无一不是经过苦难的锤炼。在逆境中，人会经受各种考验与锻炼，百炼成钢，成就非凡的意志品质和能力。因此，我们应该在变幻莫测的现实中，努力克制自己痛苦的心绪，正视不如意的命运，经受当前的苦难煎熬，锻造出自己"精金美玉"般的人品，在逆境中实现"掀天揭地"的事业。

2. 昨日之非不可留　今日之是不可执

【原文】

昨日之非不可留，留之则根烬复萌，而尘情终累乎理趣；今日之是不可执，执之则渣滓未化，而理趣反转为欲根。

【注释】

烬：残余或剩余。

【译文】

过去的错误不能留下，否则，会死灰复燃，尘世间的俗情最终会影响到理趣；现在的正确也不要太过执著，太执著了就会变得僵化和形式化，使理趣转变成欲望的根苗。

【评析】

现实生活中充满了是与非，需要我们去判断与取舍的，所以人生才会如此艰难。人生最幸福的时候，莫过于没有是非、了无牵挂的时候。陶渊明厌恶了尘世的是是非非，才淡然地投入到没有是非计较的大自然的怀抱，并从中寻找到了人生的真趣，写下了"采菊东篱下，悠然见南山""此中有真意，欲辩已忘言"的名句。

3. 时时检点　学问真谛

【原文】

无事便思有闲杂念虑否；有事便思有粗浮意气否；得意便思有骄矜辞色否；失意便思有怨望情怀否。时时检点，到得从多入少、从有入无处，才是学问的真消息。

【注释】

意气：任性的情绪。辞色：说过的话或说话时的神态。消息：此处可解释为真谛。

【译文】

没事的时候就要想想自己有没有胡思乱想；做事的时候就要想想自己有没有心浮气躁；得意顺利的时候就要想想自己有没有骄傲自夸；失意的时候就要想想自己有没有怨结于胸。这样随时随地反省自己，使这些毛病与错误渐渐从多到少，从有到无，这就掌握了做人的真谛。

【评析】

"做事先做人"，这是很古老的一句话，却永不过时。一个人的道德修养正是成就其事业的基础所在。诸如"粗浮意气""骄矜辞色""怨望情怀"等项，是绝对不能存在的，应当尽力克服。

4. 念虑只差毫厘　人品直判天渊

【原文】

以积货财之心积学问，以求功名之念求道德，以爱妻子之心爱父母，以保爵位之策保国家。出此入彼，念虑只差毫末，而超凡入圣，人品且判天渊矣。人胡不猛然转念哉？

【注释】

念虑：意念、思虑。

【译文】

以积累货物财富的心思来积累知识、学问，以追求功名的念头来追求真理道德，以关爱保护妻子儿女的感情来孝顺敬爱父母，以保住权利地位的计策来保护国家利益。有了这种由此入彼的转念，在意念思虑上仅有毫厘之差，但已经由平凡变得高尚了，人品有了天壤之别。人们为什么不尽快猛醒呢？

【评析】

人活着不能只为了赚钱求财，赚钱求财只不过是获得幸福生活的一种手段。如果只贪图名利，并不能得到真正的幸福。人与人本质并无高低贵贱之分，但是有的人所拥有的知识与学问，以及由之而来的情趣和德行，却可以将其与别人区分开来。所以，分一点求财的痴心来求学问，是非常必要的。

5. 是非邪正不可迁就　利害得失不可分明

【原文】

当是非邪正之交，不可少迁就，少迁就则失从违之正；值利害得失之会，不可太分明，太分明则起趋避之私。

【注释】

交：指冲突、交锋。会：指相会、碰撞。

【译文】

当是非、邪正处于冲突、交锋时，不能稍加迁就，稍迁就就会失去是非准则。在利害、得失纠缠在一起时，不要弄得太清楚分明，太分明了就会惹起趋利避害的私心。

【评析】

在大是大非面前，我们必须头脑清醒、找准方向、坚持原则、严守自己的心理底线，而对待生活中的一些小事却大可不必如此。俗话说：人非圣贤，孰能无过？人活在世上难免要与别人打交道，对待别人的过失、缺陷，宽容大度一些，不要吹毛求疵、求全责备，可以求大同存小异，甚至可以糊涂一些。如果一味地要"明察秋毫"，眼里揉不得沙子，过分挑剔，连一些鸡毛蒜皮的小事都要去论个是非曲直，分出个高低上下来，别人就会日渐疏远你，最终自己就变成了孤家寡人。

6. 淡泊之守须过浓艳　镇定之操须经纷纭

【原文】

淡泊之守，须从浓艳场中试来；镇定之操，还向纷纭境上勘过。不然操持未定，应用未圆，恐一临机登坛，而上品禅师又成一下品俗士矣。

【注释】

浓艳：暗指荣华富贵。操：品行、品德。坛：佛家举行祈祷法事的场所或讲经布道的讲台。

【译文】

不重名利的淡泊之心，须经过荣华富贵各种诱惑的考验；镇定自若的德行，还须经过纷繁复杂的环境考验。不然，品德未修炼纯诚，就不能圆满地指导自己的言行。恐怕一旦遇到登坛讲经的机会，一个本来已经被认为是有道高僧的人，又会成为一名凡夫俗子。

【评析】

一个人的品格与修养，是不能伪装的。它必须经过实践的考验，否则，一到关键时刻就会原形毕露。所以我们在日常生活中要特别注意通过实践来磨炼自己的意志，修炼自己的品格。

7. 持身如泰山九鼎　应事若流水落花

【原文】

持身如泰山九鼎，凝然不动，则愆尤自少；应事若流水落花，悠然而逝，则趣味常多。

【注释】

持身：对待自己人格与品行的态度。愆尤：过错。

【译文】

对自己心绪、言行的把握镇定稳重如泰山九鼎，屹然不动，那么过错就会少得多；处理、应对事情就如流水落花那般自然随性，麻烦就会悄然消失，能够体味到许多乐趣。

【评析】

　　成功者和失败者的差异除了其他因素外，主要的还在于各自的心理素质。凡成大事者都有超乎常人的意志力，也就是说，碰到艰难险阻或陷入困境后，常人难以忍耐的事，他们却能沉住气、顶得住。

　　东晋时期，前秦的苻坚率领百万雄师，挥师南下，要一举灭亡东晋。东晋军队相继退败，东晋国内一片惊慌。

　　此时只有宰相谢安镇定自若，他派侄儿谢玄率军去迎敌，自己却同手下下起了围棋，由于手下为军情而扰，心神不定，很快就输给了谢安。棋毕，谢安就出外游玩，至夜方归，然后召集众将领，分派任务，面授机宜。正是因为谢安的临危不乱，极大地稳住了晋军的军心，再加上军力布置得当，淝水大战中，晋军以少胜多，使前秦官兵陷入了"风声鹤唳，草木皆兵"的境地。

　　人一旦具备了谢安在大兵压境时所表现出的这种心理素质，那么，当面临危机的时候，就不会惊慌失措了。

8. 完得心之本　尽得世之道

【原文】

　　完得心上之本来，方可言了心；尽得世间之常道，才堪论出世。

【注释】

　　本来：指本质。常道：规则、规律。

【译文】

　　当完全明白了心的本来面目，通晓其本质，才可以说真正了解了内心；当真正懂得了世间的一切规律，才可以讨论出世之法。

【评析】

　　有的人不了解人心本质，对人性缺乏深刻的了解，却总是故作高深地发表言论，如果是为人师表的话，就会误人子弟，后果不堪设想。

9. 面上扫开千层甲　胸中涤去数斗尘

【原文】

面上扫开千层甲，眉目才无可憎；胸中涤去数斗尘，语言方觉有味。

【注释】

甲：原指坚硬的外壳，此处指伪装。涤：洗涤、清除。

【译文】

扫去脸上层层的伪装，面貌才不会令人厌恶；清除心中堆积的尘埃污垢，语言才会觉得有味道。

【评析】

试想一个内心充满污垢的人，他的面目一定会令人厌恶，即使他进行重重伪装，最终也会露出本来的面目。

我们要想活得轻松一些，就要少些非分之想，少些尔虞我诈，卸去伪装的面具，及时清理心灵的尘埃，做一个简单快乐的人。

10. 融得偏私　消得嫌隙

【原文】

融得性情上偏私，便是一大学问；消得家庭内嫌隙，才算一大经纶。

【注释】

嫌隙：猜疑，不和睦。经纶：指抱负与才干。

【译文】

能去除性情上的偏私，不任由其发展，这是一门大学问；能够消除家庭内部的猜忌与不睦，才算是真正的大本事。

【评析】

其实我们每个人都知道应该公正、公平地对待事物，但我们总是难以战胜由于重视自身利益和无知而形成的偏私，很少有人能够做出不利于自己的决定，偏私真是积藏在我们人性深处的污垢。

虽然我们无法彻底消除偏私，但仍可以尽力而为，只要每个人都为他人多着想一点点，那么世界就会变成人间天堂。

俗话说"清官难断家务事"，所以解决家庭矛盾是十分困难的，这不仅需要爱心和智慧，更需要超凡的耐力。

11. 和气致祥　喜神多瑞

【原文】

疾风怒雨，禽鸟戚戚；霁日光风，草木欣欣。可见天地不可一日无和气，人心不可一日无喜神。

【注释】

戚戚：忧愁而惶惶不安。霁日光风：霁，雨后晴朗。指天气晴朗，风和日丽。欣欣：草木茂盛的样子。喜神：心神愉悦。

【译文】

在狂风暴雨中，鸟类都会感到忧虑害怕；如果风和日丽，即使是无心的花草树木也会欣欣向荣。从这些自然现象可以得知，天地之间不可以一日没有祥和之气，而人不可以一日没有好心情。

【评析】

有句话说"境随心转"，意思是说外在环境常随着人的心理状况而变化。欢喜的时候，会觉得身旁的事物充满生气；如果怒不可遏，就觉得一切事物都面目可憎；一旦抑郁悲伤，便觉得草木也在悲伤。

所以，一个终日忧虑悲观的人，将因缺乏斗志而使自己陷于逆境，不仅自己做事屡遭挫折，周围的人也不愿意长时间接受这种情绪垃圾，会渐渐不再同情你，甚至逃避疏远你。

而一个乐观进取的人，面对再大的困难都不怨天尤人，只是尽其本分地去做，和这样的人相处，会让人觉得希望无穷。若能具有健康乐观的心态，生活就会在无数个拐弯处柳暗花明。可见人应该保持良好的心态，无论处于顺境还是逆境都要以平常心面对，如此才能拥有快乐的人生。

12. 净从秽生　明从晦出

【原文】

粪虫至秽，变为蝉而饮露于秋风；腐草无光，化为萤而耀采于夏月。故知洁常自污出，明每从晦生也。

【译文】

在粪土中所蕴生的虫最脏，但蜕变成蝉后却只在秋风中吸饮洁净的露水；腐败的野草不会发出光芒，但其所孕育的萤火虫却能在夏日的夜空中闪耀出点点萤光。由此可知，洁净的东西往往是从污秽中产生，而光明的事物常常从晦暗中孕育。

【评析】

日本电视连续剧《阿信》，讲述述了一个生活艰难但永不放弃梦想的女性，最后成功经营连锁超市的成长历程。看过这部电影的人，都会记得阿信坚忍不拔、不向困难低头的坚毅形象。在我们的周围，也有许多的"阿信"，他们认真生活，让自己的生命发光发热。但也有人妄自菲薄，总是将生活中的诸多不顺归咎于生活环境不好。

然而英雄不怕出身低，一个人大可不必因为生活环境不如人就看轻自己，君不见历来从清苦的环境中走出了多少成功人士吗？艰苦的环境最容易激发出人的斗志，而优越的生活环境最容易让人安于享乐，不知不觉中就变成了"温室弱苗"，一旦被移出温暖的花房，就再也无法绽放出美丽的花朵。

13. 为万物立命　为天地立心

【原文】

　　一点不忍的念头，是生民生物之根芽；一段不为的气节，是撑天撑地之柱石。故君子于一虫一蚁不忍伤残，一缕一丝勿容贪冒，便可为万物立命，为天地立心矣。

【注释】

　　不为：不做。贪冒：贪图财利。

【译文】

　　人们有一点慈悲的恻隐之心，就是使民众幸福、万物产生的基础，有一种"有所不为"的高洁品行，就是顶天立地的柱石。所以，君子不忍心去伤害一只小虫、一只蚂蚁，不贪图一丝一缕的财物，那就可以为百姓造福、树立天地间真正的精神了。

【评析】

　　虽然古人与今人在修身养性方面有许多不同之处，但是"善良"却是对人们永恒的要求，内心深处的那一点慈悲恻隐之心，就是民众幸福、万物产生的基础。

　　如果说善良是人们的天性所致，而不贪财物，有所不为的气节才是真正需要人们潜心修行才能得来的。如果想在自己的品性中去掉"贪"字，首先要养成淡泊的性格，只有控制住自己的欲望，才能真正做到"不贪图一丝一缕的财物"，为百姓造福。

14. 欺人愧赧　失志晚悲

【原文】

　　白日欺人，难逃清夜之愧赧；红颜失志，空贻皓首之悲伤。

【注释】

愧赧：羞愧。红颜：原指女子美丽的容颜，此处指年轻人。失志：失去、放弃志向。

【译文】

如果白天欺骗了别人，那么在夜里就会感到羞愧；如果年轻人失去志向，没有努力，那么到了老年就会徒然留下无尽的悲伤。

【评析】

作为稍有良知的人，如果做了有悖于良心的事情，每到夜深人静时大多都会悔恨当初。想欺骗别人很容易，但是却往往无法欺骗自己的良心。所以我们要以此为诫，避免自己犯错。年轻的时候放弃了自己的志向，碌碌无为过一生，这的确是一件很可惜、很可怕的事情。等到自己白发苍苍时，即使有再多的后悔，也只能化作无尽的悲伤了。

15. 枕席上参勘心体　饮食中谙练世味

【原文】

从五更枕席上参勘心体，气未动，情未萌，才见本来面目；向三时饮食中谙练世味，浓不欣，淡不厌，方为切实功夫。

【注释】

参勘：自省，验证。心体：指内心世界。谙练：体味，体察。

【译文】

黎明时躺在床上自我反省，验证心性，这是元气未动，情绪未萌，这时可以看到内心的本来面目。从一日三餐中体察人世情味，浓郁的不欣喜，平淡的不厌恶，这才是做人的真功夫。

【评析】

　　黎明时，睡梦已醒，如果不着急起床，不如在床上好好反思一下，也许真的可以有意外的收获呢。或者在夜深人静时，也可以进行认真的反省，这是现代人所缺少的修为。

　　在饮食方面，如果我们有一颗平常、淡然之心，那么就会做到"浓不欣，淡不厌"了，但不必过分追求这种"真功夫"，毕竟美味佳肴也是人生的一种享受。

16. 临小事如临大敌　坐密室若坐通衢

【原文】

　　遇大事矜持者，小事必纵弛；处明庭检饰者，暗室必放逸。君子只是一个念头持到底，自然临小事如临大敌，坐密室若坐通衢。

【注释】

　　纵弛：放松，随便。检饰：检点修饰言行举止。放逸：放松，放纵。通衢：四通八达的要道。

【译文】

　　遇到大事才谨慎认真的人，在小事上一定放松自己的要求；在大庭广众之下十分检点自己的言行举止，在无人时一定放纵自己的言行。而君子只会将一个念头坚持到底，自然遇到小事也像遇到大敌一样，在没人的密室里也像在大街上一样。

【评析】

　　生活中我们往往会这样，遇到重要的大事就会严阵以待，不敢含糊，往往做得很好；而面对比较容易的小事，却常常粗心大意，结果常常吃大亏、倒大霉。这一点我们一定要牢牢谨记。

　　生活中还有一些言行不一的人，这些人在无人的时候就会原形毕露，做一些见不得人的事，以为无人知道，但到最后，总会有人知晓。所谓"要想人不知，除非己莫为"就是这个道理。

17. 闲中先检点　静里密操持

【原文】

忙处事为，常向闲中先检点，过举自稀。动时念想，预从静里密操持，非心自息。

【注释】

事为：举措，措施。过举：错误的举止言行。

【译文】

繁忙中所要采取的举措，应该在闲暇之时先确立下来，这样就会减少错误的发生。行动后再思考问题就会有非分之想，应该预先在安静的时候多多修炼自己的内心，非分的想法就会自动消除。

【评析】

做事情要有计划，并且计划要做得完善才能避免错误的出现。同时做事后要懂得自我反省，自我反省是一种修炼内心的方法，它可以最大限度地减少我们犯下的错误，帮助我们以后不犯同样的错误，减少生活和工作中的失误。

18. 以恬养智　以重持轻

【原文】

伺察以为明者，常因明而生暗，故君子以恬养智；奋迅以求速者，多因速而致迟，故君子以重持轻。

【注释】

伺察：观察，侦查。恬：泰然、淡泊。持：对待，处理。

【译文】

　　靠窥察的手段来了解事物的人，常会因为求明而陷入愚昧之中，所以君子应当用泰然、淡泊的心态来培养自己的智慧；急于求成的人，常常会欲速则不达，所以君子应以稳重的态度来对待小事。

【评析】

　　无论做什么事情，都要运用正确的手段去达到目的，如果总想着偷奸取巧，只会让自己陷入愚昧、糊涂之中。此外，我们还要具有泰然的心态、稳重的态度，正确地对待自己与万事万物。

19. 拨开世上尘氛　消却心头鄙吝

【原文】

　　拨开世上尘氛，胸中自无火炎冰竞；消却心头鄙吝，眼前时有月到风来。

【注释】

　　鄙：狭隘、浅薄。

【译文】

　　拨开俗世的烦恼与诱惑，心中就会平静，不再有冷暖炎凉的痛苦；消除心中的狭隘浅薄使心意安定，眼前就会出现明月清风的好风景。

【评析】

　　在我们周围经常有这样的朋友，他们好像就没有过顺心的事，什么时候与他们在一起，都会听到他们不停地抱怨。其实，他们所抱怨的事都是些日常生活中经常发生的小事。但是他们却把每件不顺心的小事都长久地堆积在心里，挂在嘴上，把自己的心情弄得很糟。

　　"万事如意"是人们之间真诚的祝福，但我们要清醒地认识到，那只是一个美好的祝愿而已。我们不能保证事事如意，但应做到坦然面对，该放则放,不要把一些小事堆在心里,否则你就会活得很累。

其实很多问题大家都会遇到,但明智的人会一笑置之,有些事是不可避免的,能补救的尽力补救,无法改变的就坦然接受,调整好自己的心态去做应该做的事,自然就会快乐起来。

20. 彩笔描空不受染　利刀割水不留痕

【原文】

彩笔描空,笔不落色而空亦不受染;利刀割水,刀不损锷而水亦不留痕。会得此意以持身涉世,感与应俱适,心与境两忘矣。

【注释】

描:画。锷:刀剑的刃。

【译文】

用彩色的笔在空中画画,笔不落颜色而空中也不会被染上颜色;用锋利的刀子去割水,刀刃不会受到损伤,而水中也不会留下痕迹。明白这其中的道理后,再去社会上实践,为人处世的想法和做法都会恰当、适中,心境与环境就能保持和谐的状态了。

【评析】

生活中我们会尊重那些"不显山,不露水"的人,所谓真人不露相,但一旦到了关键时刻,他们总会给我们带来惊喜。做人不宜张扬,做事要尽量不露痕迹,在不知不觉中建立了功业,会赢得大家的敬重。

21. 一念常惺避弓矢　纤尘不染解天罗

【原文】

一念常惺,才避去神弓鬼矢;纤尘不染,方解开地网天罗。

【注释】

惺：警觉，清醒。地网天罗：指种种的束缚与羁绊。

【译文】

心里常常保持清醒，才可避开神弓鬼矢；心里清清净净纤尘不染，才能挣脱天罗地网般的种种束缚。

【评析】

"一念常惺"，是说要时刻警惕外来的危险，而"纤尘不染"，一方面是说心里要清清净净，不要有非分的念头，另一方面是说不要贪图不属于自己的利益，只有这样，才可能最大限度地保护自己。

22. 浓夭淡久　大器晚成

【原文】

桃李虽艳，何如松苍柏翠之坚贞？梨杏虽甘，何如橙黄橘绿之馨冽？信乎，浓夭不及淡久，早秀不如晚成也。

【注释】

馨冽：馨香、芳香。浓夭：夭是夭折，早逝。浓夭指美色早逝。

【译文】

桃李的花朵虽然美丽鲜艳，但是怎么比得上松柏的苍翠坚贞？梨杏的果实虽然甘甜爽口，但是怎么比得上橙桔散发出的馥郁芳香？的确如此啊！浓艳妖娆不如清新淡雅保持得长久，少年得志不能和大器晚成相提并论。

【评析】

越是繁华的事物越是容易衰落和归于平静。浓艳不是不好，只是好景不长。岁寒，然后知松柏之后凋也，越是平淡静默的东西往往越具有顽强的生命力。如果桃李知道自己的生命如此脆弱，它还会开出那么多的繁花来招摇吗？

人也是如此，太早表现出非凡才能的小孩子，大多是较早接受了规定性的事物，却也因此失去了孩童独有的创造性，所以长大之后往往会变得平庸。聪明的家长在孩子的教育方面不应该操之过急，那样会抹杀他们的天性，顺其自然和因材施教并不相悖。

23. 能察能不察之谓明　能胜能不胜之谓勇

【原文】

好察非明，能察能不察之谓明；必胜非勇，能胜能不胜之谓勇。

【注释】

察：明察，知晓。

【译文】

事事都看得明白不是真正的贤明，能清楚也能糊涂才是真正的贤明；一定能战胜别人不是真正的勇敢，能胜能败才是真正的勇敢。

【评析】

一个人不可过分炫耀自己，要懂得适时隐藏。否则，必然招致旁人的嫉恨，自身的才华必然会变得飘飘荡荡的，终身不得其果，甚至会招致杀身之祸。

三国时，曹操非常顾忌刘备，担心刘备日后成大器而与他争夺天下。刘备知道这一点，就隐藏自己的抱负。每天只是在家里种菜，显得没有什么追求一样。一次，曹操特意与刘备喝酒，对刘备说："当今天下英雄只有你和我曹操两个人罢了。"这句话令刘备心中一震，手中的筷子不觉掉在地上，这时刚好有一阵雷响起，刘备趁势道："雷声的威力，竟至到如此地步。"曹操笑道："大丈夫也怕雷吗？"刘备道："圣人在迅雷疾风之时，神色一定会发生变动，我如何能不怕呢？"他把自己的不安掩饰过去，就像没听到曹操的话一样。曹操于是不再怀疑他。刘备为了防备曹操，以完成他兴复汉室的志向，不得不韬光养晦，这就是对本文一个很好的注解了。

24. 祸起玩忽之人　功败细微之事

【原文】

酷烈之祸多起于玩忽之人，盛满之功常败于细微之事。故语云："人人道好，须防一人着恼；事事有功，须防一事不终。"

【注释】

酷烈：极其猛烈。盛满：盛大而圆满。

【译文】

极其惨烈的灾祸大多是由玩忽职守的人造成的，盛大圆满的成功却常常失败于一些极其细微的小事。所以，常言道："在许多人都说好的时候，应该提防有人妒忌生恨；开始许多事都干得很好，但应该小心最后一件事干不好。"

【评析】

玩忽职守是许多人的毛病，在没有酿成大祸的时候不觉得怎样，因为周围的人大多如此，不过一旦出了事，后果就不堪设想了。所以，不要以为玩忽职守是一件小事。

我们做了一件很成功的事，也许让许多人都感到满意，但让你倒霉的偏偏就是极少数不满意你的人。我们事事都做得很好，但就一件事没做好，结果就可能前功尽弃。

25. 持身涉世　不可随境而迁

【原文】

持身涉世，不可随境而迁，须是大火流金而清风穆然，严霜杀物而和气霭然，阴霾翳空而慧日朗然，洪涛倒海而砥柱屹然，方是宇宙内的真人品。

【注释】

　　流金：形容天气炎热。穆然：安静的样子。翳：遮蔽。

【译文】

　　为人处世，不能够随着环境的改变而改变自己。在如同流火的炎热中，要像在清风中一样安静；在寒霜肃杀万物的时候，要像往常一样温和；在阴沉的天空下，要像在阳光下一样明朗；在洪涛拍岸的时候，要像砥柱一样屹然不动——这才是天地间真正的人品。

【评析】

　　不管人们愿不愿意，人的一生总会陷入几次逆境中，如果真的到了"大火流金、严霜杀物、阴霾翳空、洪涛倒海"的环境中，我们的品质与素养到底如何也就显现出来了。虽然做到本文中所讲的那样很难，但是我们也要有意识地锤炼自己的品质，尽量不随境而迁。

26. 世人以心慊处为乐　达士以心拂处为乐

【原文】

　　世人以心慊处为乐，却被乐心引入苦处；达士以心拂处为乐，终由苦心换得乐来。

【注释】

　　慊：快意，满足。达士：通达乐观的人。

【译文】

　　世人都以心满意足为快乐，然而常常被这种快乐引诱到痛苦的深渊；通达乐观的人总把与困难搏斗当作乐趣，最终用艰苦奋斗换来真正的快乐。

【评析】

　　能力的大小、心性的高低决定了人们之间的不同。有人觉得平平淡淡是幸福，有人觉得轰轰烈烈才是幸福。其实这没有什么对与错，只要自己感觉到幸福就可以了。

27. 不作垢业　不立芳名

【原文】

　　膻秽则蝇蚋丛嘬，芳馨则蜂蝶交侵。故君子不作垢业，亦不立芳名。只是元气浑然，圭角不露，便是持身涉世一安乐窝也。

【注释】

　　秽：肮脏。交侵：交替侵犯。垢业：污秽不洁的事业。浑然：形容混同在一起。圭角：比喻人的言行锋芒外露。

【译文】

　　膻味四溢、肮脏不堪则苍蝇蚊子聚集叮咬，芳香清馨则会招来蜂蝶交替侵袭。所以君子不做污秽不洁的事业，也不树立美好的名声。只是质朴浑然，不露锋芒，这就是为人处世的最高境界了。

【评析】

　　君子当然不能做污秽不洁的事情，因为做了这样的事情就不是君子了，这样的事是小人所为。但是君子也不能爱慕美好的名声，否则"树大招风"，容易受到他人的攻击。如果能够质朴浑然，不露锋芒，才是至高境界。

28. 遇忙处会偷闲　处闹中能取静

【原文】

　　从静中观物动，向闲处看人忙，才得超尘脱俗的趣味；遇忙处会偷闲，处闹中能取静，便是安身立命的功夫。

【译文】

从安静中观赏世间万物的动向，从悠闲中看别人的忙忙碌碌，这样才能体味到超凡脱俗的乐趣；遇到紧张忙碌的时候要学会忙里偷闲，在喧闹嘈杂的地方要有安静的心态，这就是做人的真功夫。

【评析】

"从静中观物动，向闲处看人忙"，这样的生活姿态真让人羡慕，把自己置身于事外，以一种悠然自得的心情来看待别人的忙碌，的确有种超然世外的韵味。不过要做到这一点很难，人们对于自己的事务都处理不清，哪里有时间与兴致去闲看别人的忙碌呢？

"遇忙处会偷闲"不是让人偷懒，而是要保证生活的节奏有张有弛，这样才能劳逸结合，事半功倍。

29. 风息时休起浪　岸到处便离船

【原文】

鸿未至先援弓，兔已亡再抽矢，总非当机作用；风息时休起浪，岸到处便离船，才是了手功夫。

【注释】

鸿：大雁。亡：逃跑。矢：箭。

【译文】

大雁还没有来就拉开了弓，兔子已经跑了再抽箭，这都是没有把握住时机而盲目行动；风息时大海就不再起波澜，到了岸边就离船上岸，这才是了脱凡尘的功夫。

【评析】

我们无论做什么事情都要注意把握时机，如果是在商海之中，时机便是战机，如果没有把握好，失去之后就会追悔莫及。

"风息时休起浪，岸到处便离船"，这句话是告诉我们要有拿得起，放得下的心态，船到岸边就要离船上岸去，不要总想着苦苦纠缠。

30. 无事如有事时提防　有事如无事时镇定

【原文】

无事常如有事时提防，才可以弥意外之变；有事常如无事时镇定，方可以消局中之危。

【注释】

弥：弥补，填满。

【译文】

没有事情的时候要常如有事情时那样处处小心，这样才可以防止意外的发生；有事情的时候要像没事时那样镇定自若，这样才可以冷静地处理事情，消除危机。

【评析】

有备无患，临危不乱，虽是老生常谈，不过这个道理永远不会过时。

一个交响音乐会正在音乐厅里举行，听众们都被乐队指挥的高超技巧及乐手们的出色演奏迷住了，陶醉在音乐的天地中。

猛然间，一场不大不小的地震悄然袭来，交响乐停奏了，身体已感觉到了明显晃动的观众，瞬间就坠入了恐惧的深渊，胆小者已经尖叫起来，反应快的人已经在夺路而逃，混乱拥挤的场面出现了。场面如果继续发展下去，就极有可能发生互相践踏的场面。

突然，一阵为观众所熟悉的铿锵乐曲传来了，是国歌！于是，一怔之后，许多观众肃立住了，拥挤的情况马上得到了缓解。极有可能出现的混乱局面就这样被控制住了。这些全靠乐队指挥的处变不惊和整个乐队的应变得当。在变乱出现时，想要别人镇静，自己就先要自定，乐队指挥和他所能驾驭的乐队，通过演奏国歌来镇定全场观众，从而使现场由纷乱变得井然有序。

不论是观古还是察今，都不难发现，面对变故而惊慌失措者，只会成事不足，败事有余。不过只要我们能经常磨炼自己，慢慢地就可以成为一个临危不乱的人。

31. 肝肠煦若春风　气骨清如秋水

【原文】

肝肠煦若春风，虽囊乏一文，还怜茕独；气骨清如秋水，纵家徒四壁，终傲王侯。

【注释】

煦：和煦，温暖。茕独：孤苦无助的人。秋水：秋天清澈明亮的水。

【译文】

如果拥有如春风般温暖的好心肠，哪怕没有一文钱，也会同情怜悯孤苦无助的人；如果拥有如秋水般清澈明亮的气骨，纵然家徒四壁，也会傲视王公贵族。

【评析】

在我们身边就有许多"肝肠煦若春风"的人，他们本身就很贫穷却还能怜悯别人，这样的人更让人尊敬。

32. 市恩不如报德之为厚

【原文】

市恩不如报德之为厚，雪忿不若忍耻之为高；邀誉不如逃名之为适，矫情不若直节之为真。

【注释】

市恩：讨好。雪忿：报复敌人来洗去心中的耻辱。矫情：故作姿态。直节：

保持气节。

【译文】

讨好他人不如寻机报答别人更厚道，报复别人以雪前耻不如默默忍受更高明；追求别人的赞美不如躲避名誉更合适，惺惺作态不如保持气节更真实。

【评析】

许多身在职场的人，容易受环境影响而做一些讨好他人的举动，这样做的结果可能在短期内博得他人的好感，但是却降低了自己的人格，这对长久的发展十分不利。因此，身在职场的人们应该努力工作，用自己的工作能力与良好的人品来实现自己的价值，获得他人的认可，而不是通过献媚讨好别人来赢得人们的赞誉。

如果你接受过别人的帮助，就一定不要忘了别人的恩情。一旦有了条件就要马上去报答别人。如果你是一个知恩图报的人，那么你在人们心中的印象会是美好而可信的。如果是你帮助了别人，那么不要总是记在心里，总想索取别人的回报，否则，别人不但不会感激你的帮助，还会怨恨你。

33. 少年当抑躁心　老人当振惰气

【原文】

少年的人，不患其不奋迅，常患以奋迅而成鲁莽，故当抑其躁心；老成的人，不患其不持重，常患以持重而成退缩，故当振其惰气。

【注释】

奋迅：精神振奋，行事敏捷。惰气：颓废、懒惰的精神状态。

【译文】

对待年轻人，不要担心他精神不振奋，行动不敏捷，而要担心他太过振奋、敏捷而形成了鲁莽的性格，所以要抑制他那颗狂躁的心；对待老年人，不要担心他不沉着稳重，而要担心他太过稳重而变成了退缩，所以应该让他振作精神，扫除颓废的情绪。

【评析】

鲁莽与轻率仿佛已经成为年轻人的通病，想要去除这个毛病就要有意识地养成稳重的性格。老成的人是指那些上了年纪，具有较多的社会阅历，性格成熟而通晓人情世故的人。这种人为人处世，虽稳重老成，却过于消极保守，做起事来显得畏首畏尾。因此，这些老人要有意识地让自己变得大胆一些，才能克服自身的缺点。

34. 众人忧乐以情　君子忧乐以理

【原文】

众人以顺境为乐，而君子乐自逆境中来；众人以拂意为忧，而君子忧自快意中起。盖众人忧乐以情，而君子忧乐以理也。

【注释】

拂意：不顺心。

【译文】

一般人都因处于顺境感到快乐，而君子的快乐却是从逆境中得来；一般人都害怕不顺心的事，而君子的忧虑却来自称心如意的时候。所以说一般人的喜怒哀乐都来自性情，而君子的喜怒哀乐来自理性认识。

【评析】

古往今来，有许多成功的人，他们的人生道路都是铺满荆棘的，但是他们没有因此而感到忧愁，而是从奋斗中找到快乐，获得成功。司马迁受宫刑，在痛苦煎熬中凭着顽强毅力完成了巨著《史记》。失聪，意味着一个音乐家生命的结束，然而贝多芬却完成了《命运交响曲》这部不朽的乐章。他们都在困难中受苦，但他们又都成功了，虽然他们的人生道路是曲折的，但他们并没有在逆境中变得意志消沉。

在人生道路上,不可能一帆风顺,大多数人的人生道路是崎岖不平的。而正是由于这曲折的人生风景线,才使得生命更充实,更有意义。

35. 心事天青日白　才华玉韫珠藏

【原文】

君子之心事,天青日白,不可使人不知;君子之才华,玉韫珠藏,不可使人易知。

【注释】

玉韫珠藏:珍藏的意思。《论语·子罕》:"有美玉于斯,韫匮而藏诸,求善而沽诸。"陆机《文赋》中说:"石韫玉而山晖,水怀珠而川媚。"

【译文】

有道德修养的君子,他的心地应该像青天白日一样光明磊落,没有什么不可告人的事;而他的才能应该像珍藏的珠宝一样,不轻易让人看得出来。

【评析】

孔子说过"君子坦荡荡",俗话也说"明人不做暗事",可见心怀坦荡才是真正的君子。但是在人际交往日益频繁的今天,我们每天都要接触形形色色的人,因此必须戴着面具做人,这样,与君子作为不就有些相背了吗?其实无论一天要换多少面具,只要用心出自于诚,没有半点巧诈心机,也并不能说就不是君子所为。

人人都有进取之心并有展现个人才能的愿望,不过才能必须在对的时机和环境里展现,如果时机不对或所处的环境不好,就不要急于展现自己的才华,以免招来别人的嫉恨。所谓木秀于林,风必摧之是矣!

36. 忙于闲暇之时　放于收摄之后

【原文】

身不宜忙,而忙于闲暇之时,亦可警惕惰气;心不可放,而放于收摄之后,亦可鼓畅天机。

【注释】

收摄:收敛,控制。

【译文】

人不能总是忙忙碌碌,应该在闲暇的时候忙一点,这样也可以抑制惰性的滋生;人的心灵不能太过放纵,放纵也应该在经过深思熟虑之后,这样也可以发挥生动活泼的天性。

【评析】

忙中有闲,闲中深思,这才是正确的做法。不太忙的时候不要总是一味地享受,要多想一想以后的事情,这样才能做到胸有成竹。

37. 贫贱所难　难在用情

【原文】

贫贱所难,不难在砥节而难在用情;富贵所难,不难在推恩而难在好礼。

【注释】

砥节:磨砺气节。推恩:施恩惠给他人。好礼:讲究礼节,尊重他人。

【译文】

贫穷困苦的人,不难于磨砺气节,而是难在控制自己的感情;富贵的人,不难于在生活中施恩惠给他人,而是难在以礼待人。

【评析】

富人不管出于什么心思，一般都能施舍一些好处给穷人，这并不难做到。然而，对于他们来说，能从心里对那些接受施舍的人报以尊重，才是最难的。其实彬彬有礼无须破费，谦虚恭敬不用分文，却比任何的施舍都让人感到温暖。对人有礼貌，并不需要我们付出什么代价，但是，微不足道的善举和礼貌却常常能带给你巨大的回报。

如果我们是穷人，那就要鼓起勇气去改变贫穷的生活，注意稳定自己的情绪，提升自己的修养，不要丧失自己的志向。

38. 做人一味率真　踪迹虽隐还显

【原文】

做人只是一味率真，踪迹虽隐还显；存心若有半点未净，行事虽公亦私。

【注释】

踪迹：行动所留下的可觉察的行迹。

【译文】

如果做人只是一味地真诚直率，那么，缺点就算是消失了还是能看出来；用心如果有半点杂念，那么，做起事来难免假公济私。

【评析】

每个人都希望别人真诚地对待自己，要想别人真诚待你，你就应当首先主动真诚地去对待别人。不过做人如果只是一味率真，而不分时间、场合，也不分什么事情，那么就有些愚蠢了，因为明白如何保护自己也是很必要的。

39. 背后防射影之虫　面前有照胆之镜

【原文】

倚高才而玩世，背后须防射影之虫；饰厚貌以欺人，面前恐有照胆之镜。

【注释】

射影之虫：传说水中有一种叫蜮的怪物，看到人影就喷沙子，故有"含沙射影"的成语。照胆之镜：传说秦朝有一面宝镜叫照胆镜，能看到人的五脏六腑。

【译文】

倚仗自己才华出众就玩世不恭的人，要提防背后有人像蜮一样含沙射影的暗算；伪装成一副忠厚老实的样子来欺骗别人，不要忘了面前还有照胆镜来识破你。

【评析】

因为恃才傲物而屡屡吃亏的人，古今皆有。

明代崇祯年间，揭阳上围村有一个姓翁的员外，自恃很有才华。

有一次，他见陇埔村有一个佃户，一肩挑着两担稻谷来交租，心里觉得诧异，便问道："你从陇埔到我这里有四五里路，一个人挑两担稻谷该多费劲，要歇多少回？"那个佃户说："员外，不是我一个人，我儿子帮我挑了一担过来。"

"那怎么不见你儿子挑进门来？"

那佃户说："不瞒员外，我那儿子，名叫林松，自幼喜读圣贤书，又有一个怪脾气，他说要进富豪门庭，除非有帖请他。"

员外听后，觉得他儿子口气不小，于是眉头一皱，计上心来，当下走进书房取下名帖，一面差人前去请林佃户的儿子林松，一面琢磨出一个上联，准备让林松来对下联，难倒他。

当天日午时分，一个后生持请帖来到翁府，这后生正是林松，员外闻报，即刻叫人把他引进客厅。翁员外假意寒暄几句，然后出联求对，并约定：第一，必须当场对对联；第二，倘若对得妙联，奖银三两；如其不然，罚款加倍。双方谈妥，击掌立约。

翁员外认为这个生意，十拿九稳，银子六两，唾手可得。他一板一眼地出了上联：曲溪曲曲龙戏水。

林松听罢，微微一笑，便高声念道：陇埔陇陇凤簪花。

周围的人，齐声喝彩，员外目瞪口呆，不得不付银子三两。

山外有山，人外有人，总有比自己才华更出众的人，所以不要因为自己有点才华就不可一世。

40. 心体澄澈　天下无可厌之事

【原文】

心体澄澈，常在明镜止水之中，则天下自无可厌之事；意气和平，常在丽日光风之内，则天下自无可恶之人。

【注释】

心体：指人的意识和思想。澄澈：像水一样清澈而平静。

【译文】

如果人的内心清澈而平静，常常保持明镜止水的状态，那么天下自然没有觉得让人讨厌的事情；心绪平和，常常处于风和日丽之中，那么天下自然没有让人觉得可恶的人。

【评析】

保持平和、宁静的心态，忘却无谓的烦恼，才能拥有快乐的人生。

41. 宁以风霜自挟　毋以鱼鸟亲人

【原文】

苍蝇附骥，捷则捷矣，难辞后处之羞；茑萝依松，高则高矣，未免仰攀之耻。所以君子宁以风霜自挟，毋以鱼鸟亲人。

【注释】

骥：千里马。茑萝：一种寄生植物。自挟：自己投入其中。

【译文】

苍蝇依附在千里马身上，快是很快了，但是难以去除躲在马后的羞辱；茑萝攀附在松树上，高是很高了，但是未能免除仰上攀附的耻辱。所以君子宁愿处在风霜之中，也不要像鱼儿小鸟那样让人观赏。

【评析】

在我们谈论"气节"这个话题时，首先想到的就是明代重臣于谦的那句诗："名节重泰山，利欲轻鸿毛。"于谦用自己的生命诠释了这句诗，为世人树立了一座坚守气节的丰碑。可以说，重名节、轻权贵，一直是我们中华民族传统的荣辱观里很重要的一项。

千百年来总有人依附权贵，充当吹鼓手，不管现实情况如何，他们总是歌功颂德、粉饰太平，所以这些人总是能从权贵那里分得一杯羹，名利双收。然而，这样的人也就失去了高贵的人格，而沦为权贵玩赏的鱼虫或驱使的犬马。

气节，代表的是一种坚定的信念与崇高的理想。人们不论是顺境还是逆境，都要守节不移。我们的古代先哲认为，人生短暂而名节千载。因此，人们应将气节看得比生命还宝贵，还重要。有志之士一定要坚守名节，绝不能作那种毁节求荣、苟且贪生之事。

42. 做人要脱俗　不存矫俗之心

【原文】

做人要脱俗，不可存一矫俗之心；应事要随时，不可起一趋时之念。

【注释】

矫俗：故意违反世俗人情，以显示自己的清高不凡。随时：顺应时局，顺应规律。趋时：赶时髦。

【译文】

做人要超凡脱俗，但不能有一点故意违反世俗人情之心来显示自己的清高；做事要顺应时局，但不能起一点赶时髦的想法。

【评析】

在我们的现实生活中，有些人其实并不清高，但却特别喜欢自命清高。真正的清高，不是说给别人听，做给别人看的。清高，需要很高的综合素质和深刻内涵作基础，装不成，也扮不像。要做到清高并非易事，任何清高之举，都会引发两种声音：一种是掌声、赞扬声、喝彩声；另一种是迂腐、无能、沽名钓誉之类的冷嘲热讽。清高，不是一面绣着宣言的旗帜，随随便便就可以张扬挥舞的。现代人要达到清高的境界，至少要能做到三点：一是淡泊名利，二是甘于奉献，三是敢言敢行。

超凡脱俗是一种精神境界，应该是人格、人生态度的自然流露，而不能故作清高。

43. 梦里悬金佩玉　睡虽真觉后假

【原文】

梦里悬金佩玉，事事逼真，睡去虽真觉后假；闲中演偈谈玄，言言酷似，说来虽是用时非。

【注释】

偈：佛经中的话。玄：指佛法中深刻、玄妙的道理。

【译文】

梦中悬金佩玉尽享荣华富贵，事事都很逼真，睡觉的时候虽然感觉是真的，但醒来后才知道一切都是假的。无事时闲谈佛法，句句说得都很对，说的时候虽然对，但做起来就不是那么回事了。

【评析】

希望那些怀有富贵之心的人在黄粱梦醒的时候，能够看清这一切。"闲中演偈谈玄，言言酷似，说来虽是用时非"，我们不要做这样的人，同时也要警惕这样的人——平时讲起道理来头头是道，但实践的时候就不是那么回事了。

44. 痴人每多福　以其近厚也

【原文】

廉官多无后，以其太清也；痴人每多福，以其近厚也。故君子虽重廉介，不可无含垢纳污之雅量；虽戒痴顽，亦不必有察渊洗垢之精明。

【注释】

廉介：清廉耿直。痴顽：愚昧。

【译文】

廉洁的官员大多都没有后代，因为他们太清高了；傻乎乎的人总是多福，因为他们愚鲁而接近宽厚。所以，君子虽然看重清廉耿直，但是不能没有容污纳垢的雅量；虽然力戒愚昧，但也不必有目尽渊底、洗垢俄顷的精明与手段。

【评析】

在日常生活中，我们经常可以看到一种有意思的现象：一些聪明绝顶、非常精明的人，往往体弱多病、心情抑郁；而另一些马马虎虎，事过即忘的人却是笑口常开，身体健康，即为"傻人多福"。"傻人"懒得跟人计较利益得失，一些鸡毛蒜皮之事从不挂齿，在聪明人眼里自然是傻乎乎的。"傻人"健忘，一天到晚笑呵呵，易被人斥为"没脑子"。其实从医学的角度讲，健忘可以减轻大脑的负担，降低脑细胞的消耗。从心理学的角度讲，遗忘可以让人忘掉过去的伤心和痛苦，保持心情舒畅。

45. 密则神气拘逼　疏则天真烂漫

【原文】

密则神气拘逼，疏则天真烂漫，此岂徒诗文之工拙从此分哉？吾见周密之人纯用机巧，疏狂之士独任性真。人心之生死，亦于此判也。

【注释】

密：指心思精细，细密。机巧：心思缜密，机智巧妙。疏狂：散漫，放荡不羁。

【译文】

用心细密则精神气度都显得拘束局促，而粗疏中会显出天真自然，这一点难道只体现在诗词歌赋的工巧与拙朴上吗？我看到心思缜密的人总是善于机巧，而放荡不羁的人多率性真诚，人心的高下也可以凭此评判。

【评析】

生活中，显得年轻的人往往拥有率真的性格，而老气横秋的人多是心思缜密、心机重重。所以，我们应该多留一些纯真与质朴，去掉那些算计之心，以免心机太重，未老先衰。

46. 事事用意意反轻　事事忘情情反重

【原文】

少壮者，事事用意而意反轻，徒泛泛作水中凫而已，何以振云霄之翮？衰老者，事事忘情而情反重，徒碌碌为辕下驹而已，何以脱缰锁之身？

【注释】

少壮：年轻人。凫：野鸭。翮：泛指鸟的翅膀。驹：小马驹。

【译文】

年轻人，每件事都工于心计，结果其心智反倒没用，就像水中的鸭子，只知道徒劳地划动脚掌而身体却前进缓慢，怎么能展翅凌云大有作为呢？衰老的人，事事都说要不操心，结果其心反倒没有放下，就像上了套的马儿一样，只是为儿孙忙忙碌碌地拉着车，这样如何能脱离劳苦呢？

【评析】

老年人应该放下一些心思，少一些操劳，不要总是怀有太多的牵挂。

47. 饮酒莫教成酩酊　看花慎勿至离披

【原文】

帆只扬五分船便安，水只注五分器便稳。如韩信以勇略震主被擒，陆机以才名冠世见杀，霍光败于权势逼君，石崇死于财富敌国，皆以十分取败者也。康节云：饮酒莫教成酩酊，看花慎勿至离披。旨哉言乎！

【注释】

酩酊：形容醉得很厉害。离披：脱落，纷纷下落。

【译文】

帆只扬起五分，船便行得稳，水只倒入五分，水壶就很稳定了。像韩信因为功高震主而被杀，陆机因为才华绝世而被杀，霍光权高势重凌驾于皇帝而倾覆，石崇聚集财货富可敌国而丧命，都是因为他们做事太过头而导致身败。所以，宋代哲学家邵雍说"饮酒莫教成酩酊，看花慎勿至离披。"这话说得好啊！

【评析】

身为人臣，绝不能居功自傲，否则就会遭人猜忌，落得兔死狗烹、鸟尽弓藏的下场。

概观韩信一生，令人称道的不少，令人惋惜的也不少，但不管如何，留给后人的教训是深刻的。韩信早年贫困潦倒，但是剑不离身，虽经历挫折，却一点也不灰心。他隐忍有余，甘受胯下之辱，确有大将气度。大丈夫志在四方，岂可为鸡毛蒜皮的小事而乱了大谋？

韩信是我国西汉初著名的军事家。刘邦得天下，军事上全依靠他。他是个率百万大军，战必胜，攻必克的军事天才，还能经常以少胜多，以弱胜强。

但韩信对为臣之道很不精通，他自恃有才，不了解统治者的心理，功成身死。由于韩信战功赫赫，在军中威望极高，当时军中兵器均刻上"不杀韩信"四字。韩信也自恃功高，以为刘邦不敢杀他。但刘邦得天下后，恐韩信造反，无人能敌，又见韩信十分狂傲，终于动了杀机。

最后韩信被好友萧何诱至宫中，死于刀下。

48. 芝草无根醴无源　志士当猛奋翼

【原文】

芝草无根醴无源，志士当猛奋翼；彩云易碎琉璃脆，达人宜早回头。

【注释】

醴：甜美的泉水。

【译文】

灵芝草没有根就像甜美的泉水没有源头，有志气的人要自强不息努力奋进；美好的光景就像彩云一样容易离散，像琉璃一样容易破碎，达观之人应该早点回头。

【评析】

"芝草无根醴无源，志士当猛奋翼"说的是有志气的人不怕出身贫贱，只要努力一样可以获得成功，许多伟人都是出身贫贱而后成大器的。

49. 至人常若无若虚　盛德多不矜不伐

【原文】

鹤立鸡群，可谓超然无侣矣，然进而观之大海之鹏，则渺然自小；又进而求之于九霄之凤，则巍乎莫及。所以至人常若无若虚，而盛德多不矜不伐也。

【注释】

鹏：传说中的一种大鸟，由鲲变化而成。至人：思想或道德修养高超的人。不矜不伐：不自大也不自贬。

【译文】

　　鹤立鸡群，可谓是身姿挺拔没人可比了，然而与海上的大鹏相比，就渺小多了；又与九天之上的凤凰相比，更是高不可及。所以修养最好的人总是谦虚的，而德行高的人则多是既不自大也不自贬。

【评析】

　　谦虚是人类的美德。中国有句古话："满招损，谦受益。"这句话从正反两方面进行了精辟的总结。谦虚使人进步。人生有涯而学海无涯，一个人不管怎样聪明博学，他的知识与人类整体的知识相比只不过是沧海一粟。"海纳百川，有容乃大。"才识越高的人，越是明白这个道理，因而越是虚心好学，严于律己，持之以恒，也越能成就大事业。

　　谦虚的人容易赢得别人的好感。谦虚的人言谈举止谦恭有礼，不专断、不傲慢、不自以为是，在交往中比较容易获得别人的好感，得到别人的帮助。

　　由于谦虚是一种美德，人世间便有了假谦虚以博取好感好名声的人。但是，这种假谦虚很容易被人识破，因为它缺乏真诚，缺乏行动。

　　而骄傲的人喜欢自吹自擂，是语言的巨人，行动的侏儒。他们对于比自己强的人往往心怀忌恨。骄傲的人总是低估对手的能力而麻痹轻敌，从古至今因此不断上演着"骄兵必败"的悲剧。

50. 人之有生也　太仓之粒米

【原文】

　　人之有生也，如太仓之粒米，如灼目之电光，如悬崖之朽木，如逝海之洪波。知此者如何不悲？如何不乐？如何看他不破而怀贪生之虑？如何看他不重而贻虚生之羞？

【注释】

　　太仓：京城里的储粮大库。

【译文】

　　人的一生，就像粮仓中的一粒米那样渺小，像一瞬间的闪电那样短暂，像悬崖上的枯木那样无奈，像退去的海潮那样凄然。明白这些道理的人怎么能不悲伤？怎么能不欣慰释然？如何不能看破生命的意义而怀有贪生怕死的顾虑？如何不重视生命而留下虚度年华的愧疚？

【评析】

　　本文意在让人们明白生命的意义、生死的必然，希望人们可以淡然面对生老病死，不再虚度年华。既然我们始终也逃避不了死亡的降临，为什么不好好珍惜这人生的大好时光呢？一切烦忧都会随风而逝，你留恋的或你厌恶的，都将被岁月的流水冲刷得干干净净。曾经光彩照人，明艳如春的你，也将变成历史的尘埃。

　　所以，请珍爱你的生命，让生命之花越开越美。

51. 地阔天高　尚觉鹏程窄小

【原文】

　　地阔天高，尚觉鹏程之窄小；云深松老，方知鹤梦之幽闲。

【译文】

　　知道了天地的高远辽阔，才能觉察大鹏飞得不是很远；看到了云的幽深、青松的长寿，才明白仙鹤的长梦为什么那样幽闲。

【评析】

　　眼界的开阔是很重要的，否则人们就只能盯着眼前的一亩三分地，不知道远方的世界有多么精彩。

52. 翠竹淡雅　红莲清幽

【原文】

翠筱傲严霜，节纵孤高，无伤冲雅；红蕖媚秋水，色虽艳丽，何损清修。

【注释】

翠筱：翠竹。红蕖：荷花的别称，红莲。

【译文】

翠竹傲视严霜，纵然竹节高直，不会有伤淡雅；红莲绽放秋水中，虽然颜色艳丽，但不会有损清幽。

【评析】

"翠筱傲严霜，节纵孤高无伤冲雅"描述的是刚强而清高、冲和而俊雅的人；"红蕖媚秋水，色虽艳丽何损清修"描述的是柔顺而净雅、纯洁而妩媚的人。这两种人都是值得我们敬重与仰慕的。

53. 花逞春光　催归尘土

【原文】

花逞春光，一番风一番雨，催归尘土；竹坚雅操，几朝霜几朝雪，傲就琅玕。

【注释】

逞：放纵，肆意。琅玕：传说中的仙树，比喻珍贵，美好的事物。

【译文】

鲜花在春光中逞艳，但一会儿风、一会儿雨，很快就凋落成泥，归为尘土；翠竹坚持淡雅的操守，虽然几朝严霜、几朝寒雪，终究傲然如琅玕。

【评析】

"催归尘土"是像春花一样貌美而浅薄的人的必然结果,对于这样的人,我们虽然有些怜悯之情,但更多还是厌恶。许多人都仗着自己的青春年少而毫不自爱,只是一味胡作非为,当他们"催归尘土"的时候,才会后悔莫及。

而像青竹一样"几朝霜几朝雪,傲就琅玕"的人,我们只有仰慕之情。他们那高贵的品格值得我们学习。

54. 老鹤虽饥　饮啄犹闲

【原文】

昂藏老鹤,虽饥而饮啄犹闲,肯似鸡鹜之营营而逐食？偃蹇寒松,纵老而丰标自在,岂似桃李之灼灼而争妍？

【注释】

昂藏：仪表雄伟,气宇不凡的样子。鹜：鸭子。偃蹇：高耸,骄傲。

【译文】

气宇不凡的老仙鹤,即使饥饿时进食饮水还是很悠闲安逸,怎么会像鸡鸭那样闹哄哄地抢食呢？傲视霜雪的松树即使老了,其风姿也依然挺拔、俊雅,怎么能像美艳的桃李春花那样争奇斗艳呢？

【评析】

人们的容貌好比牡丹,人品好比青松,牡丹再艳终是一时,青松却能矗立百年！青松虽然没有迎春花的美丽,也开不出香气袭人的花朵,但它那遇霜而不调零的绿叶,同样也能博得人们的赞美。

55. 东海无定波　世事勿扼腕

【原文】

东海水曾闻无定波,世事何须扼腕；北邙山未曾留闲地,人生且自舒眉。

【注释】

扼腕：自己一手握持另一手的腕部，形容焦虑的样子。舒眉：舒展眉头。

【译文】

听说东海的海水没有风平浪静的时候，所以面对世间的是是非非又何必焦虑不安？北邙山的墓地是不会为人省下一块空白的坟地的。所以，人生要自我超脱、舒展眉头、享受当下。

【评析】

人生的不幸，虽然无法回避，但可以用积极的心态去面对，并且清醒地提醒自己：任何不幸都是人生一笔可贵的财富。它虽然会给你带来麻烦和痛苦，虽然会让你困惑与孤独，但是正是这种难得的体验，才能让你真正地成长起来，让你彻头彻尾地醒悟。所以又何必焦虑不安呢？

56. 逸态闲情　惟期自尚

【原文】

逸态闲情惟期自尚，何事外修边幅；清标傲骨不愿人怜，无劳多买胭脂。

【注释】

尚：欣赏，崇尚。清标傲骨：清雅的风度、高傲不屈的风骨。

【译文】

神态安闲飘逸是内在气质的自然体现，何必在衣着上大做文章；清雅高傲的风骨不愿讨得别人的欢心，那就不用涂脂抹粉了。

【评析】

李白诗云："清水出芙蓉，天然去雕饰"，说的就是自然美，体现的是人的内在气质。一个人的气质是指一个人内在涵养或修养的外在体现，气质是内在的不自觉的外露，而不仅是表面功夫。一个人如果胸无点墨，用再华丽的衣服装饰，也是毫无气质可言的，而且还会给别人肤浅的感觉。

57. 君子穷当益工　勿失风雅气度

【原文】

贫家净扫地，贫女净梳头，景色虽不艳丽，气度自是风雅。士君子一当穷愁寥落，奈何辄自废弛哉！

【注释】

寥落：寂寞不得志。废弛：荒废，懈怠。王冕《剑歌行》中有"学书学剑俱废弛"。

【译文】

贫苦人家经常把地扫得干干净净，穷人家的女儿时常把头梳得整整齐齐，虽然外表算不上豪华艳丽，却有一种高雅脱俗的气度。因此，君子处于失意潦倒的境遇时，万不可以颓废不振、自暴自弃！

【评析】

当我们看见一个人衣衫褴褛、蓬头垢面的时候，就会认为此人一定正逢失意。仪容外表给人的第一印象，往往具有决定性影响，所以市面上教人职场礼仪的书籍里，都强调仪容整洁的重要性。

贫穷潦倒不是罪过，更非耻辱。事业的挫折，人生的失意其实都是很正常的事。人绝对不能被一时的困难击倒，如果遇到挫折就屈服、怨天尤人，就不会有成功的一天。

58. 厚德以积福　修道以解困

【原文】

天薄我以福，吾厚吾德以迓之；天劳我以形，吾逸吾心以补之；天厄我以遇，吾亨吾道以通之。天且奈我何哉？

【注释】

薄：少给，减轻。迓：迎的意思。厄：控制，压抑。

【译文】

上天不给我很多的福分，我就多做善事来面对这种命运；上天用劳苦使我疲乏，我就用安逸的心情来保养身体；上天用困窘来折磨我，我就开辟求生之路来打通困境。如果做到上述各点，上天又能对我怎么样呢？

【评析】

古人常说"天助自助者"，如果能勇敢地面对与接受现实，就不会受到命运的摆布。换言之，一个不向恶劣环境低头的人，只相信事在人为，所以当置身困境之际，他便不会自暴自弃，也不会自叹命运多舛，而是相信只要肯努力就有希望。厄运与困境并不可怕，真正可怕的是逃避，是在厄运面前一蹶不振我们！不论摆在我们面前的是什么，我们都应该用一种乐观、积极的处世的态度去对待。

为人处世如果能具备这样的韧性，不畏艰难险阻，把逆境和灾难当作磨炼，又有什么事能击倒我们呢？

59. 顺境不足喜　逆境不足忧

【原文】

居逆境中，周身皆针砭药石，砥节砺行而不觉；处顺境内，眼前尽兵刃戈矛，销膏靡骨而不知。

【注释】

针砭药石：针，古时用以治病的金针。砭，古时用来治病的石针，现在流行的针灸是针砭的一种。药石，泛称治病用的药物，后比喻规劝别人改过向善。针砭药石泛指治病用的器械药物，此处比喻砥砺人品德气节的良方。砥砺：磨刀石，粗者为砥，细者为砺，此为磨炼之意。膏：脂肪，指人的肉体。靡：腐蚀，毁坏。

【译文】

　　一个人如果生活在逆境中，好像身边全是治病的金针和汤药，会让人在不知不觉中敦品励行。反之，一个人如生活在顺境中，就等于在面前摆满了消磨精神意志的刀枪，会让人在不知不觉中身心受到腐蚀而走向堕落。

【评析】

　　就像食物如果不冷藏容易腐败一样，人生活在优越的环境中也很容易腐败堕落，而在清苦的环境中就较容易奋发上进。换言之，出身富裕家庭的人，往往游手好闲，而在艰苦环境中成长的人，通常充满斗志。由此看来，逆境可以让人磨炼出坚毅的性格与愈挫愈勇的斗志。而身处顺境却不思奋斗的人，一旦失意落魄就会一蹶不振，经不起一点儿风吹雨打。

　　所以说，任何事情都要辩证地看待，逆境不足为忧，正可以磨炼志节，而顺境不足为喜，它能够腐蚀人心，若能有此领悟，就能做到既可以在顺境中扬帆远航，又能在困境中超越自我。

60. 困苦穷乏　锻炼身心

【原文】

　　横逆困穷，是锻炼豪杰的一副炉锤。能受其锻炼，则身心交益；不受其锻炼，则身心交损。

【注释】

　　横逆困穷：横逆是不顺心的事，意外的事故或灾祸。困穷是穷困。锻炼：将金属锤打成型，比喻培养锻炼人的意志和能力。豪杰：才智勇力出众的人。炉锤：比喻磨炼人心性的东西。

【译文】

　　所有的逆境和穷困都是锤炼英雄豪杰心性的熔炉，只要能经得起这种锻炼，身心就会得到好处；反之，如果承受不了这种磨炼，则肉体和精神都会受到伤害。

【评析】

古人用"吃得苦中苦，方为人上人"来勉励身处逆境的人们，不要轻易向环境低头，必须克服困境，才可以成为人中龙凤。这个道理人人都懂，只是真正遭逢不如意的时候，能泰然处之的又有几人？大部分人在遭逢不如意的时候，通常很难不发出时运不济的喟叹，但如果就此沉溺在自怨自艾的悲叹中，又怎么会有转机呢？正所谓危机即是转机，在很多时候，逆境比顺境更能给人带来机遇，更能激励人奋发向上。

61. 节义来自暗室漏屋　经纶缲出临深履薄

【原文】

青天白日的节义，自暗室漏屋中培来；旋乾转坤的经纶，自临深履薄处操出。

【注释】

青天白日：光明磊落。节义：名节义行，此处指美好的品行。暗室漏屋：人所不见的破落所在。旋乾转坤：经纬天地，治理天下。经纶：本指纺织丝绸，引申为经邦治国的政治韬略。临深履薄：面临深渊脚踏薄冰，比喻人做事需特别小心谨慎。据《诗经·小雅》篇："战战兢兢，如临深渊，如履薄冰。"

【译文】

像白日青天般光明磊落的节操，是从艰难困苦的环境中培养出来的；而扭转大局的雄才伟略，是从谨慎缜密的行事态度中磨炼出来的。

【评析】

不经一番寒彻骨，怎得梅花扑鼻香，梅花的凌冬傲霜，向来被用于比喻君子的坚贞刚洁，形容人禁得起恶劣环境的磨炼，并能从中得到深刻领悟。的确如此，现实生活中许多成大功立大业的人，无不是从困苦的环境中力争上游，一步一个脚印地走出不平凡的人生。

不过，一个人的成功，除了要能经得起考验之外，还必须抱着"如临深渊，如履薄冰"的谨慎态度来行事，诚如作者所说"旋乾转坤的经纶，自临深履薄处操出"，这说明成功绝非偶然，一个开创伟大事业的人绝不会粗心草率地行事，必定是小心谨慎、稳扎稳打地跨出每一步。

所以，一个人立身处世，如果经得起艰苦环境的磨炼，就能锻炼出坚定不移的节操，如果行事谨慎小心，就能少犯错误。

62. 金须百炼　矢不轻发

【原文】

磨砺当如百炼之金，急就者，非邃养；施为宜似千钧之弩，轻发者，无宏功。

【注释】

磨砺：用摩擦法使物尖锐，比喻对人的品质与能力进行培养。邃养：高深修养。邃，深。施为：就某事采取某种行动。钧：三十斤是一钧。弩：有特殊装置来发射的大弓。

【译文】

磨炼自己的意志应当像炼钢般反复冶炼，如果急于成功就不会有高深的修养；做事要像拉开千钧大弓般努力，如果随便发射就无法建立宏大的功业。

【评析】

有句话说"只要功夫深，铁杵磨成针"，铁杵磨成针的故事在教育人们：为人处世须有恒心毅力，只有按部就班、锲而不舍，才能磨炼出精深的修养，做出伟大的事业。

每个人都知道，许多事都要经历无数次的挫折才能成功，如果妄想一蹴可及而投机取巧，只能收一时之效，绝不能成大功立大业，正所谓"欲速则不达"。前人早有明训：从来疾行无善步，缓一着，再加一层深思，所成就的自然不差。

所以，做人做事必须踏实做好基础的工作，所谓"千里之行，始于足下"，只有一步一个脚印，才能建立宏大的功业。

63. 坎坷世道　耐而撑持

【原文】

语云："登山耐侧路，踏雪耐危桥。"一"耐"字极有意味，如倾险之人情，坎坷之世道，若不得一耐字撑持过去，几何不堕入榛莽坑堑哉？

【注释】

榛莽：榛，荒地丛生的小杂木，草木深邃的地方叫莽。坑堑：堑，深沟。坑堑就是有深沟的险处。

【译文】

俗话说："爬山要能耐得住险峻难行的路，踏雪要能走得过危险的桥梁。"这一"耐"字具有极深长的意味，就像阴邪险恶、坎坷难行的世道，如果不用这个"耐"字苦撑下去，有几个人不会跌到杂草丛生的深沟里呢？

【评析】

人生不如意常十之八九，只有经得起煎熬的人才能创造大事业，因此孟子才说"天将降大任于斯人也，必先苦其心志，劳其筋骨，饿其体肤，空乏其身，行拂乱其所为，所以动心忍性，增益其所不能"。

换言之，做人最必须经得住冷暖人情的考验，同时要克服生存上的困阻，如此才能活得下去。至于能否成器，就要看个人的"能耐"了——如果凡事都能"耐"下去，甘愿去承受一切考验，就能以极大的勇气面对险恶的人情与坎坷的世道，这样，即使是陷入绝处也能逢生。

64. 平居息欲调身　临大节则达生委命

【原文】

平居息欲调身，临大节则达生委命；齐家量入为出，徇大义则芥视千金。

【注释】

平居：平日，平时。达生：能够参透人生，了解生命的本质。徇：舍身。

【译文】

平时能够平息欲望，修身养性，当面临生死取舍的紧要关头，就能够能够为大节而舍生取义；治家能够量入为出，当面临有关金钱取舍的关键时刻，就能够为大义而视千金为草芥。

【评析】

能为大节舍命，肯为大义抛金，这样的气节和胆量必须经过长期的锤炼与培养。所以，无论是品格还是能力，我们都应该在平时毫不松懈地磨炼。

65. 学贵有恒　道在悟真

【原文】

凭意兴作为者，随作则随止，岂是不退之轮；从情识解悟者，有悟则有迷，终非常明之灯。

【注释】

意兴：兴趣。作为：行为，做事。不退之轮：佛家语，轮指法轮。佛家认为，佛法能摧毁众生的罪恶，所以佛法就像法轮，能碾碎山岳岩石和一切邪魔恶鬼，而且认为法轮并不停在一处，就像一般的车轮一样到处辗转，所以称为不退之轮，据《维摩经·佛国品》："三转法轮于大千，其轮本来常清静。"

【译文】

只凭一时的意气和兴致做事的人，会随时开始也会随时停止，怎么会是永不后退的法轮呢？只从感性认识出发去领悟道理的人，就会时而领悟又时而迷惑，终究不能成为永远光明的智慧之灯。

【评析】

　　人若想成为进学的不退之轮或者智慧的常明之灯，就必须不受意兴、情识这些感性的东西打扰。从求学问道的角度来看，做学问的方法是多种多样的，也是无穷无尽的，但集中起来说却又离不开"持之以恒"四个字，而要做到这四个字就必须保持理智的思维和冷静的头脑，感情用事的人终将一事无成。

66. 谢豹覆面　犹知自愧

【原文】

　　谢豹覆面，犹知自愧；唐鼠易肠，犹知自悔。盖愧悔二字，乃吾人去恶迁善之门，起死回生之路也。人生若无此念头，便是既死之寒灰，已枯之槁木矣，何处讨些生理？

【注释】

　　谢豹覆面：说中一种名叫谢豹的小虫子，见人便以两脚遮面如害羞状。谢豹，这里指一种小虫。唐鼠易肠：被神仙唐公房赦免的老鼠，为感激唐公房之恩而一日三吐肠，以示自新之意。易，换、改变。

【译文】

　　谢豹看见人就遮住自己的脸，还知道惭愧；唐鼠换肠，还知道悔过。"悔""愧"两个字，是我们弃恶从善的门，是我们起死回生的路。人生如果没有后悔与惭愧的念头，就成了冰冷的死灰、枯槁的朽木，从哪里找到生存的道理呢？

【评析】

　　作者用"谢豹覆面"来比喻人做了亏心事知道惭愧，用"唐鼠易肠"来比喻恶人的悔过之心。人做了坏事只要还有悔改之心，那就还有重生的希望，如果连一点愧悔之心都没有，那么，人就变成行尸走肉一般了。

67. 量弘识高　功德日进

【原文】

德随量进，量由识长。故欲厚其德，不可不弘其量；欲弘其量，不可不大其识。

【注释】

量：气量，气度；心胸，胸怀。识：知识，经验。弘：宽宏，广大。

【译文】

人的品德是随着气量的增长而提升的，而人的气量则是随着人的见识的增长而提高的。所以如果想要使自己的品德获得提升，就不能不使自己的气量变得更宽宏；而要想使自己的气量更加宽宏，就不能不增长自己各方面的见识。

【评析】

"海纳百川，有容乃大。"要有大海般宽阔的胸襟，就要有融汇百川的度量。圣人都有包容天下的度量，一个没有度量的人，很难体味到道德的真意。度量更是衡量一个人能否成大气的标志，小肚鸡肠的人会为了鸡毛蒜皮的事情斤斤计较，哪里还有时间和精力去运筹帷幄、指点江山呢？

因此，想成大事必须要有大量，要有大量就必须使自己的知识更加丰富。"德随量进，量由识长"说的就是这个道理。

68. 外伤易医　心障难除

【原文】

纵欲之病可医，而势理之病难医；事物之障可除，而义理之障难除。

【注释】

纵欲：不加节制地放纵自己的欲望。势理之病：固执己见，自以为是的毛病。义理之障：正义真理方面的障碍。

【译文】

放纵情欲的毛病能够医治，但固执己见的毛病却不好医治；人事物力的障碍可以消除，但死搬教条的心理障碍却难以消除。

【评析】

"外伤易医，内伤难治。"外在看得见的东西总是好处理的，可人内心看不见的想法就难以琢磨了。正所谓"去山中贼易，去心中贼难。"做人无法通情达理，是因为心中有个自以为是的魔障。

为人处世不能固执己见，只凭经验和教条做事会在心理上形成一种障碍。障碍不除就会影响到你的办事效率和人际关系。而要去除心理障碍别人是帮不上忙的，因为它长于你的内心深处，一碰就会痛彻心扉，只有自己痛下狠心才能将其连根拔起。

69. 意见害心　聪明障道

【原文】

利欲未尽害心，意见乃害心之蟊贼；声色未必障道，聪明乃障道之藩屏。

【注释】

意见：本意是意思和见解，此处为偏见、自以为是。蟊贼：蟊，害虫名，专吃禾苗，因此世人把危害社会的败类称为蟊贼，这里当祸根解。声色：泛指沉湎于享乐的颓废生活。屏藩：藩篱和屏风，比喻靠近边疆的国土，也指保卫国家的将士，此处当最大障碍解。

【译文】

名利和欲望不一定都会戕害人的心性，自以为是的想法才是戕害本性的最大祸源。声色之事不一定会妨碍道德，自作聪明的行为举措才是道德的最大障碍。

【评析】

　　名利、欲望、声色的诱惑虽大，但一个人只要意志坚定，这些外物便起不了任何作用。所以说戕害人性的祸源不一定是外物，更多时候是来自于人的偏私和狂妄。"聪明反被聪明误"，想法偏私狂妄的人往往自作聪明、自以为是，固执己见而听不进任何违逆的言论。这样的人如果当权，往往会成为一个刚愎自用的独裁者，不仅行事全凭一己之喜好，而且心胸狭隘、顽固不化、没有容人之量。

70. 易世俗所难　缓时流之急

【原文】

　　言行相顾，心迹相符，始终不二，幽明无间。易世俗所难，缓时流之急，置身于千古圣贤之列，不屑为随波逐浪之人。

【译文】

　　言行一致，表里如一，忠贞不贰，内外相和。改世俗所难以改正的陋习，缓解时局急态，把自己置身于千古圣贤的行列，不屑成为没有独立见解的随波逐流之人。

【评析】

　　能够做到以上这些是相当困难的，自古至今恐怕也没有几人能够全部做到。尽管做不到，我们对这样的人还是应该怀有诚挚的敬仰之情，毕竟这样的人是值得人们敬仰的。

71. 骄矜无功　忏悔灭罪

【原文】

　　盖世功劳，当不得一个矜字；弥天罪过，当不得一个悔字。

【注释】

盖世：才能、功勋等无人能比。当不得：承受不了，抵不上。矜：骄傲、自负。据《尹文子》："名者所以正尊卑，亦所以生矜篡。"弥天：满天、滔天的意思。悔：懊恼过去做得不对。

【译文】

即使有盖世的丰功伟绩，也承受不了因恃功自傲而引起的反效果的抵消；而即使犯下滔天大罪，只要能忏悔改过，就能重新开始。

【评析】

历史上拥有盖世奇功却晚景凄凉的人有很多。人最容易犯的错误就是居功自傲，例如为汉高祖立下汗马功劳，但最终死于非命的韩信就是最佳例证。为人处世必须拿捏好分寸，以免招致祸端。要知道任何丰功伟绩都是众人齐心努力的成果，绝非一人之力就能完成，"一将功成万骨枯"说的就是这个道理。所以，做人岂能独占其功、居功自傲呢？

有太多的例子告诉我们，因一念之差而将功勋据为己有的人往往不得善终。曾经犯下滔天大罪的人，只要真心悔过，就能重新做人，此即所谓的"放下屠刀，立地成佛"。

72. 居安思危　处乱思治

【原文】

居卑而后知登高之为危，处晦而后知向明之太露；守静而后知好动之过劳，养默而后知多言之为躁。

【注释】

居卑：泛指处于地位低的地方。处晦：在没人注意的地方。霭：云层聚集处叫霭，此处指显现、显露。守静：隐居山林寺院的寂静心理。养默：沉默寡言。躁：不安静、急促。

【译文】

先站在低下的位置，然后才知道攀登高处的危险；先处在晦暗的地方，然后才知道光亮的地方会刺眼；先保持宁静的心情，然后才能了解终日奔波的人太过辛劳；先修养沉默的心性，然后才知道言语过多是浮躁、不安静的表现。

【评析】

所谓"当局者迷"，有时候转换立场，站在不同的角度来看待同一事物，才会发觉自己原先所处的环境险阻重重，让人心惊不已。

由此观之，我们凡事都应该多方面地观察思考，以使自己的观点不偏颇，这样等到将来遇事时才不会被事物的表面所迷惑，才能看清事物的真相，以最圆满的方式来处理问题。

73. 保已成之业　防将来之非

【原文】

图未就之功，不如保已成之业；悔既往之失，不如防将来之非。

【注释】

业：指事业、基业，据《孟子·梁惠王》篇："君子创业垂统，为可断也。"既往：过去。失：错误，过失。非：过失。《礼记·礼运》篇："鲁之郊，非礼也。"

【译文】

与其谋划没有把握的功业，还不如维持已经完成的事业；与其追悔以往的过失，还不如预防将来可能发生的错误。

【评析】

人对自己的生活拥有选择权，我们无法改变过去，也无法确切掌握未来，所以不如把握好现在，这样至少在"当下"成为"过去"的时候，我们不再有遗憾，而且将更清楚"未来"的方向。

74. 一念贪私　万劫不复

【原文】

人只一念贪私，便销刚为柔，塞智为昏，变恩为惨，染洁为污，坏了一生人品。故古人以不贪为宝，所以度越一世。

【注释】

一念：一刹那所产生的念头。《二程遗书》上说："一念之欲不能制，而祸流于滔天。"贪私：为私欲而贪污。恩：惠爱，给人好处。惨：狠毒，残虐。度越：超越的意思。据《汉书·扬雄传》："若使遭遇时君，更阅贤知，为所称善，则心度越诸子矣。颜师古曰：'度，过也'"。

【译文】

人只要心存一丝贪念，就会丧失原本刚直的气节而变得柔弱偏激，原本聪明的头脑就会变得昏昧，原本慈悲的心肠就会变得狠毒，而原本纯洁的人格也会变得污浊，结果败坏了一生的人品。所以古人视不贪为修身之至宝，如能够做到，就能超凡脱俗地度过一生。

【评析】

心里只要一起贪念，做起事来就会不择手段。自古以来，为了满足贪欲而不惜丧节败德者不胜枚举。就字义而言，"贪"是得到而不知足的意思，有句俗谚说"人心不足蛇吞象"，一个心有贪念的人，胃口只会愈来愈大，至于"忠孝节义"早已抛到九霄云外去了，哪里还有什么羞耻之心可言？若落得锒铛入狱、身败名裂的下场更是不足为奇。

所以，作者说"便销刚为柔，塞智为昏，变恩为惨，染洁为污，坏了一生人品"，难怪古人早有"贪为败身之大"的说法。

75. 习伪智矫性循时　至人所弗为也

【原文】

习伪智矫性循时，损天真取世资考，至人所弗为也。

【注释】

矫性：改变本性。资考：增延福寿。

【译文】

学习虚假的知识，掩饰自己的智慧，改变自己的性情，以此来顺应庸俗的世俗之风；损伤善良、质朴的本性，用能力获取权力、荣誉、财富，增延自己的福寿。这些都是品德高尚的人所不屑的事情。

【评析】

我们可以顺应时代潮流的发展，但千万不要附庸世俗之风。

76. 急流勇退　与世无争

【原文】

谢事当谢于正盛之时，居身宜居于独后之地。

【注释】

谢事：辞去官职。居身：选择自己的位置。独后：不与人争，独自居后。

【译文】

要退隐应在事业正兴盛的时候，身份名位应尽量处在众人的后面。

【评析】

张良在协助刘邦取得天下后，毅然辞官归隐；范蠡在帮助勾践完成复国大计后，也悄然引退，后来经商有道，人称陶朱公；汉武帝最宠幸的李夫人深知"以色事人者，色衰而爱弛"的道理，所以在临终之时，坚持不让武帝看到自己久病后的憔悴容颜，以免破坏了自己在武帝心中的美好形象。懂得见好就收的这些人，都得到了很好的结果，张良、范蠡均在商界大放异彩，而李夫人虽然辞世，但其父兄家人都因武帝对她的恋恋不舍而蒙受恩待。相反，同样帮助刘邦建立汉王朝的韩信，因为没能急流勇退而招致杀身之祸。

以上这些故事说明了一个道理，就是任何事情在达到巅峰之后，都会走下坡，而祸害也会随之而来。虽然功成身退的道理人人都懂，然而人们大都难以做到这一点，总要到狼狈不堪的地步时才追悔莫及。

77. 明利害之情　忘利害之虑

【原文】

议事者，身在事外，宜悉利害之情；任事者，身居事中，当忘利害之虑。

【注释】

议事：分析议论某事。任事：负责某事。

【译文】

当评论政事之利弊得失时，如果本身置身事外，就应该要深入了解事情的始末；如果本身是负责人，就应该暂时忘却利害关系。

【评析】

论事要客观，就必须置身事外；做事要无私，就必须忘掉利害关系，因为"当局者迷，旁观者清"。所以，想要对某一事件做出公平的论断，最好立场超然，如果未能置身事外来客观论事，就会有失偏颇，而无法做出客观的评价。

此外，为官者必须大公无私，如果徇私不公，就会做出有损公务之事，社会上损公肥私的事例层出不穷，诸如占用公款、收取回扣等等，犯下这些过失的人，都是在任之时无法忘怀个人之利。

78. 事上敬谨待下宽仁

【原文】

大人不可不畏，畏大人则无放逸之心；小民亦不可不畏，畏小民则无豪横之名。

【注释】

大人：指有道德、有声望之人。豪横：仗势欺人。

【译文】

对德高望重的人不能不敬畏，因为敬畏他们就不会产生放纵自己的念头；对普通的平民百姓也不能不敬畏，因为敬畏他们就不会有强暴蛮横的恶名。

【评析】

我们要敬畏德高望重的人，因为他们比我们高尚，在高尚者的面前我们常会发现自身的缺点，进而加以改正。对待平民百姓我们也要有敬畏之心，这些平凡的人身上往往有一些可贵的品质，我们如果以为他们微不足道就趾高气扬、不可一世，那我们迟早会背上蛮横无理的恶名，"水能载舟亦能覆舟"，人民的力量是无穷的，这一点当政的人应切记。

79. 天下无事　雄心宜平

【原文】

一事起则一害生，故天下常以无事为福。读前人诗云："劝君莫话封侯事，一将功成万骨枯。"又云："天下常令万事平，匣中不惜千年死。"虽有雄心猛气，不觉化为冰霰矣。

【注释】

前人：指唐代诗人曹松，字梦徵，唐舒州人，七十余岁中进士，善诗，有诗集。冰霰：指冰雪。

【译文】

一件事情的发生总会带来一些不利的影响，因此天下人都把没有事情发生当作一种福分。唐代诗人曹松在诗中写道："请大家不要再谈论做官封侯的事了，一个将军的功成名就是用千万个战士的生命换来的。"曹松又写道："如果能使天下常保太平，就是把宝剑保存在匣中上千年也不会觉得可惜。"读完这样的诗，纵然有万丈雄心冲天豪气，也会在不知不觉中变得像冰雪一样冷静了。

【评析】

天下无事，便是万民之福。哪一个平凡的普通人愿意生活在颠沛流离、狼烟四起的动荡中呢？因此，我们提倡和平共处，同情那些在战火中流离失所的平民，反对一切不正义的战争。

80. 已响其利者　柳跖之腹心

【原文】

已响其利者为有德，柳跖之腹心；巧饰其貌者无实行，优孟之流风。

【注释】

已响其利：事先公开声明自己的利益追求和见解。

【译文】

事先声明自己的利益追求以显示自己的品德，不过是大盗柳跖的心思；惟妙惟肖地模仿别人的相貌举止，却没有别人的良好品行，不过是优孟的伎俩。

【评析】

柳跖是春秋末年的强盗头目，柳下惠的弟弟，在孔子劝他不要继续为盗的时候，他说："盗亦有道"，以公开声明自己的利益追求来显示自己的磊落与坦荡。表面上看，柳跖是坦荡之人，但其实这不过是厚颜无耻而已。

81. 为生民立命　为子孙造福

【原文】

不昧己心，不尽人情，不竭物力。三者可以为天地立心，为生民立命，为子孙造福。

【注释】

昧：昧是昏暗不明，此处作蒙蔽解。竭：穷尽，枯竭。生民：指人民。

【译文】

不昧自己的良心，不违背人之常情，不浪费财力物力；做好这三点就能够在天地之间树立正气，为民众安身立命，为子孙后代造福。

【评析】

无论你是什么身份、什么地位，只要你能够做到寸心不昧，你身上的正气和良知就不会泯灭；如果你能够做到不尽人情，你就会拥有一颗博大而不失温情的心灵；而同时你若又能做到开源节流，那么就表明你的心智已经十分成熟了。此时的你就可以伸张天地间的浩然正气，可以为天下人造福，可以泽被后世子孙。即使你是一个无权无势的普通人也一样能够堂堂正正做人，造福乡里，为儿女积福，成为一个高尚的人。做高尚的人永远比做小人要快乐得多。

82. 抗心希古　雄节迈伦

【原文】

抗心希古，雄节迈伦，穷且弥坚，老当益壮。脱落俦侣，如独象之行踪；超腾风云，若大龙之起舞。

【注释】

抗心：心志高亢。雄节：杰出的品格与能力。俦侣：朋友、同伴。

【译文】

心志高亢，以古代贤人自许；杰出的品格，超过群伦；虽然困穷却更加坚韧；年纪虽老，却更加强壮。没有朋友的时候，就好像一头孤独的大象独自行走；一旦可以超腾风云，就好像巨龙腾空起舞。

【评析】

自古怀有济世救民的雄心壮志的人，都拥有这样的人品与胸怀，古人有刘备、曹操，今有毛泽东、邓小平等人物。作为平民百姓的我们也应该修炼这样的品格，哪怕是修炼不到这样的境界，对社会也是很有好处的。

83. 去声华名利　做正人君子

【原文】

饮宴之乐多，不是个好人家；声华之习胜，不是个好士子；名位之念重，不是个好臣士。

【注释】

声华：指优美的音乐和华丽的衣服。士子：指读书人或学生。名位：名分和地位。臣士：朝廷官员。

【译文】

整天大摆宴席寻欢作乐的，不算是个好人家；爱好声色犬马锦衣华服的，不算是个正派的读书人；过分贪图功名追求权势的，不算是个好官员。

【评析】

如果把物质的东西看得太重了，就会被它们所奴役，成为为物质而活的奴隶。歌舞、宴饮、打牌，是人们工作之后的消遣，不失为一种有益的娱乐，但一个人如果沉溺其中，其意志就会被消磨掉，最终一事无成。当政者的权力是人民赋予的，是用来为民造福的，而手握权力的人如果把它当作自己的私有财产，肆意挥霍、颐指气使，不仅会泯灭自己的灵魂，而且会祸国殃民！

84. 以物付物　出世于世

【原文】

就一身了一身者，方能以万物付万物；还天下于天下者，方能出世间于世间。

【注释】

了：明白，了解，觉悟。付：托付，赋予。

【译文】

能够就自身来使自身了悟的人，才能使万物顺其自然自由发展；能够把天下还给天下人的人，才能身处尘世而超脱于尘世之外。

【评析】

就一身了一身，告诉世人要学会自我解脱，不要死抱着名利之心不放。自己本是世间的过客，吃穿用度只不过是天地暂借于你，当你离开这个世界，一切就将全部归还。该来的总会来，不如一切顺其自然，如此才能身心自在。

还天下于天下，是说天下原本就是大家的，不属任何个人所有，当政者如果有了这种胸怀，就能抛开世间烦恼，做一个逍遥自在的智者了。既能入世又能出世，方可行止自如；只有摆脱功名利禄的纠缠，才能使精神自由自在。

85. 居官无私　居乡有情

【原文】

士大夫居官，不可竿牍无节，要使人难见，以杜幸端；居乡，不可崖岸太高，要使人易见，以敦旧好。

【注释】

竿牍：指书信，古代用竹简书写，故称竿牍。幸端：幸进之端。崖岸：孤傲的性情。

【译文】

　　士大夫身居官位时,和别人的书信交往不能没有节制,要使人难以见到自己,以避免给投机之人留下钻营机会;辞官隐居时,言行不要太过清高孤傲,要使人容易接近,才能增加和邻里亲族的感情。

【评析】

　　有利益的地方就会有纷争,官场是个利益的集散地,是非之争自然在所难免。所谓"官大担险,树大招风"就说明了这个道理。正因如此,为官者更应注意自己的言行。与人交往过密,难免遭人非议,为自己招来祸端。因此,居官要有节,要使人难见,才能杜绝隐患,树立威严。

　　而如果你已经解甲归田,那就不要再端着做官时的架子,此时的你与普通百姓并无不同,如果深居简出,以居官的心态来面对居家的生活,你是无论如何达不到心理平衡的,这样还会使你身边的人疏远你。所以,居家要有情,要使人常见,这样才能使你的生活充满温暖的阳光。

86. 涉境之心　须防流宕之忘归

【原文】

　　啄食之翼,善惊畏而迅飞,常虞系捕之奄及;涉境之心,宜憬觉而疾止,须防流宕之忘归。

【注释】

　　善惊畏:容易受到惊吓而害怕。虞:猜想,忧虑。憬觉:醒悟,警悟。流宕:放纵,不受约束。

【译文】

　　正在啄食食物的小鸟,常常因为恐惧而迅速飞走,因为它们总是害怕被人们逮住;我们处在某种环境中的时候,心中也应该保持警觉,并准备随时离开,要防备因放纵自己而忘了回去。

【评析】

我们做每一件事情的时候，都要思考这样做是否正确，如果稍有不对，就要立即罢手，以免造成更大的损失。

87. 闲时吃紧　忙里悠闲

【原文】

天地寂然不动，而气机无息稍停；日月昼夜奔驰，而贞明万古不易。故君子闲时要有吃紧的心思，忙处要有悠闲的趣味。

【注释】

寂然：宁静的意思。白居易《偶作诗》云："寂然无他念，但对一炉香。"气机：气是天地阴阳之气，而机指宇宙的运动。气机就是天地运转。尽夜：夜以继日，也就是通宵的意思。尽，终也。贞明：光明。吃紧：宋明时代的口头语，即紧迫、抓紧。

【译文】

天地的运行看似寂然无声，其实未曾停止过。像日月从东升到西沉，始终不停地奔驰，它们的光辉是永恒不变的。所以，聪明睿智的君子应当效法自然，在空闲的时候也要有所打算，以便应对意想不到的变故，而在繁忙之中也要保有一份悠闲的情趣。

【评析】

人无远虑必有近忧，一个只知享乐，而不知在闲散之时也要存有应变之心的人，一旦遭逢变故肯定会不知所措、自乱阵脚，又有什么能力去从容地化解危机呢？

好的状态应该是文武之道，一张一弛。只有未雨绸缪的人才能泰然面对危机，甚至化危机为转机，将可能带来的损害减至最低。此外，无论再忙，都要保有一份悠闲的情趣，这样才能让自己思路清晰，做起事来才能有条不紊。

88. 天道忌盈　卦终未济

【原文】

事事留个有余不尽的意思，便造物不能忌我，鬼神不能损我。若业必求满，功必求盈者，不生内变，必召外忧。

【注释】

造物：指创造天地万物的神，通称造物主。外忧：外来的攻讦、忌恨、外患。

【译文】

不论做任何事情都要留点余地，这样即使是全能的造物主也不会妒忌我，鬼神也不会伤害我；如果事业务求圆满，功业追求完美，那么即使不为此生出内乱，也一定因此招致外来的忧患。

【评析】

一切世事都盛极必衰，因为万物忌"盈"，一旦盈满就必然招致损耗。所以，做任何事情都应该留有余地，做人也应该如此。在竞争激烈的今天，每个人都在积极努力地丰富自己的人生。然而，奋力打拼固然重要，但不能一味地忙忙碌碌而忽略身心健康，中国人讲究"年年有余"，这个余字，不光是说有余钱余粮，其实也是万事留有余地的意思，应该留些余地给自己，放慢一下脚步，好让心灵享有片刻的宁静。

89. 做事勿太苦　待人勿太枯

【原文】

忧勤是美德，太苦则无以适性怡情；淡泊是高风，太枯则无以济人利物。

【注释】

忧勤：忧虑而勤奋地做事。适性怡情：使心情愉快，精神爽朗。高风：语出"高风亮节"，指高尚的情操或气节。枯：已经丧失生机的东西，这里指不近人情。

【译文】

　　竭尽所能去做事原本是一种美德，但如果过于认真而苦了自己，就无法调适自己的精神，也会丧失生活的乐趣；看淡功名利禄本来是一种高尚的情操，但如果过分不近人情，就无法对他人、对社会做出贡献。

【评析】

　　有一种人对自我的要求很高，做起事来十分投入，甚至到废寝忘食的地步，他们的刻苦认真让人赞佩不已。然而，务求尽善尽美的他们把大把的时间都给了工作，却无暇享受生活。

　　此外，有一种人不为功名利禄所羁绊，他恬静无为、清心寡欲，仿佛与世隔绝。然而孔子说"过犹不及"，凡事超越了分寸，就和没有达到标准一样不适当。所以，如果过度认真、刻苦，不但令生活变得乏味，还可能让人觉得是刻意为之；但过度轻视功名利禄到不近人情，则缺乏匡世救人的热忱，就无法对他人、对社会做出贡献。

90. 原其初心　观其末路

【原文】

　　事穷势蹙之人，当原其初心；功成行满之士，要观其末路。

【注释】

　　事穷：事业、事情没有出路或好的解决方法。势蹙：形势危急，紧张。蹙，穷困的意思或精疲力竭。功成行满：事业有所成就，一切都如意圆满。末路：本指路的终点。

【译文】

　　对一个在事业上遭受失败、穷途末路的人，要推求他当初的本意；而对于事业有成、万事如意的人，要观察他是否能长期维持下去。

【评析】

俗话说"万事开头难","创业容易守成难"。究竟是开头难？还是守成难？其实两者都不容易！创业之初，即使已作好了万全准备，也不能担保事业一定成功，因为环境的变化谁也无法意料。

对于一个因事业失败而穷困潦倒的人，不要急着否定他，应该先了解他创业的居心是否善良，如果善良当然值得人体谅，反之用心不良则不值得同情；对于一个事业有所成就的人，要看他是否能够守成，因为任何一个错误决策都可能导致事业的失败。

所以，事业的成败不能以一时之得失来评定。评定人的品德也不能只看眼前，"声妓晚景从良，一世之烟花无碍；贞妇白头失守，半生之清苦俱非。"人不要因为贪图小利而致晚节不保。

91. 执拗者福轻　操切者寿夭

【原文】

执拗者福轻，而圆融之人其禄必厚；操切者寿夭，而宽厚之士其年必长。故君子不言命，养性即所以立命；亦不言天，尽人自可以回天。

【注释】

操切：做事情过于急躁。夭：同"天"，短命，早死，未成年而死。

【译文】

固执任性的人必定没有什么福气，而圆滑处世的人所得到的福禄必然丰厚；做事情过于急躁的人往往寿命都很短，而为人宽厚的人必然能够长寿。所以说君子不能信命，修身养性就能够立命；君子也不相信天意，做了自己应该做的事就可以取得成功。

【评析】

做人圆融、宽厚，那么得到的回报必然丰厚，况且对待别人、对待事情太过斤斤计较，不但会招致别人的厌烦，还会使自己不高兴，这是何苦呢？

92. 苦中有乐　乐中有苦

【原文】

苦心中，常得悦心之趣；得意时，便生失意之悲。

【注释】

苦心：伤心痛苦。悦心之趣：使心中喜悦而有乐趣。失意之悲：由于失望而感到悲哀。

【译文】

伤心痛苦的时候，要保持快乐喜悦的趣味，使自己身心愉悦。在一帆风顺的时候，要想到失意遇挫时的痛苦悲伤。

【评析】

一般而言，在艰苦的环境中奋斗而来的成果往往最为甘甜，也能让人获得最大的成就感。然而，许多人在面临困境时，往往提不起勇气，总是悲观地认定自己会失败，如此当然无法获得战胜困难之后的喜悦。

还有一些人在一帆风顺时便得意忘形、狂妄自大、不可一世，甚至处处树敌，等有朝一日失意了，就得一一品尝自己种下的恶果了。

人生最难得的是"得之不喜，失之不忧。"如果看得破一切皆身外之物，也就不会得意忘形或失意悲切了。

93. 抱身心之忧　耽风月之趣

【原文】

人生太闲，则别念窃生；太忙，则真性不现。故士君子不可不抱身心之忧，亦不可不耽风月之趣。

【注释】

别念：其他的、不该有的念头。窃生：偷着产生，不知不觉中产生。真性：

真实本性，也就是自然之性。抱：保持。耽：沉溺，迷恋。

【译文】

人的生活如果太闲散了，许多杂念私心就会悄然生出；如果太忙碌了，纯真的天性就不会显现。所以，士人君子要关心自己的身心健康，不能使自己太过劳累，也不能不懂得吟风诵月的妙趣。

【评析】

生活太闲逸，就容易胡思乱想、杂念丛生，正所谓"饱暖生闲事"，杞人忧天恐怕也是生活太闲造成的。所以人不能太闲，除非你是个圣人，否则是耐不住闲的寂寞的。

但人生也不能太忙碌，太忙碌了就会失去自己的天性和生活的乐趣。当生存成为第一需要时，人与动物之间就没有了区别。这样就失去了人生的价值，生存也就变得毫无意义。

94. 居安思危　天亦无法

【原文】

天之机缄不测，抑而伸，伸而抑，皆是播弄英雄，颠倒豪杰处。君子是逆来顺受，居安思危，天亦无所用其伎俩矣。

【注释】

机缄：机是发动，缄是封闭，机缄是一动一闭而生变化，比喻气运的变化，支配事物变化的力量。抑而伸：抑是压抑，伸是舒展。播弄：玩弄、摆布。伎俩：此指手段，花招。

【译文】

上天的奥秘变幻莫测，有时让人先陷入困境后再转入顺境，有时又让人先置身荣华后再陷于窘境。不论身处何种境地，都是上天有意捉弄那些自命不凡的英雄豪杰。因此，一个有才德的君子面对逆境与挫折时要能处之泰然，平安无事时仍要不忘危难，这样一来就连上天也无法对他施展伎俩了。

【评析】

孟子说："天将降大任于斯人也，必先苦其心志，劳其筋骨，饿其体肤……"一般人总将"逆境"视为上天的考验，而将"顺境"视为老天的眷顾。其实，不论逆境还是顺境，对人而言都是考验：逆境时，考验人是否具备不向命运低头的勇气；顺境时，则考验人是否意志坚定，不因富贵腾达而蒙蔽本心。

相比之下，许多人都可以通过逆境的考验，在艰难的环境中越挫越勇。但很多人一朝得意，就沉沦在安逸之中不可自拔。

由此可知，要想保有纯真本性，就必须以平常心来看待自己所处的环境，身处窘境时不卑不亢，身处顺境时不忮不求，能做到这一点，才能真正不受命运所操控。

95. 尘许旃檀彻底香　毫端鸩血同体毒

【原文】

尘许旃檀彻底香，勿以微善而起略退之念；毫端鸩血同体毒，莫以细恶而萌无伤之芽。

【注释】

旃檀：一种珍贵的木材，味香。鸩：一种鸟，羽毛血液有剧毒。

【译文】

只有一点点的旃檀就非常清香，不要因为是很小的善事而起一点退却的念头；鸩鸟羽毛的末梢与它的血液一样都是有剧毒的，不要以为恶事不明显就怀有侥幸之心。

【评析】

刘备所说的"勿以善小而不为，勿以恶小而为之"正是本文所阐释的意思。恶事虽小，却也体现了一个人丑恶的一面，而善事虽微，但是积少成多就可以成就功业。

96. 多喜养福　去杀远祸

【原文】

福不可邀，养喜神，以为招福之本而已；祸不可避，去杀机，以为远祸之方而已。

【注释】

邀：求，当祈求解。喜神：和气的处世态度。杀机：加害他人的动机。

【译文】

福分无法祈求得来，只有常保喜乐，才是获得幸福的根本；灾祸无法避免，只有消除加害他人的动机，才是远离灾祸的方法。

【评析】

古人说：祸不虚至，福不徒来。塞翁失马，焉知非福，道出了人世吉凶祸福的辩证关系。忧喜本是一家，吉凶本同一根。乱生于治，危生于安，井以其甘冽清纯而易竭，李以其苦涩难尝而可存。美玉藏之深山，因其珍贵却免不了会遭斧凿锤击而破，兰生于幽谷，虽无人观赏却能留下自己的芬芳。木秀于林，本可得雨露润溉之便，领阳光沐浴之先，但木秀于林，风必摧之。吉凶祸福，其实总是相互包容，福中有祸，祸中有福，或者总能相互转化，祸能至福，福可生祸。

虽然幸福与灾祸没有定数，谁也无法掌握命运。但是，幸福却要经过努力追求才能得到，只要保持乐观的人生态度，拥有开阔的胸怀，便能具备谋取幸福的基础。衣食无忧时，依旧做到节俭，能够为人谦虚，以礼待人，不傲慢、不张狂，这样灾祸自然就会退避三舍了。

97. 未雨绸缪　有备无患

【原文】

闲中不放过，忙处有受用；静中不落空，动处有受用；暗中不欺隐，明处有受用。

【注释】

受用：受益，得到好处。《朱子全书》中有"认得圣贤本意，道义实体不外此心，便自有受用处耳"。欺隐：以为别人不知道而有所欺骗和隐瞒。

【译文】

在闲暇时不要轻易放过宝贵的光阴，最好把握时间作一些准备，以便日后忙碌时有所受用；在平静的时候不要忘记充实心灵，要为他日养精蓄锐，以便工作来临时能应付自如；在没有人看见的时候也要保持光明磊落的胸襟，这样才能俯仰无愧于心，在众人面前受到尊敬。

【评析】

正所谓"人无远虑，必有近忧"，人不能只顾眼前享受，而不为未来作准备。

有这样一则故事：在戏剧班每次都扮演小角色的女孩，期望有一天自己也能有机会担纲主角。自从确定目标后，女孩就不断地自我充实，还常常自行演练。在某次巡回表演期间，担任主角的演员在演出前几天发生意外而无法参加演出。当班主正为没有适当人选可替代演出而烦恼之际，女孩自告奋勇表示愿意尝试。班主和其他人先是一阵愕然，说女孩想当主角想疯了，众人批评、嘲笑着女孩的不自量力。班主看到女孩的神情非常坚定，沉思片刻后，便问女孩是否有把握在短短几天内就能掌握住角色的特质，女孩自信地回答说，这个角色自己已揣摩过无数次了，每句对白早已倒背如流。现场又是一阵惊愕，班主对女孩的话半信半疑，于是决定立刻排练。结果，女孩的表现令人惊叹，她的演出胜过所有演过这个角色的人。最后女孩当然获得了梦寐以求的演出机会，并在戏剧界大放异彩。

这则故事告诉人们：机会永远只给已经做好准备的人。

98. 持盈履满　君子兢兢

【原文】

老来疾病，都是壮时招的；衰后罪孽，都是盛时造的。故持盈履满，君子尤兢兢焉。

【注释】

持盈履满：指已达最好程度的美满的物质生活。盈是丰富，满指福禄。兢兢：小心谨慎。

【译文】

一个人晚年时体弱多病，那是因为年轻时不注意保养身体所导致的结果。一个人事业失意后还被罪孽缠身，那是在得志时埋下的祸根。所以，君子在事业显达和生活圆满时尤应小心谨慎。

【评析】

媒体曾经报导，有一位对手相颇有研究的中医师在为病人诊断病情前，都会先替每个病人看手相。中医师的说法是，人会罹患哪种疾病，都与其过去的生活习惯息息相关，所以他希望配合参看手相来找出真正的病因。在此姑且不论以此断症的成效如何，但可以肯定的是，个人的健康自己绝对要负最大的责任。例如长期坐姿不良，脊椎病变很快便会上身；经常心烦意乱，心血管系统、肠胃系统很难不出问题……

总之，如果平时不注意保养身体，那么身体就会亮起红灯。由此可见，一个人事业失意后还被罪孽缠身，可能是在得志时埋下祸根之说也深具道理。所以作者提醒人们，在事业显达和生活圆满时更应该小心谨慎。

99. 大处着眼　小处着手

【原文】

小处不渗漏，暗处不欺隐，末路不怠荒，才是个真正英雄。

【注释】

渗漏：水从上往下慢慢滴，有忽视细节的意思。期隐：以为别人不知道而有所欺骗和隐瞒。末路：比喻困苦、没落的境遇。怠荒：怠是懒惰无进取心，荒有颓丧不上进的意思。

【译文】

做人做事必须处处小心谨慎，不可以粗心大意而有所疏漏，即使在没有人看见的暗处也要心地光明、处事公正，而处于穷困潦倒的境地时，仍要奋发进取，这样的人才是真正的英雄好汉。

【评析】

《说苑·敬慎》曰："患生于所忽，祸起于细微。"最容易被人所忽略的小处，往往是日后酿成巨变的祸源。的确如此，人与人之间的摩擦，通常起于不为人所注意的细节，所以古人才有"千里之堤，毁于蚁穴"的说法。许多人在与朋友相处时，往往不注意分寸，结果造成不必要的误会，朋友间因小事而决裂的例子为数不少。

所以，做人做事务必小心谨慎，还要慎独，穷困潦倒时更不可颓废丧志。上述三点，想成就一番事业的人不可不注意。

100. 成败生死　不必强求

【原文】

知成之必败，则求成之心不必太坚；知生之必死，则保生之道不必过劳。

【注释】

劳：过分地费心思。

【译文】

既然知道成功必定会有失败的伴随，那么追求成功的意愿就不必太执著；既然明白有生必有死的道理，那么对于养生之道就不必太花心思。

【评析】

　　有成必有败，有生就有死，成败生死之事若能看透，就真的能够超然于世外了。成败盛衰不过是自然的规律，生死荣辱也逃不出自然的法则。失败对人来说固然痛苦，却是每个人难以逃避的，人若只有成功，成功也就失去了意义。我们既然知道失败是必然存在的，就不必对成功太执著，希望越大失望就越大，若用一颗坦然的心去面对成败，生活就会轻松许多。

　　生死之事也是这样，对于一个人来说，最痛苦的不是死亡，而是对死亡的畏惧。死是生之必然，养生不如养心，心态放平了，生死便能于你无碍。

101. 得意处论天地　俱是水底捞月

【原文】

　　得意处论地谈天，俱是水底捞月；拂意时吞冰啮雪，才为火内栽莲。

【注释】

　　拂意：违反自己的心意，不顺心。

【译文】

　　得意的时候谈天说地，都是水中捞月般的虚渺之事；而在不顺心的时候吃苦，才是火内栽莲般的真正锤炼。

【评析】

　　在顺风顺水的时候，得意地炫耀的确是一间很畅快的事情，但是过后总觉得有点莫名的失落和索然。因为这是"水中捞月"，没有什么实际意义。

102. 忙里偷闲　闹中取静

【原文】

　　忙里要偷闲，须先向闲时讨个把柄；闹中要取静，须先从静处立个主宰。不然，未有不因境而迁，随时而靡者。

【注释】

把柄：借口，理由。主宰：主见、主张。因境而迁：迁，转移。随着环境的变化而变化。随事而靡：靡指散乱，浪费。随着事物的发展而盲目地跟随其后。

【译文】

想要忙里偷闲，就必须先在空闲时做个安排；想要在闹中取静，就必须先在清静时有个主张。如果做不到这样，就会因为时过境迁，心绪变化而变得手忙脚乱。

【评析】

忙里偷闲，闹中取静，心气平和，遇事才能不乱方寸。临危不乱，是转危为安的前提。而要做到忙里偷闲，闲的时候就要先做安排，一切都处理妥当了，忙的时候才不至于手忙脚乱；要做到闹中取静，静的时候要有主张，乱的时候要能镇定，要做到临事不慌就应当事先做好计划和安排。

人们总是喜欢在空闲的时候懒懒散散，没有任何计划和准备，一旦问题来临，自己便忙得焦头烂额，哪里还有偷闲的机会和心境？人们在清静的环境中只管享受清静，不想着练就不为外物所动的心态，到了纷乱喧闹的环境中又如何能做到处变不惊、泰然自若呢？

103. 盛极必衰　剥极必复

【原文】

衰飒的景象，就在盛满中；发生的机缄，即在零落内。故君子居安宜操一心以虑患，处变当坚百忍以图成。

【注释】

衰飒：飒，本义是风吹落叶的声音。衰飒是败落、枯萎的意思，指衰败没落。发生：新事物、新机遇的出现。机缄：关键因素，指运气的变化。据《庄子·天运》篇："天其运乎，地其处乎，日月其争于所乎，孰主张是，孰维纲是，敦居无事推而行是，意者其有机缄而不得已邪？"零落：指人事的衰败没落，例如陆机有"亲友多零落"的诗句。百忍：比喻极大的忍耐力。

【译文】

衰败的现象往往来自于得意时所种下的祸根，而机运的转变多半源自失意时所种下的善因。所以，一个有才学、修养的君子，在安定的环境中要保持一颗清明的心，以应对未来祸患的发生；如果处身在变乱之中，就要坚韧不拔地面对困境，以图来日的成功。

【评析】

天地间万事万物在达到极致之后，往往接着就会走下坡路，所以俗话说"花无百日红，人无千日好"，《易经》中也提出了"日中则昃，月盈则亏"的道理。由此来看，盛极而衰似乎是必然的。然而，也有"否极泰来"的说法，意思是在经历噩运之后，好运便会随之而来。事实上，无论是盛极而衰，还是否极泰来，完全由人本身所促成。因为人在志得意满之际，大多会生出骄傲的心理，而出现狂妄、轻佻的言行举止，这样就等于为日后种下衰败的祸根。反之，当人身处逆境时，如果能乐观面对，不被现实所击倒，能够越挫越勇，当然就否极泰来了。

所以，做人要时时保有不随外在环境变化而波动的清明之心，才能完全掌握自己的命运，做自己的主人。

104. 震聋启聩　临深履薄

【原文】

念头昏散处，要知提醒；念头吃紧时，要知放下。不然恐去昏昏之病，又来憧憧之扰矣。

【注释】

念头：指思维和心理状态。昏散：迷惑。憧憧：心意摇摆不定。

【译文】

当脑袋昏沉纷乱时,应该提醒自己平静下来让头脑清醒;当工作烦琐而情绪紧张时,要懂得暂时放下工作,以便使自己的情绪恢复镇定。否则,好不容易才摆脱掉昏乱的毛病,却又招惹来心神恍惚的困扰。

【评析】

敬业固然重要,但人不是机器,不可能像机器一样日夜不停地运作,必须安排适当的休息,绝不可以过度劳累和紧张,如果让自己绷得太紧,恐怕会有发生不测的可能。现代人生活节奏快而压力大,要想在工作中脱颖而出,就要付出更多的精力与时间。许多人埋头于工作,经常为了尽快完成工作而加班熬夜,结果搞垮了自己的身体。想想这样值得吗?没有健康的身心,又如何继续在工作岗位上冲刺呢?

所以,当感到情绪紧张、压力过大时,要懂得暂时放下手边的工作,让自己先放松一下。而平时更要注意劳逸结合,这样不仅可以缓解工作压力,更可以促进身心健康。

105. 功过不容少混 恩仇不可过明

【原文】

功过不容少混,混则人怀惰隳之心;恩仇不可太明,明则人起携贰之志。

【注释】

惰隳:疏懒堕落,灰心丧气。携二:怀有二心,有疑心。

【译文】

对于功劳和过失,不能稍有混淆,如果含糊就会让人产生苟且怠惰的心;对于恩惠和仇恨,不可表现得过于分明,如果太过分明就会让人产生怀疑叛离的想法。

【评析】

在君权时代，帝王借由赏罚二柄来治理天下，完成其统治大业。事实上，如果一个社会没有制定赏罚标准来管理群众，就将无法保障大多数人的权益，整个社会亦将丧失进步的动力。国家社会如此，企业的经营管理也是如此——奖赏能使人努力向上，惩罚能使人改正过失，因此一个管理者如果对下属赏罚不公，非但无法鼓舞员工的士气，甚至可能导致员工情绪低落，而当所有员工都抱着"反正表现得好没有奖励，表现不好也未必会受到惩处，何必太过认真"的心态来面对工作时，企业又怎么会有竞争力呢？

所以，现代社会中，每个企业都要建立有效的赏罚机制，这样才可以提升员工的士气，让他们发挥自身最大的潜力，为企业创造更大的价值。

106. 立得脚定　回得头早

【原文】

风斜雨急处，要立得脚定；花浓柳艳处，要著得眼高；路危径险处，要回得头早。

【注释】

风斜雨急：风雨本是自然现象，此指社会发生动乱，人世沧桑莫测。花浓柳艳：古代文人常用花来形容女人美貌，用柳来比喻女人风姿绰约。

【译文】

在狂风暴雨的动荡时局中，要站稳脚跟立场坚定；在繁花翠柳纸醉金迷的花花世界，要眼界高远抵制诱惑；在山穷水尽世路艰险的关头，要悬崖勒马及早回头。

【评析】

人生的道路上有花浓柳艳的诱惑，也有风斜雨急的打击，更不乏路危径险的考验。对于大多数人来说，成功不会一帆风顺，做人既要有坚定的立场，又要保持清醒的头脑，善于审时度势，在审时度势中坚定立场。成功的第一个要求是坚定，"天命不足畏，祖宗不足法，人言不足恤"，有这种勇气才能不被风浪卷走，独立不倚；遭受攻击不可避免，而面对各种各样的陷阱，只要保持清醒的头脑，就可以不受那些花花绿绿诱饵的蛊惑；成功路上布满荆棘，勇往直前的精神固然可贵，只是如果你选的路根本就是一条绝路，那么还是悬崖勒马、及早回头的好。

107. 应以德御才　勿恃才败德

【原文】

德者才之主，才者德之奴。有才无德，如家无主而奴用事矣，几何不魍魉猖狂。

【注释】

魍魉：传说中的一种鬼怪，泛称山川木石的精灵怪物。如《孔子家语》中有"木石之怪曰魍魉"。猖狂：过分放纵。

【译文】

品德是才能的主人，才能是品德的奴仆。如果只有才能而没有品德修养，就如同一个家庭没有主人而由奴仆当家作主，这样岂有不使家中遭受精灵鬼怪肆意加害的道理呢？

【评析】

理想的人才是德才兼备的，但是现实中有一些人有才无德，还有一些人有德无才。用人单位在挑选人才时，要坚持德才兼备的用人标准，同时在德才兼备的基础上，又要以德为先，把那些有德有才、成绩突出的优秀人才安排到适合的岗位上。德与才是相辅相成的，缺一不可。一个人的品德与才干都很重要，但是品德与才干的地位却不是平等的。德行是才干的主人，而不能反过来以才干为主人，以德行为奴仆。当然，在强调以德为先的同时，也不能忽视才，有德无才，也是难堪大任的。

108. 一念过差　足失生平之善

【原文】

一念过差，足失生平之善；终身检饰，难盖一事之愆。

【注释】

检饰：检点。愆：过错。

【译文】

一念之差而导致的过错，足可以否定一生的功劳与荣誉；终生都严于律己，也难以掩盖一件事情所导致的错误。

【评析】

一个人，一生端正，到老了仅有一丝邪念也会断送他一生的名节。

提起汪精卫，大家无不骂他是卖国贼，但是当年的汪精卫也是个爱国志士，他冒死去刺杀晚清摄政王，被捕后仍不屈不挠，当时的确是受到了人们的敬仰。但是当日军侵华时，他却出卖了祖国，受到亿万人的唾骂。可见，"一念过差，足失生平之善"是相当有道理的。

109. 居安思危　处进思退

【原文】

进步处便思退步，庶免触藩之祸；着手时先图放手，才脱骑虎之危。

【注释】

庶：希望发生或出现某事，进行推测。触藩：进退两难。据《易经·大壮卦》："羊触藩，不能退，不能遂。疏：'退谓退避，遂谓进往。'"骑虎之危：比喻做事不能停下的危险。据《隋书·独孤皇后传》："当周之宣帝崩，高祖居入禁中，总百揆，后使人谓高祖曰：'大事已然，骑虎之势不得下，勉之。'"

【译文】

在事情进展顺利的时候要想好退路，才能避免进退两难的灾难；当着手做一件事的时候要先计划停手的时机，才能免去骑虎难下的危险。

【评析】

凡事都有其规律存在，有进就有退，有成功就有失败，所以做人除了要懂得未雨绸缪外，还必须能随机应变。但是人们在事情进展顺利的时候，往往会忘记"物极必反"的道理，忘记潜藏的危机，不是观察不清就贸然投入，就是不懂得适时抽身、见好就收，非把自己逼到进退两难、骑虎难下的地步，才懊悔不已。

做任何事都必须计划周全、深思熟虑，三思而后行，以免因为无法控制事情的发展而导致无法挽回的局面。

110. 躁性偾事　平和徼福

【原文】

性躁心粗者，一事无成；心和气平者，百福自集。

【译文】

性情急躁、粗心大意的人，什么事情都做不成功；性情平和、心态从容的人，幸福自然会降临到他身上。

【评析】

心浮气躁的人往往急于求成，而急于求成的人常常会粗心大意，粗心大意的结果恰恰是功败垂成。功败垂成就需要从头开始，事倍功半、欲速不达就是这个道理。多一点耐心，少几分浮躁，成功的概率就会增加；多一些深思熟虑，少一些异想天开，事情的进展就会变得顺利。切记，越是接近成功，越要保持冷静的头脑和平和的心态，这样才能做到临危不乱、善始善终。这就是为什么成就越大的人，给人的感觉越沉稳越随和。性情急躁又粗心大意的人，往往任何事情都做不成。

111. 当念积累之难　常思倾覆之易

【原文】

问祖宗之德泽，吾身所享者是，当念其积累之难；问子孙之福祉，吾身所贻者是，要思其倾覆之易。

【注释】

德泽：恩惠。例如《汉书·食货志》中有"德泽加于万民"。福祉：幸福、利益。贻：和"遗"的意思相通，可作遗留解。

【译文】

如果要问祖宗给我们留有什么恩惠，我们现在所享有的一切就是祖宗留下来的恩惠，我们要铭记祖宗为我们留下的这些恩惠，时时感念祖先遗留恩泽之不易；如果要问我们的子孙后代有什么样的幸福生活，就要看我们为子孙后代留下多少恩惠，要考虑到家业颠覆衰败是非常容易的。

【评析】

我们现在享有的一切，都是祖宗留下来的。我们享受祖宗留下的家业，应时常想着他们创业的艰难，明白他们留下来这份家业非常不容易，我们更应珍惜祖宗创造的家业，珍惜现在所拥有的一切。

我们现在创造的一切，将来是要留给子孙后代的，我们要知道，家业衰败是非常容易的事情。《诗经》中说："哀哀父母，生我劬劳；养我育我，不辞劳苦。"父母养育子女实在是非常不容易，既要为子女的衣食住行忙碌，又要为子女的教育问题费心。父母创造的家业，更是来之不易，所以我们要体谅父母长辈，孝敬父母长辈。

112. 心善而子孙盛　根固而枝叶荣

【原文】

心者修行之根，未有根不植而枝叶荣茂者。

【注释】

基：基础，根基。《诗经·小雅》："乐只君子，邦家之基。"修行：修养身心，实践行动。

【译文】

心性是修行的根基，就像没有根的植物不能长得茂盛一样，心性不正就不可能修行得道。

【评析】

道德理法是维护社会秩序的基石，也是做人的根本，我们要力争做一个道德高尚的人。一个人若是无德，就算有再多的学识、再大的本领也没有意义，甚至还可能成为危害社会的祸患。我们不得不承认，道德是维护正义的最后防线，正因如此，有些违法犯罪的人会因受不了道德的谴责而投案自首。总之，品行如何，对于一个人来说具有非常重要的影响。

113. 过满则溢　过刚则折

【原文】

居盈满者，如水之将溢未溢，切忌再加一滴；处危急者，如木之将折未折，切忌再加一搦。

【注释】

搦：用力按压，压制。

【译文】

当一个人的事业成就达到顶点的时候，就如同水已经满了快要溢还没有溢出来一样，这时千万不能再多加一滴；当一个人处在危急关头的时候，就好像木头快要折断还没有折断一样，这时千万不能再施加一点压力。

【评析】

"水满则溢，月盈则亏"，这句话对大多数人来说早已耳熟能详，其意思是规劝世人凡事都要适可而止，因为人的欲望是没有止境的，永远不会得到满足。所谓"人心不足蛇吞象"，一个人如果不知满足，就会永远生活在痛苦之中，因此，懂得适可而止，才能知足常乐。

114. 一念一行　都宜慎重

【原文】

有一念犯鬼神之禁，一言而伤天地之和，一事而酿子孙之祸者，最宜切戒。

【注释】

天地：人活动的范围，比喻人与人之间的关系。酿：本意当制酒解，此处是造成的意思。切戒：深深地引以为戒。

【译文】

有时候一个邪恶的念头就可能触犯鬼神的禁忌，一句话说得不对就可能破坏天地间的和气，一件事做得不恰当就可能为子孙后代留下祸患。这些我们都必须深以为戒。

【评析】

佛家认为，人在起心动念之际，也同时种下了因果，不但为自己留下后患，还可能殃及子孙。常言道"一言不慎身败名裂"，一个人立身处世，绝对不可以胡作非为，以免为后代子孙带来无穷的祸患。有些人为了"利"字误入歧途，做出伤天害理的事来，他们认为就算东窗事发也由自己承担，家人不会受到连累。但果真如此吗？他的家人当然不必负起法律上的责任，但却要因此受到外人的异样眼光，在别人的指指点点中难以抬头。

所以，做人要多为自己的子孙积些阴德，不要图谋不仁不义的事，这样才不会为子孙招来祸患。

115. 为官公廉　居家恕俭

【原文】

居官有二语，曰：唯公则生明，唯廉则生威。居家有二语，曰：唯恕则情平，唯俭则用足。

【注释】

唯：只有。情平：情绪平和，指和睦。

【译文】

做官有两句名言说："只有大公无私才能明察秋毫，只有清明廉洁才能令人敬畏。"持家也有两句格言说："只有宽容才能使家庭和睦，只有节俭才能使家用充足。"

【评析】

处于仕途，但凡品德高尚或是有些抱负的人，都希望能够做到公正廉明。为官从政，造福于民本来就是至高无上的，而公正廉明则是古代做官的基本要求。对清官来讲，首先是不贪，然后是无私，不贪则廉，无私则公，公则生明，廉则生威。所谓"廉明"，廉与明是不能分割的。

因此，居官之人要明察秋毫，树立自己的威信，首要的就是不贪，只有为官清廉，心中才能无私，无私才不会利令智昏。而一个贪官是不会以人民利益为重的，又如何做到清明威严呢？治家也是一样，为人应心气平和，保持勤俭节约的传统美德，不挥霍不浪费，如此才能细水长流，资源才不会枯竭，生活才能更有保证。

116. 德在人先　利居人后

【原文】

宠利毋居人前，德业毋落人后；受享毋增分外，修为毋减分中。

【注释】

　　宠利：荣誉、金钱和财富。德业：德行，事业。修为：品德修养。修是涵养学习。

【译文】

　　追求名利时不要抢他人之先，积德修身时不要落他人之后；物质享受方面不要超出自己的本分，涵养品德时则不要达不到分内应该遵守的标准。

【评析】

　　从世俗的标准来看，"功成名就"似乎就代表着一个人在事业、生活上取得最终极的成就，所以一般人求学、做事都以此为指针，为了前程不辞劳苦。

　　然而，如果过度追求名利，就会让人变得功利现实，甚至为达目的不择手段。其实，凡事只要尽心做了，就是圆满成功，何必与人争先呢？再者，做人要知足，要认清自己的实力，千万不可以去贪慕超出自己能力范围的物质享受，否则一个收入微薄的人如果贪图奢侈的享受，就会变成物欲的奴隶，让自己陷入无边的苦恼之中。

117. 陆鱼不忘濡沫　笼鸟不忘理翰

【原文】

　　陆鱼不忘濡沫，笼鸟不忘理翰，以其失常思返也。人失常而不思返，是鱼鸟之不若也。

【注释】

　　陆鱼：处于陆地上的鱼。理翰：梳理羽毛。

【译文】

　　鱼到了陆地上，仍然不忘相濡以沫；鸟被关在了笼子里，仍然不忘梳理自己的羽毛。它们尽管身处异境，但总是想回到属于自己的地方。人如果到了异境而不想回到原来的地方，那么就连鱼和鸟都不如了。

【评析】

其实，人在许多地方都是无法与动物相比的，动物身上也有许多东西值得人类去学习。

118. 动静合宜　道之真体

【原文】

好动者，云电风灯；嗜寂者，死灰槁木。须定云止水中，有鸢飞鱼跃气象，才是有道的心体。

【注释】

云电风灯：形容短暂、不稳定。嗜寂者：特别喜欢清静的人。死灰槁木：死灰是指火熄灭后的灰烬，槁木是指枯树，比喻丧失生机的东西。定云止水：定云是停在一处不动的云，止水是停在一处不流的水，比喻极为宁静的心境。鸢：老鹰。心体：心就是体，古时以心为思想的主体。

【译文】

好动的人，既像云端的闪电，又像风前的烛光；喜爱清静的人，既像已经熄灭的灰烬，又像已经丧失生机的枯木。但过于好动或好静，都不合理想，只有在不动的云下和平静的水面上，才能看到鸢飞鱼跃的景观，必须用这两种心态来对待万事万物，这样才算得上是具有崇高品德的人。

【评析】

静与动本是一对矛盾，世间万事万物都在运动变化，在绝对的运动变化中又存在着相对的静止。绝对的运动与相对的静止，过于强调哪一个方面都是不恰当的。

过分爱好动，就会飘忽不定，形不成稳定可靠的品质。过分爱好清静，也会像死灰与枯木一般，没有一点生机可言，这也不可取。不管是动还是静，都不可以太极端，最为理想的是动静合宜，两者兼具。

做事也是一样，如果走向极端，就会促使事情向相反的方向发展，达不到自己想要的结果，离最初的目标越来越远。

119. 降魔先降自心　驭横先驭此气

【原文】

降魔者，先降自心，心伏则群魔退听；驭横者，先驭此气，气平则外横不侵。

【注释】

降魔：降，降服。魔的本意是鬼，此处指乱人行止的欲念。退听：放弃。驭横：控制强横无理的外物。气：当情绪解。

【译文】

要想制服心中的障碍，就必须先降伏自己受外物干扰的心，内心的邪念一旦去除了，其他的障碍就起不了作用；要想控制强横的外物，就必须先控制容易浮躁的情绪，情绪一旦控制了，外来的横逆事物就无法侵入了。

【评析】

某品牌饮料的广告词说"心是最大的战场"，的确，人类最大的敌人正是自己！人每天都会面临诸多的诱惑，经受诸多的考验，没有自制力的人很容易受到外物的干扰而心生邪念。如果能战胜自己，克制心中的邪念，那么外来的一切横逆事物便无法对自己造成影响。所以，我们要培养自己的克制力，在自我修养上下功夫，这样遇事才能沉着应变。如果内心不平静，情绪就会随外物的干扰而波动，对于事情本身也没有任何帮助。

120. 欲无祸于昭昭　先无得罪于冥冥

【原文】

肝受病，则目不能视，肾受病则耳不能听；病受于人所不见，必发于人所共见。故君子欲无得罪于昭昭，先无得罪于冥冥。

【注释】

昭昭：显著，明亮、光明，公开场合。据《庄子·达生》篇："昭昭乎若揭日月而行也。"冥冥：夜晚、黑夜，昏暗不明的隐蔽场所。《荀子·劝学篇》："无冥冥之志者，无昭昭之明。"

【译文】

肝脏如果得病，就会出现眼睛看不清的症状；肾脏如果得病，就会出现耳朵听不清的症状——疾病虽然产生于人们所看不见的脏器，但症状必然发作在人们都能看得见的地方。所以，正人君子想不在人们看得到的地方犯错，就必须在看不到的细微之处不犯错。

【评析】

常言道"要想人不知，除非己莫为"，暗地里做的事情，总有一天会暴露在阳光之下。在别人看不见、听不到的情况下，我们更不应该做见不得人的坏事。在没有人监督的情况下，我们更应该严格要求自己。

有人在旁监督，言行举止表现很好，这不足为奇。当没有人监督时依然能坚持自律，不去做违反法律道德的事情，这才可贵。儒家讲慎独，就是说在没有旁人监督、自己一个人独处的时候，更要严格要求自己，绝不做见不得光的事情。

121. 心无其心　物本一物

【原文】

心无其心，何有于观，释氏曰："观心者，重增其障。物本一物，何待于齐？"庄生曰："齐物者，自剖其同。"

【注释】

心无其心：第一个"心"字指心的本体，后一个"心"字指一切思考与忧虑。心无其心是心中没有任何邪念或思虑。释氏：释迦牟尼。观心：即哲学上所谓的"内观"，也就是自我省察。庄生：庄子，名周。齐物：与物相融。剖其同：剖是剖开，万物本为一体，而"齐物"是分割本来相同的事物。

【译文】

人如果不产生私欲妄念，又何必要去观察心性呢？佛家说："观心，反而是增加了修行的障碍；天地万物原本是一体的，何必将其重新划为一体呢？"庄子说："消除万物的差别，实际是把本来同属一体的东西给分割开了。"

【评析】

心无其心，并非说心是不存在的，而是告诉人们心中本来空无一物，世人无需自寻烦恼。物本一物，也并不是说物只有一个，而是告诉人们万物本是一个整体，没有必要分得太清。人应该超然洒脱，无牵无挂，而修身观心只证明了你对于名和理的执著。人与万物本为一体，有意去使它们平等化，恰恰证明了你认为它们是不平等的。

一个心性明澈的人不必去修身观心，于你而言那无异于邯郸学步，其结果只能是增加心障，失去本心。一个物我合一的人也无需鼓吹众生平等，那样只会把人们的注意力吸引到它们之间的差别上去，从而违背自己的初衷。

122. 谦虚受益　满盈招损

【原文】

欹器以满覆，扑满以空全。故君子宁居无不居有，宁处缺不处完。

【注释】

欹器：欹，不正的意思。欹器是古代用来汲水的陶罐，因提绳位于罐体中部，所以，一旦装满了水就会翻倒，当水满一半时能端正直立，当水空时就倾斜，古代帝王把它放在座位左侧，作为警示自己的器具。扑满：储钱罐，有方孔，只能往里放不能往外拿，等钱存满了就打破它，钱就都出来了。

【译文】

欹器因为装满了水才会翻倒，扑满因为空无一物才得以保全。所以，一个有才德的君子宁愿处于无争的地位,也不要居于有争夺的场所;日常生活宁可稍有缺欠,也不要过分要求完美。

【评析】

常言道"谦受益,满招损",成熟的稻穗因为弯垂所以能耐疾风,而挺直的麦秆则无法抵挡风力。由此观之,做人如果不懂得谦让,就算无意与人相争,他人也会视你为对手,随时可能对你展开攻势。

再者,如果没有虚怀若谷的心态,自然就会筑起一道牢不可破的心理防线,听不进别人的善意规劝,往往给人骄傲自大的印象。而一个人如果内心充满了杂念,又不愿接纳别人善意的建议,就会成为蛮横不讲理的狂人,这样只会招致他人的嫉恨,陷自己于险境。

123. 仇边之弩易避 恩里之戈难防

【原文】

仇边之弩易避,而恩里之戈难防;苦时之坎易逃,而乐处之阱难脱。

【注释】

阱:猎人为捕捉野兽而挖的坑。

【译文】

来自仇家和有过节的人的弩箭容易躲避,而在恩惠中夹带的戈矛却难以防范;处在苦难之时的沟坎容易躲避,而在得意之时的陷阱却难以逃脱。

【评析】

人在得意的时候,对于隐藏在快乐后面的陷阱总是视而不见,所以总是躲避不掉这时的陷阱。因此,人在得意之时仍要保持冷静的头脑,才能保证不掉进别人精心准备的陷阱之中。

124. 哲士多匿采以韬光　至人常逊美而公善

【原文】

　　杨修之躯见杀于曹操，以露己之长也；韦诞之墓见伐于钟繇，以秘己之美也。故哲士多匿采以韬光，至人常逊美而公善。

【译文】

　　杨修之所以被曹操所杀，是因为他过分显露了自己的才华；韦诞的坟墓之所以被钟繇挖掘，是因为他藏匿了自己的好东西。所以，睿智的人多韬光养晦，而修养最好的人则会把好东西拿出来让大家分享。

【评析】

　　据《杨修传》记载，杨修，字德祖，弘农华阴（今陕西华阴东）人，出生于公元175年，东汉建安年间举为孝廉，任郎中，后为汉相曹操主簿，后被曹操杀害，死于公元219年，卒时方44岁。杨氏家世为汉名门，祖先杨喜，汉高祖时有功，封赤泉侯。高祖杨震、曾祖杨秉、祖杨赐、父杨彪四世历任司空、司徒、太尉三公之位，与东汉末年的袁氏世家并驾齐驱，声名显赫。

　　杨修九岁时，有一个叫孔君平的人来拜见杨彪，杨修因父亲不在家中，忙沏茶让座，并端出水果招待孔君平。孔君平拿起一颗杨梅开玩笑说："杨梅，杨梅，名副其实的杨家果。"杨修立即问孔君平："孔雀是先生的家禽吗？"孔君平为杨修敏捷的才思目瞪口呆。

　　曹操建造花园时，动工前工匠们请曹操审阅花园工程的设计图纸，曹操看了，什么也没说，只在园门上写了一个活字。工匠们不解其意，忙去问杨修。杨修说："丞相嫌园门设计的太大了"。工匠们按杨修的提示修改了方案。曹操见改造后的园门，心里非常高兴，问工匠们如何知道自己的心意的，工匠们说多亏了杨主簿的指点。曹操口中称赞杨修，心里却嫉恨杨修的才华。

　　曹操平汉中时，连吃败仗，欲进兵，怕马超拒守，欲收兵，又恐蜀兵耻笑，心中犹豫不决。适逢庖官进鸡汤，曹操见碗中鸡肋，沉思不语。这时有人入账，禀请夜间口令，操随口答"鸡肋！"杨修见令传鸡肋，便让随行军士收拾行装，准备回归。将士们问何以得知魏王要回师，杨修说："从今夜口令，便知魏王退兵之心已决。鸡肋，食之无味，弃之可惜。今进不能胜，退恐人笑，在此无益，不如早归。魏王班师就在这几日，故早准备行装，以免临行慌乱。"曹操早恨杨修才高于己，今见杨修又猜透了自己的心事，便以扰乱军心之罪，杀了杨修。

尽管后人对于曹操为什么要杀杨修有多种说法，但是有一点可以肯定，那就是杨修的才华外露，多次触犯了曹操的忌讳，如果杨修能够稍加收敛，也许不会有如此下场。

125. 事事培元气　念念存好心

【原文】

事事培元气，其人必寿；念念存好心，其后必昌。

【注释】

培：保护，增添。元气：人固有的精神、精气。

【译文】

每件事情都注意保护和增添自己的元气，那么，这个人肯定会长寿；每个念头都起于善良的心思，那么，这个人的子孙后代必然会昌盛不衰。

【评析】

"念念存好心，其后必昌"，这是在宣扬只要人们心存善念，对任何事物都怀有一颗慈悲之心，人生就会因此而得益。

126. 畏恶有善路　显善存恶根

【原文】

为恶而畏人知，恶中犹有善路；为善而急人知，善处即是恶根。

【注释】

善路：向善学好的路。急人知：急于让人知道。恶根：过失的根源。

【译文】

如果一个人做了坏事还怕被人知道，可以说他仍保有一点改过向善的良知；如果一个人做了善事就急于让人知道，可以说他在行善的同时已经种下了伪善的恶根。

【评析】

孟子认为人性本善，荀子认为人性本恶，那么，人性究竟是善还是恶呢？如果说人性本善，那为什么懵懂的孩童会有踩踏蚂蚁、捉弄小动物的举动呢？如果说人性本恶，当他人有危难的时候，为什么我们又会伸手相助呢？

其实，人性中善与恶是并存的。也就是说，除非良知已经彻底泯灭，否则任何人都有恻隐之心、羞耻之心、辞让之心、是非之心，在做了坏事之后，都会感到良心不安。而一个人犯了错，如果能真心改过，就是最好的事情。这就是所谓的"知错能改，善莫大焉"。

127. 养天地正气　法古今完人

【原文】

气象要高旷，而不可疏狂；心思要缜细，而不可琐屑；趣味要冲淡，而不可偏枯；操守要严明，而不可激烈。

【注释】

气象：气质、气度。高旷：高远，空旷。疏狂：狂放不羁。如白居易诗中有"疏狂属年少"。缜细：谨慎，细致。琐屑：烦杂琐细。冲淡：冲和，淡泊。偏枯：单调，枯燥。

【译文】

一个人的气度要恢弘广阔，但不可以狂放不羁；心思要缜密周到，但不可以太繁杂琐碎；生活趣味要高雅恬静，但不可以过于枯燥单调；操守要严谨而光明磊落，但不可以偏激刚烈。

【评析】

为人处世要掌握好分寸确实不易，品德和气质的修养也是这样。气度恢宏旷达、心思细致严密、情趣温和淡泊、节操严谨清明，本来是很好的，但是如果超出一步反而会适得其反。比如，一个人认真过了头，就显得呆板；快乐过了头，就显得轻浮；节约过了头，就成了吝啬；清高过了头，就成了傲慢。所以追求完美的品德和气质要做到不偏不倚，还要下一番真功夫。

128. 不着色相　不留声影

【原文】

风来疏竹，风过而竹不留声；雁度寒潭，雁去而潭不留影。故君子事来而心始现，事去而心随空。

【注释】

寒潭：大雁都是在秋天飞过，河水此时显得寒冷清澈，因此称寒潭。

【译文】

当轻风吹过稀疏的竹林时，会发出沙沙的声响，可是风过之后竹林又归于寂静，不再留有风的声音；当大雁飞过寒冷的深潭时，身影会倒映在水面上，但是雁飞过之后潭面不会留下雁影。所以，君子在事情来临时才会显出本性，而事情结束后本性又复归平静。

【评析】

人为什么会感到不快乐，有大半原因是执著使然。执著于什么呢？也许是一段美好难忘的过去，也许是一份渴盼，都因为舍不得、放不下而烦恼不已。佛家说"诸相皆空"，万事万物的生灭皆是因缘，因缘具足则生，不具足则灭，所以说缘聚即合，缘尽则散。但世人往往提得起放不下，经常自陷于事物的得失之中，有人对逝去的恋情难以割舍，有人追求难以达到的目标……诚如作者所说"风过而竹不留声""雁去而潭不留影"，风和竹、雁和潭都是因缘遇合，风过、雁去后缘即尽，一切又复归于寂静。

所以，对人对事应当抱着随遇而安的态度，坦然去面对并接受现实中所有顺与逆的境遇。

129. 君子德行　其道中庸

【原文】

清能有容，仁能善断，明不伤察，直不过矫，是谓蜜饯不甜，海味不咸，才是懿德。

【注释】

伤察：失之于苛求。蜜饯：用蜂蜜或浓糖腌渍的果品。懿德：美德。

【译文】

清廉又能包容一切，仁慈宽厚又能当机立断，聪明睿智又过于苛刻，刚直又不至于矫枉过正。这就像蜜饯虽然浸泡在蜜糖里却不会过分甜腻，海产的鱼虾虽然腌在盐缸里却不至于过分咸涩，做人也要有不偏不倚的尺度，才称得上具备高尚的美德。

【评析】

在此作者告诉我们，做人应当秉持中庸之道——清廉又要能包容一切，仁慈宽厚又能当机立断，聪明睿智又不过于苛刻，刚直又不至于矫枉过正。

的确，如果过于极端，反而会让自己受到伤害，就像清廉刚直的人愤世嫉俗，便会失去容人的雅量；心地仁厚的人优柔寡断，则会显得缺乏决断力；而睿智的人自恃聪明，往往聪明反被聪明误。

所以，人立身于社会，凡事当持中庸之道，不偏激、不妄执，才能拥有和谐的人际关系。

130. 心公不昧　六贼无踪

【原文】

耳目见闻为外贼,情欲意识为内贼,只是主人翁惺惺不昧,独坐中堂,贼便化为家人矣。

【注释】

惺惺:清醒,机警。中堂:古代住宅的正房大厅,也指挂在其正中的书画,此指中正的品格与操守。

【译文】

眼睛看到的美色,耳朵听到的美声,都属于外来的诱惑。而人的七情六欲和主观意识,都属于内在的偏执。但只要自己能时刻保持清醒,遵守原则,做事循规蹈矩,那么不管是内在偏执还是外界诱引都会变成帮助自己修养品德的助力。

【评析】

　　人们通过自己的眼睛、耳朵等感觉器官去认识世界,通过感觉器官得到对世界的感性认识,再由人脑进行加工整理,最终形成理性认识。人们虽然依赖自己的感觉器官,但是眼睛、耳朵等感觉器官并不是完全可靠的,有时候我们的感觉器官会欺骗我们,这个时候我们就无法对事物形成正确的认识。所以要想得到可靠正确的认识,就不能只依赖于自己的感觉器官,我们要保持清醒的头脑,多思考、多观察。在学习中,要善于观察,勤于观察,带着问题去观察认识事物,在此基础上得到对事物更深刻的认识。

　　人们已有的经验和认识,会影响人们的判断。要想得到对于事物的正确认识,就需要我们保持清醒的头脑,让感觉器官以及已有的经验认识为我们所用,为我们正确认识世界而服务。

131. 诸恶莫作　众善奉行

【原文】

反己者，触事皆成药石；尤人者，动念即是戈矛。一以辟众善之路，一以浚诸恶之源，相去霄壤矣。

【注释】

反己：反省自己，约束自己。药石：治病的东西，引申为规诫他人改过之言。尤：埋怨。如《老子·道德经》中有"夫唯不争，故无尤"。浚：开辟疏通。霄壤：天与地。

【译文】

能时常自我反省的人，平常所接触的任何事物都会成为修身的良方；而经常怨天尤人的人，只要念头一动，就是邪恶的想法。由此可见，自我反省是使人疏通一切善行的途径，怨天尤人则是让人走向所有罪恶的源泉，两者之间真是天壤之别。

【评析】

经常使用计算机的人都知道，要经常对计算机进行杀毒，清理内存的垃圾，释放磁盘空间，这些都是保养计算机的基本内容之一。人的自我反省就犹如计算机的杀毒工作一般，这样做能检查并修正错误。所以，一个人如果能经常自我检讨，就能使自己免于做出有违义理的事情，而能奉行诸善，提高自己的品德。如果只知道怨天尤人，将一切不如意都归咎于他人，总觉得自己是受害者，而不愿自我省察、自我检讨，终会一错再错，最后坠入罪恶的深渊。

132. 情急招损　严厉生恨

【原文】

事有急之不白者，宽之或自明，毋躁急以速其忿；人有操之不从者，纵之或自化，毋操切以益其顽。

【注释】

宽：舒缓。忿：愤怒，不服气。自化：自己觉悟，自行化解。

【译文】

很多事情愈是急着弄清楚，就愈是弄不明白。在这种情况下，不如暂时缓和心情，也许冷静之后事情自然就明白了，千万不要操之过急，以免增加紧张气氛。有很多人你越是指挥他，他越是不服从。遇到这种人，不如暂时放松约束，也许他会自己觉悟，千万不要太过急切，以免强化了他的顽固，让事情变得更糟糕。

【评析】

古人说"欲速则不达"，做任何事情都不能过于急躁。你解开过缠绕在一起的毛线吗？你越着急就越解不开，而等你心平气和之后再去解，才能成功。因为人在急躁的时候往往无法保持清醒，在这种情况下，非但理不出头绪，还可能愈弄愈糟。

有一位年仅9岁的小孩遭人绑架，歹徒向其家人索要赎金，但害怕日后被小孩指认出来，所以决定撕票。歹徒将小孩装在麻袋里，计划将他丢弃在河中淹死。当车行驶在桥上时，小孩在麻袋里不哭也不闹，而在歹徒将他丢下桥前，他饱吸了一口气。当他落水后，便用最快的速度在一口气耗尽之前挣脱出麻袋，并往河岸游去，小孩的冷静救了自己一命。

我们应当向这个小孩学习，做事要有这种沉着冷静的态度，凡事都不要操之过急，以免自乱分寸。

133. 修身养德　事业之基

【原文】

德者事业之基，未有基不固而栋宇坚久者。

【注释】

基：基础，根基。《诗经·小雅》中说："乐只君子，邦家之基。"

【译文】

道德是事业的基础，就像盖房子一样，房子的基础没有打好，房子是不会坚固的，假如没有良好的品德，事业也不会长久。

【评析】

毋庸置疑，道德是立身之本，也是立国之基。做人，应该首先立德；做官，应该以德从政。一个品德败坏的人，即使能取得一时的成功，时间一长，当大家认识了他的真实面目，他的事业也就无法再继续发展下去。一个品行不正的人，无论从事哪种工作，都不可能有长久的发展。品行不端的人从政，可能会祸国殃民；经商可能会变成奸商，破坏市场秩序。所以事业的成功，离不开良好的道德品质。

134. 无事寂寂以照惺惺　有事惺惺以主寂寂

【原文】

无事时，心易昏冥，宜寂寂而照以惺惺；有事时，心易奔逸，宜惺惺而主以寂寂。

【注释】

昏冥：昏昧不明事理，冥是愚昧。惺惺：聪明，机警。寂寂：指心绪平静。

【译文】

人在闲居无事的时候，最容易陷入昏昧迷乱的状态，这时应该保持沉静的心情来加以警觉；而当人有事忙碌的时候，性情最容易陷入冲动状态，这时应该保持冷静沉着来控制浮躁的情绪。

【评析】

你曾经这么试过吗？假日的时候待在家中，什么事都不做，连音乐也不听，就这样呆呆地静坐着。你会发现，不用多长时间，人就会昏昏欲睡，结果难得的假日会在昏昧状态中度过。所以，当人闲极无聊的时候，最容易心生懒散，而变得意志消沉。反之，当人有事忙碌的时候，精神也会变得亢奋，此时最容易变得浮躁，不易保持沉着冷静，结果往往错误百出。

所以，闲居无事时，仍应该保持警觉之心，不要让自己陷入昏昧状态；而事务繁忙时，则应该保持冷静，以免急躁误事。

135. 不轻诺不生嗔　不多事不倦怠

【原文】

不可乘喜而轻诺，不可因醉而生嗔，不可乘快而多事，不可因倦而鲜终。

【注释】

轻诺：轻易许诺。生嗔：生气。嗔，发怒。鲜终：鲜是少的意思。鲜终是有头无尾，有始无终。

【译文】

不能因为心情愉快就轻易许下承诺，不能借着醉意就乱发脾气，不能因为一时冲动就惹是生非，不能因为精神疲惫就有始无终。

【评析】

不轻诺、不生嗔、不多事、不倦怠这"四不"是做人的最基本原则，因为轻诺、生嗔、多事、倦怠四者是人们最常犯的错误。换言之，人们最容易因为外界的影响而犯下轻易许诺、借酒发怒、冲动滋事及怠惰疏懒等错误。有许多憾事的发生，都是因为犯了上述错误而导致的，例如，容易意气用事的青少年，有时会因几句口角而大打出手，最终酿成悲剧。因此，我们要遵循"四不"的做人原则，学会控制自己的情绪，做自己情绪的主人。

136. 长袖善舞，多钱能贾　漫衒附魄之伎俩

【原文】

长袖善舞，多钱能贾，漫衒附魄之伎俩；孤槎济川，只骑解圈，才是出

格之奇伟。

【注释】

漫衒：无用的、不真实的炫耀、显露。附魄：表面上的本事。槎：木筏。济川：渡人过河。

【译文】

穿着长袖子的衣服才能翩翩起舞，拥有很多钱才能做生意，这都是无用的表面功夫；能够守住一叶孤舟渡人过河，能够单枪匹马救人解围，这才是超出一般的奇才。

【评析】

像"长袖善舞，多钱能贾"这样比较容易的事情并不能检验人的品格与才能，人只有做出"孤槎济川，只骑解围"的壮举，才能体现他人格的奇伟和力量的强大。

137. 乐贵真趣 景不在远

【原文】

得趣不在多，盆池拳石间，烟霞俱足；会景不在远，蓬窗竹屋下，风月自赊。

【注释】

盆池拳石：如盆之地，如拳之石，形容空间狭小。赊：长久、遥远。

【译文】

能获得趣味的事物不在多，只要有盆池拳石的小小空间，山水景色的意境就已经俱全；能领会大自然景色的地方也不必远求，只要坐在竹屋茅窗下，清风明月的情境就已够空阔了。

【评析】

　　所谓"乐贵自然真趣，景物不在多远"，任何事物无不自成天地，如果用心去感悟，哪怕只是盆池拳石，也能体会到自然景色的真趣。可惜人们往往执著，总认为要调剂身心就非得置身于名山大川之间，事实上如果一个人心思不静，就算让他隐居山林也无法获得宁静。反之，如果拥有如陶渊明"采菊东篱下，悠然见南山"的情趣，那么，就算结庐在人境，也能领略自然真趣。

　　所以，要怡情养性不必舍近求远，只需求诸于己，心中若有天地，同样能领略无穷真趣。

138. 善操身心　收放自如

【原文】

　　白氏云："不如放身心，冥然任天造。"晁氏云："不如收身心，凝然归寂定。"放者流为猖狂，收者入于枯寂。唯善操身心者，把柄在手，收放自如。

【注释】

　　白氏：唐代诗人白居易，字乐天，号香山居士。他的诗歌题材广泛，语言通俗易懂，《长恨歌》《卖炭翁》《琵琶行》等为其代表作。大造：天地，大自然。晁氏：指晁补之，字无咎，宋代巨野人，善于书画，因仰慕陶渊明而建造归来园，自号归来子。寂定：断除妄心杂念而入于禅定状态。

【译文】

　　白居易说："不如放任自己的身心，听凭上天冥冥之中的安排。"晁补之说："不如收敛自己的身心，静静地使自身归于寂静。"放任身心的人会狂妄自大，收敛身心的人会过于枯燥乏味。只有善于掌握自己身心的人，才能将控制权把握在自己手里，收放自如、随心所欲。

【评析】

　　自己要做自己的主人，放松与收敛全在自己掌握之中。遇到事情不要束手束脚，但一味自由放纵也不好，这两种态度对于处理事情都是有利也有弊的，如果能把这两种方式结合起来使用，处理事情就能做到收放自如了。

做人太过放纵自己，把握不好尺度就可能变成狂妄放肆之人，惹来世人厌恶；做人如果过于约束自己，就可能会变得枯燥乏味，孤僻不合群。因此无论是做人，还是处理事情，我们都要有把握自己身心的能力，何时放松自己的身心，何时收敛的自己言行，全在自己掌握之中。

139. 去思苦亦乐　随心热亦凉

【原文】

热不必除，而除此热恼，身常在清凉台上；穷不可遣，而遣此穷愁，心常居安乐窝中。

【注释】

热恼：心中的烦恼。

【译文】

根本不必特意驱除夏天的暑热，只要消除烦躁不安的情绪，就能使身心清凉；也不必去勉强驱赶贫穷，只要能消除对贫穷的忧愁，就能使心常处在安乐窝中了。

【评析】

常言道"心静自然凉"，这是佛家所提倡的修行功夫，达到这种境界，就能不受外在环境的影响，文中指出只要消除烦躁不安的情绪，就能使身体常处在清凉台上。同样的道理，在面临他人的恶意抨击时，这种修行功夫也能化尖如利箭的攻讦恶语为软钉，使其无法伤及自身。

至于贫穷，要看人们站在什么立场来界定，这完全是观念问题，例如安贫乐道的颜渊"一箪食，一瓢饮，在陋巷，人不堪其忧，回也不改其乐"，或许在外人看来他是穷困的，但他自己却感到充实而快乐，这正是因为其心不为贫穷所累，不为世俗所扰。

140. 修养定静功夫　临变方不动乱

【原文】

忙处不乱性，须闲处心神养得清；死时不动心，须生时事物看得破。

【注释】

不乱性：指本性不乱。《大学》中有："好人之所恶，恶人之所好，是谓拂人之性。"不动心：指镇定、不慌乱、不畏惧。据《孟子·公孙丑》篇："我四十不动心。注：言四十强而仕，我志气已定，不妄动心有所畏也。"

【译文】

在事务繁忙的时候，要想能保持冷静而不至于乱了心性，就必须在平时修养清晰敏捷的心神；而想在面对死亡的时候不产生恐惧之心，就必须在活着的时候对人生有所彻悟。

【评析】

只有已经彻悟人生的人，才能做到"不乱性、不动心"，历来多少贤能之士都拥有这般豁达的胸襟，生死在他们眼里不过是很自然事情，面对死亡他们从容以对。孔子说"朝闻道，夕死可矣"，诸葛亮说"鞠躬尽瘁，死而后已"，而文天祥说"人生自古谁无死，留取丹心照汗青"，这些话所表现出的大无畏精神，震撼人心，使人们在崇敬他们高尚人格的同时，更加钦佩他们的洒脱与淡定。

古人的嘉言懿行足可取法，也启发我们要在平时的修养中树立正确的人生观。

141. 为奇不为异　求清不求激

【原文】

能脱俗便是奇，作意尚奇者，不为奇而为异；不合污便是清，绝俗求清者，不为清而为激。

【注释】

脱俗：不沾染俗气。奇：珍奇、稀奇。作意：故意。异：特殊行为，标新立异。激：偏激。

【译文】

能够摆脱世俗的人是奇人，但为了求奇而故意标新立异的，就不是奇人而是怪人了。不肯同流合污的人是清高的，但为了显示自己清高而故意离经叛道的人，就不是清高而是偏激了。

【评析】

超凡脱俗之人令人羡慕，清高磊落之人受人景仰。令人羡慕与受人景仰是世俗之人渴望获得的一种荣誉。如果真的能够做到超凡脱俗和清高磊落自然是好的，可是如果只是贪图这样的虚名而故意标新立异、离经叛道，那就不是脱俗而是怪异，不是清高而是偏激了。这无异于东施效颦，只能徒增笑谈。何况中国人讲究神似，行虽近神相远，终究会被人撕掉那层面具而原形毕露。

超凡脱俗是一种很难达到的境界，学是学不来的。它需要不断提高自身的道德修养，丰富自身的内涵。这是一个漫长的过程，需要冷静的头脑、开阔的眼界、宽广的心胸。

142. 持身不可轻　用意不可重

【原文】

士君子持身不可轻，轻则物能扰我，而无悠闲镇定之趣；用意不可重，重则我为物泥，而无潇洒活泼之机。

【注释】

持身：对待自己人格与品行的态度。轻：轻浮、急躁。扰：困扰、屈服。用意：居心、动机或意图。泥：拘泥。

【译文】

君子为人处世不能轻率浮躁，因为轻率浮躁就会受到外物的干扰，从而失去悠闲镇定的情趣。思虑用心不能太过执著，因为太过执著就会受到外物的束缚，从而失去潇洒活泼的生机。

【评析】

总之，轻率浮躁和过分执著都是不可取的。做事情要讲求方法和原则，除此之外还要讲求一个度。能入乎其内又出乎其外，才能客观冷静，不为外物所囿。

急躁冒进往往会适得其反，一步跨出三步的距离，不可能加快行进速度，而只能使你跌倒。如果你是个急性子，那你遇事一定要三思而后行，即使已经成竹在胸了，也要小心谨慎，慢一点儿作决定。

当然，为人亦不可太执著，太执著就会变得固执，钻牛角尖，难以沟通。试问一个古板偏激的人又有谁喜欢与他共事呢？因此，用意重者就要遇事果断，为人通透，才能不失活泼。

143. 伸张正气　消杀妄心

【原文】

矜高倨傲，无非客气，降服得客气下，而后正气伸。情欲意识，尽属妄心，消杀得妄心尽，而后真心现。

【注释】

矜高倨傲：自夸自大，态度傲慢。客气：本意为不吐真言。此指虚浮的心态。正气：与邪气相对，至大至刚之气。情欲：欲望，欲念。通常指对异性的欲望。意识：心理学名词，指精神的醒悟状态，如：知觉、记忆、想象等一切精神现象都是意识的内容，此处有认识和想象之意。妄心：与己无关的、多余的、不正当的念头。真心：此指纯净的心境。

【译文】

　　心高气傲盛气凌人，不过是一种虚夸不实之气，只有把这种不实之气压下去，浩然正气才能得以伸张。七情六欲私心杂念，都属于虚妄之心，只有把这种虚妄之心彻底消除了，纯良本性才能显现出来。

【评析】

　　人们在生活中常被矜高倨傲的虚妄之气笼罩着。这股虚妄之气遮蔽了世人的双眼，使人失去明辨是非的能力。物欲、名位的追逐是许多现代人生活的主题，因为它离得很近，人们随时可以享受到它带来的快感。然而它离生活的本质却很远，人们在永无止境的欲望中忘却了生活的真谛。

　　其实那些虚妄荒诞的念头都是由于我们内心的软弱和动摇造成的，外界的诱惑只是客观的，要消除客气与妄心只有靠我们自己。"日三省吾身"，随时自觉反省检讨自己、循序渐进，方能超越自我、再现真心。

144. 多心招祸　少事为福

【原文】

　　福莫福于少事，祸莫祸于多心。惟苦事者，方知少事之为福；惟平心者，始知多心之为祸。

【注释】

　　少事：指没有烦心的琐事。

【译文】

　　人生最大的幸福莫过于没有烦心的琐事，而最大的灾祸莫过于多疑猜忌。只有那些整日奔波劳碌的人，才知道无事一身轻的幸福；也只有心境宁静平和的人，才能理解多疑猜忌的祸害。

【评析】

　　每个人都有为别人担心的经历，那种忐忑不安的感觉非常折磨人，在那个时候，心里所求的就是对方平安无事。

由此可知，人生的最大幸福，莫过于没有烦心的琐事。此外，人与人的相处，最大的不幸是彼此有了猜忌。因为人一旦多心，最基本的互信基础便随之消失，此时别人一句无心的话，或无意的眼神，对你来说都是别有意图，甚至让你觉得充满挑衅，结果双方不是不欢而散，就是势成水火。

其实，一个人如果心胸坦荡，根本不必怀疑别人是否对自己有不利的言行，因为"清者自清，浊者自浊"，做人但求问心无愧，何必自寻烦恼？

145. 莫认偶尔之效　勿以暂时之拙

【原文】

铅刀只有一割能，莫认偶尔之效，辄寄调鼎之责；干将不便如锥用，勿以暂时之拙，全没倚天之才。

【注释】

辄寄：轻易托付。调鼎：在鼎里调和食物，比喻辅佐皇帝治理国家。干将：春秋时期吴国人，曾为吴王造剑，后与其妻莫邪为楚王铸成两把宝剑，一把名为"干将"，一把名为"莫邪"。

【译文】

铅做的刀只割一下刀刃就平了，不要因为偶尔显示出来的才能，就把重任轻易地托付给别人；有的时候宝剑没有锥子好用，但不要因为一时的无能，就埋没了一个倚天之才。

【评析】

看人要看得准确，不要被表面现象所蒙蔽，要善于区分人才，看清楚后才能授予重任。

146. 清冷凉薄　和气福厚

【原文】

天地之气，暖则生，寒则杀。故性气清冷者，受享亦凉薄。唯和气热心之人，其福亦厚，其泽亦长。

【注释】

天地之气：天地间气候的变化。性气：性情气质。清冷：冷漠清高。受享：所享有的福分。凉薄：冷而浅。

【译文】

大自然的气候变化多端，温暖的时候万物生长，寒冷的时候万物就失去了生机。做人的道理也和大自然一样，一个性情高傲冷漠的人，所得到的福分比较淡薄。那些性情温和而又乐于助人的人，所得到的回报不但多，福泽也绵长久远。

【评析】

古人说，多行不义必自毙，这是至理。俗语说得好：恶有恶报，善有善报，恶报降祸，善报赐福。从世道的运行来看，顺天随势，便可得福，逆天违势，便会招祸，即使暂时得福，最终福也会变成祸。譬如毁林开荒，围湖造田，也许可以得到眼前的利益，但从长远来看，生态平衡遭到破坏，最终遭殃的还是自己。

147. 遇艳艾于密室　见遗金于旷郊

【原文】

遇艳艾于密室，见遗金于旷郊，甚于两块试金石；受眉睫之横逆，闻萧墙之谗诟，即是他山攻玉砂。

【注释】

艳艾：美丽的女子。谗诟：诬陷、辱骂。

【译文】

在密室中遇到美丽的女子，在荒郊野外看到被遗落的金子，这两种情况对人品的考验比试金石还要灵验；遭遇迫在眉睫的横祸，听到自己人的诬陷，这两种情况对一个人心性的磨炼与考验就像磨玉的金刚砂一样管用。

【评析】

突发的祸事，来自于自己人的攻击，这些的确都是最能考验一个人的，也是最能锻炼一个人的。这个时候，人最需要的就是从容不迫地面对。也许你在这其中吃尽了苦头，但是你也得到了最好的磨炼。

148. 羡达人旷　笑俗士迷

【原文】

笙歌正浓处，便自拂衣长往，羡达人撒手悬崖；更漏已残时，犹然夜行不休，笑俗士沉身苦海。

【注释】

笙歌：奏乐唱歌。拂衣长往：毫不留恋。更漏已残：古代计时将一夜分为五更，漏是古代用来计时的仪器，形容夜已深沉。夜行不休：指应酬繁忙。

【译文】

当轻歌曼舞兴味正浓的时候，能够毫不留恋地拂衣离去，真羡慕这种豁达的人，他们就是手攀住悬崖峭壁时也敢放开；夜深人静的时候，仍然有人在忙碌奔走，这种沉沦人生苦海的俗人真是让人觉得可笑啊。

【评析】

人世苦海，清醒之人能及早抽身，即使歌舞正浓也毫不留恋；而沉迷之人至死不悟，庸庸碌碌昼夜不息却不知所为何事。悬崖撒手、苦海离身，说的是去意坚决、一念成仁，正所谓放下屠刀，立地成佛。

旷达之人能够自在逍遥，是因为他们看透世间人情，自然能够笑看风云；庸碌之人疲于奔命却无快乐可言，是因为他们把一切都看得太重，拿得起，放不下，自然难逃苦海。

149. 人生重结果　种田看收成

【原文】

声妓晚景从良，一世之胭花无碍；贞妇白头失守，半生之清苦俱非。语云："看人只看后半截。"真名言也。

【注释】

声妓：本指古代宫廷和贵族家中的歌舞伎，此处指妓女。从良：古时妓女隶属乐籍（户），被一般人视为贱业，脱离乐户嫁人，就是从良。

【译文】

执壶卖笑的风尘女子，在晚年时如果能嫁人从良，那么她以前放荡淫乱的生活并不会对后来的正常生活构成妨害；反之一个坚守贞操的节妇，如果晚年因为耐不住寂寞而失身的话，那么她半生守寡所受的苦就都白费了。所以俗话说："评定一个人的品行，关键是看他能不能守住晚节。"这真是一句至理名言。

【评析】

俗话说"善始者不如善终"，此话固然是在告诫人们要保全晚节，同时也是在鼓励那些一时犯错的人及时回头。俗话说"浪子回头金不换""放下屠刀立地成佛"，对于有过错的人，只要肯悔改，肯重新做人，世人往往会持宽容的态度。对于那些晚年丧失节操的人，世人对他们往往更为厌恶。

150. 推己及人　方便法门

【原文】

人之际遇，有齐有不齐，而能使己独齐乎？己之情理，有顺有不顺，而能使人皆顺乎？以此相观对治，亦是一方便法门。

【注释】

际遇：机会境遇。齐：相等、相平之意。情理：此处指情绪，也就是精神状态。相观对治：相互对照修正。治指修正。法门：佛教用语，原指修行者入道的门径，今泛指修德、治学或做事的途径。

【译文】

每个人的遭遇各不相同，机运好的得以一展抱负，机运差的则一事无成，在这种情况下，自己又如何能要求特别的待遇呢？每个人的情绪也各有不同，有稳定的时候，也有浮躁的时候，又如何能要求别人事事都配合自己呢？就此道理来对照修正，也是一条方便修行的途径。

【评析】

所谓"人生不如意事十之八九"，事事不可能尽如人意。人生的境遇各不相同，有人拥有财富却健康状况不佳，有人鹣鲽情深却苦无子嗣，有人儿女成群却家境贫困。这不公平吗？其实无所谓公不公平，如果能坦然接受现状，即使一无所有，也不会发出不平之鸣；反之，只看到自己所没有的部分，就会心生不满，怨天尤人。

事实上，上天对每个人都是公平的，人们所追求的健康、财富、名利、地位很难由一个人全部得到。所以，我们应该珍惜自己所拥有的一切，懂得知足，这样才能体会到别人体会不到的幸福。

151. 世态变化无极　万事必须达观

【原文】

人情世态，倏忽万端，不宜认得太真。尧夫云："昔日所云我，而今却是伊，不知今日我，又属后来谁？"人常作如是观，便可解却胸中罥矣。

【注释】

倏忽：一眨眼，极微不足道的时间。尧夫：北宋哲学家邵雍。罥：结，牵挂，牵系。

【译文】

人情的冷暖，世态的炎凉，是变化莫测的，不应该看得太过认真。邵尧夫说："昨天所说的那个我，今天却已经变成了他。不知道今天的我，明天又会变成谁。"人如果能经常这样思考，就可以消除心中的许多牵挂了。

【评析】

人世间什么是永恒不变的？答案是没有！我们不能奢望每天都阳光灿烂，不能奢望生活永远万事如意，那些只是人们的美好愿望。所以，做人不应太执著，太执著就容易钻牛角尖，痛苦是必然的！

生活充满了无数的玄机，随时都有变化的可能。人生要面对太多的不可预知，昨天的我今天却变成了他，不知道今天的我又会变成谁。未来既然无法预知，那又何必非要预知？人生变化无常，但有变化才会有转机！只要心胸开阔了，一切也就随之变淡了，何必自寻烦恼呢？

152. 竞处而复竞时　才是有根学问

【原文】

口里圣贤，心中戈剑，劝人而不劝己，名为挂榜修行；独慎衾影，阴惜分寸，竞处而复竞时，才是有根学问。

【注释】

独慎：个人独处时也小心谨慎，不可有越礼非分的想法。

【译文】

口中说的是圣贤之道，心里却在算计别人，规劝别人却不规劝自己，这是名义上的修行；在心里、在没人的时候检点自己的言行，珍惜分寸光阴，无论何时何地都不松懈，这才是扎扎实实的治学品格。

【评析】

自古以来，言行不一的人总是受到人们的唾弃，但是现在仍有这样的人存在。所以我们一定要防备这样的人，不要被他们的花言巧语所骗。

"独慎衾影，阴惜分寸，竞处而复竞时"，做到这一点，我们才能修得良好人品。

153. 中和为福　偏激为灾

【原文】

躁性者火炽，遇物则焚；寡恩者冰清，逢物必杀；凝滞固执者，如死水腐木，生机已绝。俱难建功业而延福祉。

【注释】

冰清：寒冰一样清冷。凝滞固执：凝滞是停留不动，比喻人的性情古板。固执是顽固不化。

【译文】

性情急躁的人，就如同烈火一般，凡是跟他接触的人都会被他的热情灼伤；性情刻薄而缺乏人情味的人，就如同冰雪一般，任何人和他接触都会遭到残害；性情古板而不能变通的人，就如同死水枯木一般，已经完全没有了生机。这些人都难以建立功业、造福他人。

【评析】

性情暴躁者，往往有勇无谋，喜欢逞强示勇，图一时痛快，总之是有血性无灵性。薄情寡义者，冷静有余，冷酷有加，却不能够爱惜他人、信任他人，久而久之终成孤家寡人。将别人当作一块抹布，用完就甩，是薄情寡义者的主要特征。头脑僵化者，遇事不知灵活变通，不知与时俱进，在错误的方向上越走越远，最终一事无成。性格决定命运。这三种不良性格者，往往自毁而又毁人，当然难建功业而延福祉了。所以，每个人都应该吸取他人性格的优点，这样才能使自己趋于完善。

154. 只畏伪君子　不怕真小人

【原文】

君子而诈善，无异小人之肆恶；君子而改节，不及小人之自新。

【注释】

诈善：虚伪的善行。肆恶：肆是放纵，即恣意作恶。改节：改变过去一贯的美好德行和做人原则。

【译文】

一个道貌岸然的君子如果虚伪行善，他的行径就和恣意为恶的小人没有什么两样；一个君子如果因受到引诱而改变自己所持守的志节，那他就不如一个痛改前非而重新做人的小人了。

【评析】

社会上道貌岸然的伪君子何其多！这些人满口仁义道德，其实心怀鬼胎，利用人们对自己的信任和尊敬来达到自己的目的，其危害程度远甚于肆无忌惮的小人。然而，我们在责备伪君子欺世盗名的同时，是否更应反省一下自身的愚昧无知呢？

155. 君子以勤俭立德　小人以勤俭图利

【原文】

勤者敏于德义，而世人借勤以济其贫；俭者淡于货利，而世人假俭以饰其吝。君子持身之符，反为小人营私之具矣，惜哉！

【注释】

敏：勤奋，努力。货利：财物。

【译文】

勤奋的人应该在努力培养自己的道德和信义上下功夫,可是世俗的人却依靠勤奋来摆脱自己的贫穷;节俭的人应该是把金钱和利益看得很淡泊,可是世俗的人却偏偏假借节俭来掩饰自己的吝啬。勤奋和节俭本来是君子立身处世的标准,却反而成为市井小人用来营私利己的工具。真是可惜啊!

【评析】

有德行的人坚持的原则,却变成某些小人谋取私利的工具,世界上这样的事情有很多。无论是中国还是外国,无论是古代还是当今社会,都不乏这样的例子。曹操表面上尊迎汉献帝,实质上却是为自己打算,"挟天子以令诸侯"。武则天废太子的理由冠冕堂皇,实则是想取而代之自己当皇帝。有些国家打着和平人道的旗号,干涉进攻别国,实则是想获取别国的资源。

勤奋是美德,如果只把勤奋用在为自己谋私利上,这种美德也就大打折扣了。勤奋努力不仅为了自己,也为了社会,这种勤奋才更为可贵。

156. 机动者杯弓蛇影　念息者触处真机

【原文】

机动的,弓影疑为蛇蝎,寝石视为伏虎,此中浑是杀气;念息的,石虎可作海鸥,蛙声可当鼓吹,触处俱见真机。

【注释】

机动:工于心计,狡诈多虑,爱算计别人。弓影疑为蛇蝎:由于心有所疑而过分担心,误把杯中映出的弓影当作蛇蝎。浑:都,全部。念息:心中没有非分的欲望。石虎:十六国时晋后赵武帝,生性残暴,是一位暴君。据《辞海》:"晋后赵主石勒从弟,字季龙,骁勇绝伦,酷虐嗜杀,勒卒,子弘立,以虎为丞相,封魏王,虎旋杀弘自立,称大赵天王,复称帝,徙居邺,赋重役繁,民不堪命,立十五年卒。"

【译文】

好动心机的人,常把杯中看到的弓影当作是蛇蝎,把草间的卧石看成隐藏丛中的老虎，心中到处都是危险的杀机。心气和平的人，可以把凶恶的石虎看作温顺海鸥，把嘈杂的蛙鸣当作和谐的鼓乐，处处都能看到生命的真正机趣。

【评析】

"疑心生暗鬼"，疑心太重的人往往心胸狭隘或者常常心存歹意。因为时时陷害别人的人，总是害怕被别人陷害；常常欺骗别人的人，才会害怕被别人欺骗。其实天下本无事，庸人自扰之。胸怀坦荡的人不会去管身边的恩恩怨怨，志向远大的人也无暇理会琐碎的是是非非。只有心胸狭隘之人才会疑神疑鬼，将简单的人际关系搞得纷繁复杂，自己也身陷其中不可自拔，这又是何苦呢？

专家研究发现，疑心过重，经常算计别人的人其实是非常不快乐的。他们遇事斤斤计较，时常处于焦虑之中，总是能看到事物阴暗灰色的一面，处处担心，事事设防。这样最终使得自己活得并不快乐。放下机心，以开阔的心胸看待事物，坦诚豁达地对待别人，才能够发现生活中的诸多美好。

157. 自得之士　自适之天

【原文】

嗜寂者，观白云幽石而通玄；趋荣者，见清歌妙舞而忘倦。唯自得之士，无喧寂，无荣枯，无往非自适之天。

【注释】

玄：深奥的道理。

【译文】

喜欢安静的人，看到空中的白云和山中的幽石便能进入幽玄之境。追逐荣华富贵的人，面对悦耳的歌声和曼妙的舞姿便会不知疲倦。只有那些自得其乐的高人，无所谓喧闹冷寂，无所谓繁华衰败，无处不是他逍遥自在、怡然自得的天地。

【评析】

出世的人追求的是一种悠然自得的雅趣，凡事都不受任何外物影响，没有喧嚣寂寞的分别，也没有繁荣衰败的差异，他们永远能悠然自适于天地之间。反之，容易受到外界环境的影响，心情随着环境的改变而改变的人，那就不能算是一个真正得道的人。一个人要想修炼成真正了悟人生的豁达之士，内心要既无寂寞，也无喧哗，应该加强心性的修炼，凡事顺其自然就能永远处于逍遥的境界了。

158. 饱谙世味慵开眼　会尽人情只点头

【原文】

饱谙世味，一任覆雨翻云，总慵开眼；会尽人情，随教呼牛唤马，只是点头。

【注释】

谙：熟悉，精通。慵：懒惰。会尽：理解得透彻。

【译文】

饱尝人间酸甜苦辣的人，任凭世事反复、变化无常，总是懒得睁开眼睛看看；看透人情冷暖、世态炎凉的人，随便你像喊牛马一样叫他，他也只管点头称是。

【评析】

尝尽人生百味的人，什么都经历过，覆雨翻云于他而言早已习以为常，睁不睁眼又有什么区别？饱经世间风霜的人，什么荣辱都遭遇过，呼牛唤马对他来说不过是个称呼，随你怎么喊、以什么态度喊他都会点头称是。归结于一条，就是淡然处世，冷眼观世。敬不为荣，唾不为辱，一切不必放在心上。对于一个看得开、放得下的智者而言，你又能拿什么去打动他呢？

我们的灵魂深处其实都住着一个智者，只是我们心中太多的欲望和杂念将他深埋住了，我们只有把心头这些纷繁的东西清理干净，他才会端坐于我们面前，与我们谈笑风生。

159. 鸣其天机　畅其生意

【原文】

人情听莺啼则喜，闻蛙鸣则厌，见花则思培之，遇草则欲去之，俱是以形气用事。若以性天视之，何者非自鸣其天机，非自畅其生意也？

【注释】

形气：形是躯体，气是喜怒哀乐的情绪，都表现于外。性天：天性。生意：指生的意念。

【译文】

按照常情，人们总是听到莺啼就高兴，听到蛙鸣就生厌，见到鲜花就想培植它，看见野草就想拔除掉，这都是根据它们的外表来决定自己的好恶。但如果从天性自然来看，哪一种动物不是在按照自己的天性来鸣叫，哪一种植物不是按照自身的本来面目在展现生机？

【评析】

天生万物各有功用，但人们却按照自己的好恶来对其作出判断。比如，乌鸦未必坏，可人们却不喜欢它，把它和不详的东西联系在一起，而喜鹊未必好，但却受人欢迎，人人都愿意喜鹊登门，因为人们总把喜鹊和美好的东西联系在一起。其实，人们的这种做是有失公允的。

我们对于事物的看法不要太过主观，要用冷静的头脑去观察分析，然后再判断善恶美丑。假如能去私欲存天理，就会明白莺啼蛙鸣是在显示自然的玄机，万物都是根据天地自然之理而生长发育的，我们不可凭主观见解随意区分善恶美丑。待物如此，待人我们更应如此。

160. 盘根错节别利器　贯石饮羽明精诚

【原文】

非盘根错节，何以别攻木之利器？非贯石饮羽，何以明射虎之精诚？非颠沛横逆，何以验操守之坚定？

【注释】

贯石饮羽：箭矢穿透石头，箭羽没入石头。

【译文】

如果不是树木盘根错节，哪里能辨别出伐木工具的锐利呢？如果不是箭矢穿过石头，哪里能明白射虎时的专注呢？如果没有经受颠沛流离、飞来横祸，哪里能检验一个人的操守是否坚定呢？

【评析】

对人品与能力的检验，也如同检验伐木工具一样，要去实践、去逆境中检验。苏武牧羊不正是对此最好的解释吗？如果没有塞外的苦寒岁月，苏武的忠义节操恐怕永远也不会表现出来。常言道："路遥知马力，日久见人心。"因此，我们看人也好，用人也好，都要在实践中检验一下，不能光听口头之言。

汉朝李广夜里看见一块卧石，以为是老虎，就拼尽全力射了一箭，结果箭头射入石头。可见，人的精神意志是可以影响他的行为及其效果的，这就是所谓的"精诚所至，金石为开"。

161. 放下屠刀　立地成佛

【原文】

当怒火欲水正腾沸时，明明知得，又明明犯着。知的是谁？犯的又是谁？此处能猛然转念，邪魔便为真君矣。

【注释】

邪魔：邪恶的魔鬼，指不好的欲念。真君：指仁德的君子。

【译文】

当人怒火上升、欲念翻腾时，往往不能克制自己，明知不对，却偏去违犯。知道这个道理的是谁？明知故犯的又是谁？当此紧要关头如果能转变念头，那么即使是邪恶的魔鬼也会变成仁德的君子。

【评析】

人内心的邪念才是魔鬼，当这股邪魔的力量胜过理智，人又不加以控制的时候，就会做出让自己事后懊悔不已的事。然而，如果能用理智和毅力加以适当控制，就能铲除心中的怒火和欲念，使邪恶的魔鬼变成仁慈的正神。其实"怒火欲求"全在于人的一念之间，内心生起邪念时便是魔鬼，良知映现时便为圣人。

所以古人说："一念之间可以使人成为圣贤，一念之间也可以使人成为盗贼。"因此，我们怎能不戒慎恐惧，好好地修身养性，使自己免于遭受心魔的荼毒呢？

162. 君子之心　雨过天晴

【原文】

霁日青天，倏变为迅雷震电；疾风怒雨，倏转为朗月晴空。气机何尝一毫凝滞？太虚何尝一毫障塞？人之心体亦当如是。

【注释】

霁：雨后转晴。倏：迅速，突然，形容速度非常快。气机：气，指构成天地万物的本质物质。机，使气节变化的本原力量。气机此处指主宰气候变化的大自然。太虚：天空。

【译文】

万里无云的晴空，会突然电闪雷鸣；疾风怒雨的天气，会突然皓月当空、万里无云。可见主宰天气变化的大自然，一刻也没有停止过运行，而天体的运行又何曾发生过丝毫的阻碍？所以人的心性也应该像大自然一样。

【评析】

宇宙中的行星数不胜数，但却能遵循各自的轨道运行不已。既然天循着一定之道，人立身在天地之间，同样也有可以遵循的理法，只要万事顺其自然，便能生生不息。所以《易经》中说"天行健，君子以自强不息"。

163. 过俭者吝啬　过让者卑曲

【原文】

俭，美德也，过则为悭吝，为鄙啬，反伤雅道；让，懿行也，过则为足恭，为曲谨，多出机心。

【注释】

悭吝：小气，吝啬，为富不仁。鄙啬：有钱而舍不得用，斤斤计较。雅道：正确、高尚、美好的为人之道。懿行：美好的行为举止。足恭：为了讨好别人而作出恭敬之态。曲谨：指把谨慎细心专用在微小地方，有假装谦恭的意思。机心：狡猾诡诈的用心。

【译文】

俭朴本是一种美德，但如果太过俭朴就会变成为富不仁，斤斤计较的守财奴，反而会伤害到和朋友之间的感情；谦让本来也是一种美德，但如果太过谦让了就会变成卑躬屈膝、处处谨慎小心的人，反而会让人有好用心机的感觉。

【评析】

古有明训："君子以勤俭立德。"又说："俭者心常富。"由此可知，

"节俭"自古以来就被视为美德，更是君子立身处世的原则。不过，君子的俭朴是合理的节用，并非贪而不舍。

换言之，君子对于财富名利看得很淡，所以可以崇俭养廉。但世人的节俭往往变成吝啬，是不舍得钱财，而对人对己百般刻薄，将钱与人的关系倒置，这不叫节俭叫守财奴。另外，谦让也是美德，但过分谦让了就变成卑躬屈膝，反而使人有虚伪和暗藏心机之感。所以孔子才会这样说："巧言、令色、足恭，左丘明耻也，丘亦耻也。"可见，做人做事必须坚守中庸之道，否则过犹不及。

164. 量宽福厚　器小禄薄

【原文】

仁人心地宽舒，便福厚而庆长，事事成个宽舒气象；鄙夫念头迫促，便禄薄而泽短，事事得个迫促规模。

【注释】

福厚而庆长：福厚是福禄丰厚，庆长是福禄绵长。鄙夫：鄙陋之人，志识浅陋的人。迫促：急迫，紧促。

【译文】

仁慈博爱的人心胸宽阔，所以能够福禄丰厚而且悠长，对任何事都表现出宽宏大度的气魄；浅薄无知的人心胸狭窄，所以福禄微薄而且短浅，对任何事都只顾眼前、没有长久的谋划。

【评析】

常言道"傻人有傻福"，"傻人"的心地憨直、性情纯真。反之，狡诈的小人好用心机，凡事只讲利益不顾道义，为达目的不择手段、斤斤计较、损人利己。在现实社会中，比起善于钻营的小人，"傻人"总是任劳任怨，抱定吃亏是福的信念，但求尽其本分地做事，不计个人得失。

或许小人能成功于一时，但因为他们凡事都只顾眼前而不计后果，所以得到的利禄往往是短暂的，转瞬即逝。而"傻人"即使没有建立伟大功业，但活得心安理得、踏实快乐，福泽也绵长。

165. 慈悲之心　生生之机

【原文】

为鼠常留饭，怜蛾纱罩灯，古人此等念头，是吾人一点生生之机。无此，便所谓土木形骸而已。

【注释】

生生之机：生生是繁衍不绝，机是契机。生生之机是指使万物生长的意念。土木形骸：土木是指泥土和树木等只有躯壳而无灵魂的事物，形骸是指人的躯体。

【译文】

为了不让老鼠饿死而经常留一点剩饭，因为担心飞蛾扑火而用纱把灯罩起来。古人这样的想法，正是我们人类得以生生不息的契机。如果没有这种心怀，人也就和泥土、树木没有什么区别了。

【评析】

心存善念是人类和万物得以生生不息的契机。为老鼠留饭，为飞蛾罩灯，古人对动物尚且如此，何况今人乎？做人是要有一点慈悲心的，如果人人都铁石心肠，那么我们的世界就会像寒冷荒芜的沙漠，生存也将失去意义。"为鼠常留饭，怜蛾纱罩灯"，未必是真的让人给老鼠留饭，也不是让人不去点灯，而是告诉人们为人处世要怀有一颗同情弱者的慈悲之心。无论是待人接物还是治家睦邻，有一点慈悲，将会使人如沐春风，通体舒畅。人人都有一颗柔软的心，只不过在尘世的严寒下结上了坚冰，而我们要相信——爱就是让坚冰融化的阳光！

166. 勿为欲情所系　便与本体相合

【原文】

心体便是天体。一念之喜，景星庆云；一念之怒，震雷暴雨；一念之慈，和风甘露；一念之严，烈日秋霜。何者少得，只要随起随灭，廓然无碍，便与太虚同体。

【注释】

心体：人的内心世界。天体：天空中星辰的总称，可解释成天心或宇宙精神的本原。景星：代表祥瑞的星名。庆云：又名卿云或景云，象征祥瑞的云层。据《汉书·礼乐志》："甘露降，庆云出。"甘露：清甜的水，多指洁净的细雨和露水。廓然：广大。太虚：泛称天地。

【译文】

人的身心是和自然宇宙相同的本体，一个喜悦的念头闪过时，就好像天空出现了吉星祥云；一个愤怒的念头出现时，就好像是突然来了一场雷霆疾雨；一个慈悲的念头浮出时，就好像是滋润万物的和风细雨；一个严酷的念头划过时，就好像烈日灼人寒霜打叶。哪一种情绪少得了呢？但只要人的心体变化也像自然变化那样，随起随灭，保持清净，辽阔而没有阻碍，这样人的心体就能与天地融为一体了。

【评析】

人与自然相通，自然界的变化与人身心变化有相类似的地方。人有喜怒哀乐的情感，大自然有风云雷电的变化。人类的生活离不开自然界，自然界的变化对人类的生活会产生或多或少的影响。

老子说"人法地，地法天，天法道，道法自然"，人与自然既有相通之处，人心当如自然，宽容豁达，无所不包。喜怒哀乐，随起随灭，不在心中滞留。

167. 造化唤作小儿　天地原为大块

【原文】

造化唤作小儿，切莫受渠戏弄；天地原为大块，须要任我炉锤。

【注释】

渠：他。大块：大地，大自然。

【译文】

命运就像一个调皮的孩子，千万不要被他戏弄；天地原本是自然的场所，一切都要由我们自己来把握和创造。

【评析】

有的时候，命运的确像一个调皮的孩子那样难以琢磨，但我们要争取自己把握自己的命运，而不是屈服于命运。

168. 趋炎附势　人情之常

【原文】

饥则附，饱则扬，燠则趋，寒则弃，人情通患也。

【注释】

燠：温暖，此形容富贵人家。

【译文】

饥饿贫困时就去投靠人家，丰衣足食后便扬长而去，看到人家有权有势就去巴结逢迎，遇到人家落魄贫寒便厌弃不顾，这是一般人都会有的通病。

【评析】

"贫居闹市无人问，富在深山有远亲"，嫌贫爱富、趋炎附势，人之常情，世之通病，古今都是如此。其实这也怨不得世人，背靠大树好乘凉，树倒自然猢狲散，都是本性使然。所以古人有"一贫一富乃知交态，一贵一贱交情乃见"的感慨。这样的事例太多了。但这并不说明人们对此的认可。因为金钱利益驱动下的人际关系很难有真情流露，与人的情感需求是相悖的。所以，我们在人际交往中要尽量克服这种通病，真诚待人，与人为善。

169. 吾身小天地　天地大父母

【原文】

吾身一小天地也，使喜怒不愆，好恶有则，便是燮理的功夫；天地一大父母也，使民无怨咨，物无氛疹，亦是敦睦的气象。

【注释】

愆：过失、错误。燮理：调和、调理。怨咨：怨恨、叹息。氛：古代迷信说法，指预示吉凶的云气，多指凶气。疹：疾病。敦睦：亲善和睦。

【译文】

我们的身体就像是一个小世界，假如能够做到让自己的喜怒不超出一定范围，好恶遵守一定的法则，便是做人的一种协和调理的本领。自然界就像是人类一个更大父母，假如能够使黎民没有怨恨和慨叹，使万物没有疾病与灾害，就能够呈现出一片祥瑞和睦的景象。

【评析】

佛曰："一花一世界，一树一菩提。"人也是一样，天人本为一体，一个人同样是一个小天地。喜怒哀乐如同风雨雷电，为人处世无论举止言辞、情感观念都要有一个准则，不愈矩、不失范，方能风调雨顺。人的喜怒哀乐如同自然界的四季更替也呈规律性的变化，不能调节自己的情绪，于人于己都不是好事。喜怒无常的人是可怕的，因为他们充满了不稳定的因子，人们无法摸清他们的脾气，只有敬而远之。这样的人会因为不能自控常常处于"急风暴雨"之中，不仅会因此伤害到别人，把自己的人际关系搞得一团糟，还会影响事业的发展，对自己的身心健康更没有什么好处。只有随时能调节自己心态的人才能保持心境平和、心情舒畅。

170. 善人和气　凶人杀机

【原文】

　　善人无论作用安详，即梦寐神魂，无非和气；凶人无论行事狠戾，即声音笑语，浑是杀机。

【注释】

　　善人：心地善良的人。无论：不用说。作用安详：言行从容不迫。梦寐：睡梦，梦中。戾：乖张，残暴。声音笑语：言谈说笑。浑是杀机：言谈间流露出害人的迹象。

【译文】

　　善良的人言谈举止都表现得很安详，即使在睡梦之中，神态上也都是平和之气；凶残的人做事为人都透出狠毒暴戾，即使在欢声笑语之中，也充满了阴森的杀气。

【评析】

　　善良与邪恶都是一种内在的气质，它是由内而外散发出来的，装是装不像。一个内心邪恶的人，无论外表表现得多么憨厚纯朴、楚楚可怜，也掩饰不了从心底散发出来的杀气。狼的身上无论披上多么洁白的羊皮，也无法掩藏眼中凶残的寒光。魔鬼的身上长不出天使的翅膀。想提升自己的外在气质，必先改变自己的内心。人是一个有机的整体，外在言行都是心的外现，想要有一个和善的外表，就必须有一颗和善的心灵，离恶向善才是为人处世的至理。

171. 天机最神　智巧何益

【原文】

　　贞士无心徼福，天即就无心处牖其衷；憸人着意避祸，天即就着意中夺其魄。可见天之机权最神，人之智巧何益？

【注释】

贞士：指志节坚定的人。徼：同邀，作祈求解。牖：本意为窗户，引申为诱导、启发。憸人：憸，邪妄。憸人就是行为不正的小人。机权：机是灵巧，权是变通。机权是灵活变化。

【译文】

一个志节坚贞的人，虽然并不刻意求得福祉，可是上天却在他无心之间引导他达成心愿；一个行为不正的人，虽然用尽心机逃避灾祸，可是上天却在他处心积虑避祸的同时剥夺他的精神气力，使他蒙受灾难。由此可知，天地气运的变化极其奥妙，实非人类平凡无奇的智慧所能及。

【评析】

常言道"生死由命，富贵在天"，如果一个人的福分、富贵能由祈祷得到，那人们何须认真生活、努力工作？难道成天祈神降福，就能拥有幸福了吗？

有这样一则故事：有位少年喜欢骑快车，只要他一出门，他的母亲便开始担心，怕他发生意外。为求安心，母亲便到庙里祈求庇佑，并请求神明保佑自己的儿子，求得圣允后，便放心地回了家，心想再也不必担忧儿子的安全了。孰知没过几天，她便接到电话通知，说她儿子因车速过快发生意外，已经身亡了。伤心难过的母亲无法接受事实，更不能理解明明神佛都已答应庇佑儿子了，为什么还是发生意外？

心有不甘的母亲便来到庙里兴师问罪，得到的答案是：神佛的确也想尽心保佑少年，但少年的车速实在太快了，根本追不上。由此可见，尽管有神佛庇护，但本身若仍恣意妄为，依旧无法获得福分的眷顾。

172. 晴空可翔　莫学飞蛾

【原文】

晴空朗月，何天不可翱翔，而飞蛾独投夜烛；清泉绿果，何物不可饮啄，而鸱鸮偏嗜腐鼠。噫！世之不为飞蛾鸱鸮者，几何人哉？

【注释】

鸱枭：即猫头鹰。

【译文】

晴朗的夜空，皎洁的明月，到处都可以飞翔，而飞蛾偏偏要扑向黑夜的烛火；清澈的山泉，鲜绿的野果，什么东西不能吃，而猫头鹰偏喜欢吃腐烂的老鼠。唉！人世间不做飞蛾、猫头鹰的又有几个人呢？

【评析】

光明的东西很多，而飞蛾偏要独投夜烛自取灭亡；人间美味更多，而鸱枭却贪食腐鼠。其实人类自身又何尝不是如此？正所谓"天作孽犹可恕，自作孽不可活。"人的许多痛苦往往不是命运的安排，而是自己找的。许多人无法抵御各种诱惑，其实他们很清楚贪得无厌的祸患，只是身陷其中不能自拔，也不想自拔。他们纵容自己的欲望，明知苦海却不回头，任自己在其中沉沦，真是可悲可叹啊！

173. 喜忧相生　顺逆一视

【原文】

子生而母危，镪积而盗窥，何喜非忧也？贫可以节用，病可以保身，何忧非喜也？故达人当顺逆一视，而欣戚两忘。

【注释】

镪：古时穿钱的绳子，引申为成串的铜钱，此处作金银的代称。戚：忧伤。

【译文】

孩子的出生会给母亲带来生命危险，财物的聚集会导致盗贼的窥视，这样看来，什么喜事不是伴随着忧患呢？贫穷能够使人懂得节俭，疾病可以使人学会养生，如此看来，什么忧患不能带来可喜之处呢？所以，通达的人对待顺境与逆境应该一视同仁，把快乐和悲伤一起忘记。

【评析】

　　福兮祸所伏，祸兮福所倚。中国人很早就会用冷静辩证的观点看问题。事物是可以相互转化的。在一定条件下，福可以转为祸，忧可能转为喜。塞翁失马，焉知非福？作为一个通达的人，塞翁失马而不忧，得马而不喜，子坠马身残而不急，正是因为他懂得这个道理，才能心气和平，全家无忧。

　　顺境和逆境也是辩证的，人们在面对失败时没有必要垂头丧气，也许成功就在不远的前方。在面对成功时也大可不必得意忘形，青云直上的天梯难免有一脚踩空的时候。"顺逆一视""不以物喜，不以己悲"，才能做一个洒脱自在的人。

174. 拖泥带水之累，病根在一恋字

【原文】

　　拖泥带水之累，病根在一"恋"字；随方逐圆之妙，便宜在一"耐"字。

【注释】

　　拖泥带水：牵挂多，世俗贪念不绝。

【译文】

　　世俗的贪念不断而导致俗务缠身，原因就是难以舍弃对尘俗的贪恋；遇方则方、遇圆则圆的处世之道的绝妙，就是善于忍耐。

【评析】

　　自古以来，一个"耐"字成就了许多丰功伟业，造就了许多英雄豪杰。卧薪尝胆的故事就是一个很好的例证。

　　"卧薪尝胆"是家喻户晓的典故。春秋时期越王勾践被吴王夫差打败后，力图雪耻，激励自己，在屋内悬一苦胆，出入、坐卧都要尝尝，以不忘受辱之苦。睡觉时不用床铺和被褥，睡在木柴上面，以不忘亡国之痛。经过这样多年的磨砺，勾践终于使越国强盛起来，打败了吴国。

我们要实现理想，也要学会忍耐，这样才能有所成就。

175. 世事如宴席　劝君早回头

【原文】

宾朋云集，剧饮淋漓，乐矣，俄而漏尽烛残，香销茗冷，不觉反成呕咽，令人索然无味。天下事，率类此，奈何不早回头也？

【注释】

剧饮：大量饮酒。

【译文】

宾客朋友欢聚一堂，酣畅淋漓地豪饮狂欢，多么高兴啊，可是没过多久，夜深烛灭，香尽茶冷，反而让人不知不觉地黯然神伤，感到这一切都索然无味了。天下的事，大多与此相似，无奈的是人们总是不能及早回头。

【评析】

天下无不散之宴席，欢聚一堂的快乐终归要被人去茶凉的现实所取代。人生的悲欢离合如花开花谢，花开时一树繁华，花落时满目凄凉。人生的福祸转换又有几个人能真正看得穿呢？世间冷暖、玄机反复，谁又能解其中滋味？今日座上宾，明日阶下囚；今日威风八面，明日落魄凄惨。

乐极终生悲，适可而止是一条原则，若是能及早抽身，更是明智之举。与其在索然无味中呕咽，不如在笙歌正浓时离去，反而能留几许美好的回忆，更显智慧与洒脱！

176. 良药苦口　忠言逆耳

【原文】

耳中常闻逆耳之言，心中常有拂心之事，才是进德修行的砥石。若言言悦耳，事事快心，便把此生埋在鸩毒中矣。

【注释】

拂心：不顺心。砥石：质地很细的磨刀石。

【译文】

耳中能经常听到一些不顺耳的话，心中能经常想些不顺心的事，这才是修身养性、磨砺身心的根本。如果听到的每句话都令人高兴，遇到的每件事都称心如意，那就等于把自己的一生浸泡在毒酒中了。

【评析】

常言有云：良药苦口利于病，忠言逆耳利于行。身为芸芸众生中的一分子，只有在不断纠正自己的错误中才能让自己的心性日臻完善。

逆耳忠言就像苦口的良药，它能矫正偏差的言行，使人的品德更趋完美。忠实的良言千金难求，但能欣然接受的人却不多。因为每个人都希望得到肯定，而忠告之言却让人有被否定的感觉，所以人们一向不乐意听。

同时，人们也祈求诸事顺利，希望所有不顺心的事都别让自己碰上。殊不知逆言和逆境正是锤炼心志的良方，它们能激发人们的斗志，让人不断地完善自我；反之，如果一切顺遂，则容易令人耽于安逸、不思奋进，结果无异于自毁一生。

177. 乐心在苦处　苦尽方甘来

【原文】

世人以心肯处为乐，却被乐心引在苦处；达士以心拂处为乐，终为苦心换得乐来。

【注释】

心肯：肯是可的意思，引申为顺，心肯是心愿满足。心拂：拂是违背，心中遭遇横逆事物。

【译文】

世俗之人以自己的愿望得以满足为快乐，然而却被寻找快乐的心带到了痛苦之中；达观之人能够以不如意的事为快乐，最终一片苦心换来了真正的快乐。

【评析】

耽于享乐的人，常常会被那颗贪图享乐的心带入痛苦的无底深渊，有些使你感到愉快的事却常常会毁了你。乐极生悲的事情总是发生在歌舞正浓处，"渔阳鼙鼓动地来，惊破霓裳羽衣曲"，快乐成了灾难的根源，那快乐本身还有什么意义？"宝剑锋从磨砺出，梅花香自苦寒来。"不幸，对于弱者是无底深渊，但却是天才的晋身之阶。能在苦中作乐的人，才能苦尽而甘来，享受成功的喜悦。风雨彩虹，美好的东西如果来得太容易，其价值就会打折扣，成功和快乐也是如此。

178. 以失意之思　制得意之念

【原文】

自老视少，可以消奔驰角逐之心；自瘁视荣，可以绝纷华靡丽之念。

【注释】

瘁：毁败。靡丽：近乎糜烂的奢华艳丽。

【译文】

人如果能以老人的目光来审视少年时的抱负，就可以打消争强好胜、不停奔忙的心思；人如果能从没落世家的角度去看待奢侈的生活，就可以断绝追求荣华富贵的念头了。

【评析】

世人如果能够合理控制自己的欲望，凡事不争强好胜，人生不如意之事就能减少许多。世上的事往往相伴而行，诚如老子所说"祸兮，福之所倚，福兮，祸之所伏"，利害得失往往是一体两面的，可以说有一利必有一害，有一得必有一失。你费尽毕生精力所得到的，也许比你失去的要多得多。人为何一定要到行将入木或凄凉冷落之时，才会幡然醒悟？

　　人生几何？如果只是一味追名逐利，只不过是在浪费自己的生命，实在愚不可及，应该树立豁达的人生观，对一切泰然处之，这样才能拥有快乐的人生。

179. 过而不留　空而不著

【原文】

　　耳根似飙谷投响，过而不留，则是非俱谢；心境如月池浸色，空而不著，则物我两忘。

【注释】

　　耳根：佛家语，佛家以眼、耳、鼻、舌、身、意为六根，耳根为六根之一。飙谷：飙，是自下至上的风暴。飙谷是大风吹过山谷。月池浸色：月亮在水中的倒影所映出的月色。

【译文】

　　耳朵听东西如果像狂风吹过山谷造成巨响那样，过后就什么也不会留下，那么人间的是非黑白都会消失；心境如果像月光倒映在水中，空无一物不着痕迹，那么就能达到物我两忘的境界。

【评析】

　　空谷狂风虽然响彻天地，但是会转瞬即逝，人的耳根也应该像它一样听过就忘，才会省去许多是是非非。而人的心境如果能像月光倒映在水中那样，不着痕迹，就能达到物我两忘的境界了。

　　所谓"事关心则乱"，如果能把与自己有关的事也看轻、看淡，就能冷静理智，成为一个智者而超出凡尘。无私无我、无欲无求才能达到人生的至高境界。

180. 临崖勒马　起死回生

【原文】

　　念头起处，才觉向欲路上去，便挽从理路上来。一起便觉，一觉便转，此是转祸为福、起死回生的关头，切莫轻易放过。

【注释】

　　挽：拉。

【译文】

　　当心中浮起邪念之际，如果发现这种邪念有走向私欲之路的可能，就要赶紧用理智将它拉回正道。只要坏的念头一起就立刻警觉，一有所警觉就设法挽救，这才是转祸为福、起死回生的关键，千万不能轻易放过。

【评析】

　　常言道"一失足成千古恨"，人生在世，总会有非常关键的时候，总要面对至关重要的选择。如果没有把握住机会，不能做出正确的选择，那么很可能就会铸成大错，遗恨终生。因此，我们在面对抉择时，一定要慎而又慎，切不可草率行事。

　　那么，我们如何才能避免轻率与不理智，使自己将来不后悔呢？这就需要我们提升自控力，无论做什么事情都要仔细思考，想一想自己的念头想法是不是合理，是不是邪念欲念，如果是通向欲望之路的念头，那就一定要消除。凡事三思，谨慎决定，时刻提醒自己保持理智，在说话做事之前，多想想可能造成的后果，许多憾事也许就不会发生了。

181. 功名一时　气节千载

【原文】

　　事业文章随身销毁，而精神万古如新；功名富贵逐世转移，而气节千载一日。君子信不以彼易此也。

【注释】

逐世：随着时代转换。气节：指人的品格、志气。千载一日：千年有如一日，比喻永恒不变。

【译文】

事业与文章再怎么伟大精妙，都会随着人的死亡而消失，只有圣人君子的精神，虽历经万代也不会磨灭；而功名利禄和荣华富贵，也会随着时代的变化而转移，只有忠臣义士的意气节操永恒不变。所以，真正的君子不会用一时的功名来换取永恒的精神气节。

【评析】

人人皆知富贵如浮云，但总超脱不了功名利禄的诱惑，一辈子为此汲汲营营。然而，不管一个人拥有多少财富、握有多大权势，在咽下最后一口气之前，就算再怎么不舍、再怎么不甘心，也无法带走一分一毫，甚至在死亡之后，生前的财富、权势随即移转他人。

试问，谁能清楚记得历代坐拥富贵者的名字呢？如果要问对历史人物的印象，人们会说岳飞精忠报国、文天祥正气长存、史可法高风亮节……那么历史上富贵显赫的代表人物有哪些呢？除了想到红顶商人胡雪岩外，可得再费心思去查阅资料了。

由此可见，一时的功名易磨灭，唯有精神气节能永恒长存。

182. 自然造化之妙　智巧所不能及

【原文】

鱼网之设，鸿则罹其中；螳螂之贪，雀又乘其后。机里藏机，变外生变，智巧何足恃哉！

【注释】

鸿：天鹅。罹：遭，碰上。螳螂之贪，雀又乘其后：比喻人只见到眼前的利益而忽略了背后的灾祸，据《说苑·正练》篇："园中有树，其上有蝉，蝉高居悲鸣饮露，不知螳螂在其后也，螳螂委身曲欲取蝉，而不知黄雀在其旁也。"

【译文】

张网原是用来捕鱼，不料鸿雁却陷落其中；螳螂一心想吃掉眼前的蝉，不料黄雀已伺机其后。所谓玄机之中另有玄机，一变之外再生一变，人类的智慧和计谋又怎么能靠得住呢？

【评析】

常言道"谋事在人，成事在天"，《三国演义》里记载：孔明知道自己命在旦夕，为争取更多时间辅助后主完成复国大事，便施用祈禳之法以求延寿。孔明设帐祈禳北斗，帐外安排甲士四十九人环帐护法，只要七日内主灯不灭即可增寿十二年，岂料在第六夜时，却被来报军情的魏延莽撞踢倒主灯。姑且不论此事的真伪，但可以确知，就算人类的智慧再高妙、谋略再周全，仍旧还是不能穷究天机。

183. 执著是苦海　解脱是仙乡

【原文】

山林是胜地，一营恋便成市朝；书画是雅事，一贪痴便成商贾。盖心无染著，欲境是仙都；心有系恋，乐境成苦海矣。

【注释】

营恋：营当迷惑解。恋，留恋。胜地：风景宜人的地方。市朝：市是交易场所，朝是君臣谋划政事之处。此处有庸俗喧嚣之意。欲境：物欲横流的人世间。

【译文】

山川林泉是风景秀丽的地方，可是一旦沉迷留恋就变成了庸俗喧扰的闹市；书法绘画是一种高雅的趣味，可是一旦贪爱痴迷就成了市侩之物。所以，只要心地不受外物的浸染，即使置身物欲横流之所也如同身处仙乡，如果内心有了系恋，即使处在乐土之中也有如置身苦海。

【评析】

再高雅的事物，一旦沉迷留恋就会变成庸俗不堪的俗物！但并非是事物的本身由雅变俗，完全是因为人对事物的用心产生变化所致。诚如文中指出山林胜地变市朝、书画雅事成商贾之例，有句话适用于某些名胜之地："只要顺着垃圾走，就能找到出口。"虽极尽讽刺，但也印证了山林胜地变市朝之说。再者，书法绘画原本是高雅的趣味，然而当某一名家之作成为人们谋利的商品后，就变成俗物了。

所以说，雅俗之别完全出于人心的反应。此外，苦乐的差别也不在于环境本身，而是出自人对事物所产生的感受——如果人心系恋外物，则乐境成苦海；若不受外物所浸染，则即使置身花花世界，也犹如在仙境。

总之，雅俗、苦乐都系乎于一心。

184. 得好休时便好休　如不休时终无休

【原文】

人肯当下休，便当下了。若要寻个歇处，则婚嫁虽完，事亦不少；僧道虽好，心亦不了。前人云："如今休去便休去，若觅了时无了时。"见之卓矣。

【注释】

卓：卓越，高远。

【译文】

人如果愿意就此罢休，就应该立即作个了断。如果非要找个合适的罢休时机，那么就像男婚女嫁一样，虽然婚事办完了，以后的事情依然还会有很多。和尚道士虽然获得了清静，但是内心仍然还有许多牵挂。古人说："现在如果能罢休就赶快罢休，如果想找到一个了断的机会再结束，那就永远没有结束的时候。"这见解真是高明啊。

【评析】

　　决断和放弃是一个人从容处世所必备的。俗话说"当断不断，反受其乱"。事情拖得越久，处理起来就越棘手，而且会带来许多不必要的困扰。人要学会放弃，有时候放弃也是一种美德。当放则放，不要有所顾虑，也不要心存不舍，更不要寻找借口。事情永远没有做完的时候，想找一个合适的时机又谈何容易，更何况明日复明日，明日何其多。其实只要想得开，现在就是最好的时机，想得越多、拖得越久，损失就会越严重。

　　生活中的许多事如同鸡肋，食而无肉，弃之又觉可惜。反正最后都是要丢掉的，干吗非要把它放得腐臭之后才肯扔呢？或许是为了得到一种心理平衡吧，但这种平衡的代价却是要忍受腐朽刺鼻的恶臭，何必呢？

185. 烦恼由我起　嗜好自心生

【原文】

　　世人只缘认得我字太真，故多种种嗜好，种种烦恼。前人云："不复知有我，安知物为贵？"又云："知身不是我，烦恼更何侵？"真破的之言也。

【注释】

　　烦恼：佛家语，原指阻碍菩提正觉的一切欲情。破的：本指箭射中目标，喻说话恰当。

【译文】

　　因为世间的人把自己看得太重要了，所以才有了那么多的嗜好和那么多的烦恼。古人说："如果连自己的存在都感觉不到，又怎么会知道外物是不是珍贵的呢？"又说："如果知道就连身体都不是属于自己的，那么烦恼又怎么可能伤害到我呢？"这真是一句切中要害的话啊。

【评析】

　　"未曾生我谁是我，生我之时我是谁？长大成人方是我，合眼朦胧又是谁？"佛语如是说。

既然连自己是谁都不知道，那么对那个"我"字还需要如此看重吗？世间之人就是把自己看得太重要了才会徒增许多烦恼。地球离开谁都能转动，我们不是太阳！如果世人懂得了自己并非那么重要，那么那些身外之物又何足挂齿？况且这些身外之物根本生不带来、死不带去，又何必苦苦留恋，不肯放手呢？人生一副臭皮囊，烦恼如果装得太多，就会将快乐挤掉。只有无"我"才能无私，无私方能无欲，无欲才会无求，无求就会无忧。

人生苦短，能来世间走一趟已是幸事，不要因为只顾关注自己而错过眼前的好景致！

186. 来去自如　融通自在

【原文】

身如不系之舟，一任流行坎止；心似既灰之木，何妨刀割香涂。

【注释】

不系之舟：指不用绳索缚住的船，比喻自由自在。语出《庄子·列御寇》篇："巧者劳而智者忧，无能者无所求，饱食而遨游，泛若不系之舟，虚而遨游者也。"既灰：即将被烧成灰。

【译文】

身体应该像没有系缆的小船，任凭它去漂流或者停止；心灵也要像即将烧成灰烬的木头，刀割或者涂香又有什么关系呢？

【评析】

"不系之舟"自由自在，行止都不用理会；"既灰之木"无欲无求，宠辱都不会心惊。这种境界着实令人羡慕！但是，现实之中人们身处大千世界，需要生存生活，不可能像不系之舟和既灰之木那样超凡脱俗。因此，世人时刻都在忙碌奔波，然而奔忙的结果是"不如意事常八九"，想要解脱却不得解脱，陷入欲罢不能的沼泽。

其实，超脱是一种人生态度，未必一定要人们抛开世俗生活。只要能使心灵不受名利驱遣，那么身体就可以来去自由。若能看破世情，就能做到身在事中而心在事外，不受外界的干扰而保持平和的心态。如此一来，来去自如、自由自在的生活便离我们不远了。

187. 身放闲处　心在静中

【原文】

此身常放在闲处，荣辱得失谁能差遣我？此心常安在静中，是非利害谁能瞒昧我？

【注释】

瞒昧：隐瞒实情。

【译文】

如果让身体常处在悠闲的地方，世俗的荣辱得失如何能够驱使我？如果让心灵常处于冷静的状态，世间的是非利害又如何能够欺瞒我？

【评析】

人若能远离名利之场，不去竞逐繁华，那么也就谈不上什么荣辱得失，更不用说被利益所驱遣了。"无为"也是人生的一种境界，为了蝇头小利拼个你死我活又是何苦呢？人的心灵在宁静的时候，心胸就会变得开阔，心思就会变得通透。因此，常使心灵保持在冷静的状态，世事的是非曲直、利害得失就都能够了然于心。浮躁之中是不能够洞察一切的。如同池中之水只有等到风平浪静、纤尘不染之时，才会变得通透澄澈，水中之物，水面之影才能一目了然。只有抛开了功名之心、世俗之念，让身心远离尘世的嘈杂与诱惑，宁静的心境才会出现。

188. 善根暗长　恶损潜消

【原文】

为善不见其益，如草里冬瓜，自应暗长；为恶不见其损，如庭前春雪，当必潜消。

【译文】

做好事从表面上看似乎得不到什么好处,但就像生长在草里的冬瓜,会在不知不觉中长大;做坏事从表面上看好像对自己没有什么损失,但就像春天庭院里的积雪,必然会悄悄地减损消融。

【评析】

现代人并不热衷于行善,因为做善事在短期内看不出对自己有什么好处,甚至有时还会伤害到自身的利益。有时候做些坏事,不仅看不出对自己有什么损失,还可以从中得利。但是,事情往往不像我们想象的那么简单,表面的东西最容易欺骗人的双眼。积沙成塔,集腋成裘,不论行善行恶,皆由平时点滴积累而成。做一件善事不能算善人,做一件坏事也不能算坏人,但积累到一定程度,由量变达到质变,那就见着得报应了。佛家说:"善有善报,恶有恶报,不是不报,时候未到。"这句话所表明的也是这个道理,善与恶有时不是马上可以见到结果的,但多行不义必自毙却是不争的事实。

189. 人生一傀儡　自控便超然

【原文】

人生原是一傀儡,只要根蒂在手,一线不乱,卷舒自由,行止在我,一毫不受他人提掇,便超出此场中矣。

【注释】

傀儡:一种木头做的假人,由真人躲在幕后用线来操纵其动作。提掇:牵引上下。

【译文】

人生本身就是一场傀儡戏,只要我们始终都把牵动傀儡的线索掌握在自己手中,不让任何一根线混乱,收卷舒放自在随心,行动静止都由自己决定,丝毫不受他人控制，那么我们就可以超越这个戏剧舞台了。

【评析】

　　人们总是在哀叹世事无常、造化弄人，却没有想过为什么自己无法掌握自身的命运。孩提时，我们没有生存的能力，于是只好把命运交给自己的父母；长大后，我们又经受不住利益的诱惑，在从别人那里获得利益的同时，却没发现背后那条线是掌握在别人手中的。于是我们身上的线越来越多，来自家庭、婚姻、社会，各种各样的线牵动着我们，使我们身不由己又欲罢不能。

　　若想不受摆布，就要做到无欲无求，拒绝诱惑，端正自己心灵的天平，这样才能将握在别人手中的线斩断，控制权才会回到你的手中。自己的人生舞台要由自己来布置，精彩才是属于自己的。

求学悟道 篇

1. 难处做功夫　苦中得学问

【原文】

功夫自难处做去，如逆风鼓棹，才是一段真精神；学问自苦中得来，似披沙获金，才是一个真消息。

【注释】

棹：泛指船桨。披：拨开。消息：指学问。

【译文】

练功夫要从难处练起，就好像逆风划船，这才是真正的武术精神所在；做学问要可以吃苦，就好像在沙子里淘金，才能得到真正的学问。

【评析】

古语有云："宝剑锋从磨砺出，梅花香自苦寒来。"宝剑的锐利刀锋是从不断的磨砺中得到的，梅花飘香因为它经过了寒冷冬季的考验。人无论从事哪个行业，要想在某个领域有所成就，都需要有吃苦耐劳的精神。

2. 堵塞物欲路　放下尘俗肩

【原文】

塞得物欲之路，才堪辟道义之门；弛得尘俗之肩，方可挑圣贤之担。

【注释】

堪：可以，能够。辟：开辟。驰：放下。肩：此处指负担。

【译文】

只有堵塞住追求物欲的道路，才能够开辟通往真理的大门；只有放下尘世的种种负担，才能够担起圣贤的重任。

【评析】

物欲享受往往是人们寻求真理路上的重重障碍，如果不能彻底消除对物质享受的欲望，那么就无法求得学问、获得真知。我们要想实现自己的人生目标，最终有所作为，就需要克制自己的欲望。只有那些超脱凡俗，不被利欲羁绊的人，才能担起重大的责任。

3. 富贵名誉　自道德来

【原文】

富贵名誉，自道德来者，如山林中花，自是舒徐繁衍；自功业来者，如盆槛中花，便有迁徙兴废；若以权力得者，如瓶钵中花，其根不植，其萎可立而待矣。

【注释】

舒徐：从容自然。槛：栅栏。迁徙：转移生存环境。

【译文】

一个人的富贵名声，如果是从道德修养中得来，就有如生长在大自然中的花草一般，会逐渐繁衍，绵延不绝；如果是从建功立业中得来，就有如栽种在木盆中的花，会因生长环境的变化而随之枯荣；如果是以权势力量得来，就有如插在花瓶中的花，因为没有根基，很快便会凋谢枯萎。

【评析】

本文就富贵名誉得来方式之不同作比较，指出由道德修养中累积而来的会绵延不绝，从建功立业中得来的会随着环境的变化而变化，以权势力量得来的则很快便会凋零。一分耕耘，一分收获，无根的花是经不起日晒风吹和时光考验的。

常言道"罗马不是一天建成的"，其实不单是富贵名誉，做任何事情也都必须稳扎稳打，打好根基，才能历久不衰。例如企业的经营，如果没有坚实的基础，就无法在瞬息万变的商场竞争中站稳脚跟、蓬勃发展。

4. 此处除不净　石去草复生

【原文】

能轻富贵，不能轻一轻富贵之心；能重名义，又复重一重名义之念。是事境之尘氛未扫，而心境之芥蒂未忘。此处拔除不净，恐石去而草复生矣。

【注释】

芥蒂：细小的梗塞物，比喻心中不能释怀的事情。尘氛：指杂乱的心境。

【译文】

能够轻视富贵，却不能清除对荣华富贵的眷恋之心；能够推崇名节的言行，却又加重了对名节的热衷。这说明人在为人处事时，还没有完全摆脱世俗的影响，心中的欲念没有清除干净。这些欲念不清除干净，恐怕会像石头下的杂草一样，一旦石头移开，杂草就又会重新生长起来。

【评析】

生活中的确有这样一种人，因为得不到富贵才说"轻富贵"，就如同吃不到葡萄说葡萄酸的狐狸一样，可是一旦有能让他们得到富贵的机会出现，他们就会毫不犹豫地追求富贵。这样的人不能称之为君子，我们要避开这种口是心非的阴险小人。

5. 适志恬愉　养吾圆机

【原文】

纷扰固溺志之场，而枯寂亦槁心之地。故学者当栖心元默，以宁吾真体，亦当适志恬愉，以养吾圆机。

【注释】

　　溺志：扼杀积极向上的心志。槁心：使心灵枯萎。元默：本来的宁静。圆机：圆融成熟的心性与能为。

【译文】

　　纷纷乱乱的红尘，固然可以消磨人的心志，可是枯燥寂寥也可以使人心灵枯萎，缺乏生气。所以，学道之人应该让心灵有个安栖之地，打消心里的多余念头，以发现真正的自我；同时要适当地休息与娱乐，使自身的心性与能为圆融美满。

【评析】

　　我们生活在大千世界中，整日忙忙碌碌，没有时间对生命的意义进行思考，难免会产生很多非分的想法和念头，只有当静下心来回首时，才能感悟到人生的真谛。适当的休息与娱乐对于人们来说是十分重要的，事业重要，但生活更重要，所以偶尔的放松还是必要的。

6. 动静殊操　锻炼未熟

【原文】

　　学者动静殊操，喧寂异趣，还是锻炼未熟，心神混淆故耳。须是操存涵养，定云止水中，有鸢飞鱼跃之景象；风狂雨骤处，有波恬浪静的风光，才见处一化齐之妙。

【注释】

　　异趣：差别，差异。

【译文】

　　学者如果在行动和静止的时候有不同的表现，在喧闹与寂静的时候有不同的志趣，这是因为修炼未成熟以致自身功力不够，心神依旧混乱。应该不断提高修养，能够在云、水静止的环境中，看到鹰飞鱼跃的场面；在狂风骤雨里，体验到波平浪静的安静景象，这样才能达到心神合一的高妙境界。

【评析】

在日常生活中，随着顺境、逆境的交替出现，人的情绪发生一定的起伏波动是无法避免的。每个人都有情绪高涨的时候，也有意志消沉的时候，但意志力强的人能合理控制自己的情绪，而有些人则完全无法控制情绪，从而使正常的工作生活受到极大影响。

人都会有情绪波动，但一定要控制这种波动的程度，不要大喜大悲，而且要让这种波动尽快结束，保持心灵的平静。虽然"定云止水中，有鸢飞鱼跃之景象；风狂雨骤处，有波恬浪静的风光"的境界确实难以达到，但是我们能够知道其中的好处，尽力去做就可以了。

7. 事障易去　理障难除

【原文】

心是一颗明珠。以物欲障蔽之，犹明珠而混以泥沙，其洗涤犹易；以情识衬贴之，犹明珠而饰以银黄，其洗涤最难。故学者不患垢病，而患洁病之难治；不畏事障，而畏理障之难除。

【注释】

事障：行为上的错误。理障：思想认知上的错误。

【译文】

人的内心是一颗明珠，如果因贪图物质享受而受到蒙蔽，就好像明珠混杂于泥沙之中，洗涤干净还比较容易；心如果被错误的思想依附上了，就像明珠被镶上了金银，想洗涤干净很难。所以，学道之人不要担心脏垢之病难治，而要小心染上洁癖；不要害怕有行为上的错误，而怕的是有思想上的错误。

【评析】

物欲对人来说是必需的，就算是有的人物欲强一些也无可厚非，但是一旦有了思想认识上的错误，就难以改正了。如果某些行为出现了差错，那还容易纠正和弥补，可是如果是世界观出现了问题，就会影响人的一生。

8. 弃尽虚名　才见真体

【原文】

　　为善而欲自高胜人，施恩而欲要名结好，修业而欲惊世骇俗，植节而欲标异见奇，此皆是善念中戈矛，理路上荆棘，最易夹带，最难拔除者也。须是涤尽渣滓，斩绝萌芽，才见本来真体。

【注释】

　　为善：行善，做好事。自高：抬高自己，超过别人。结好：交结，亲近。惊世骇俗：言行怪异使世人感到震惊。世、俗，都指一般人。植节：培养操守、节操。植，栽种，种植。节，本义竹节，这里指气节、节操。标异见奇：表现与众不同，显现出奇特。标异，表现与众不同。见，显现、显示。见奇，显现出奇特。戈矛：戈和矛，泛指兵器。荆棘：两者常丛生阻塞道路。荆，荆条，无刺。棘，酸枣，有刺。夹带：夹杂，混杂。渣滓：杂质、残渣。真体：美好的本性。

【译文】

　　行善做好事总是要争强好胜、贬低别人，施恩于别人却是为了沽名钓誉，创立事业却想着惊世骇俗，培养节操却要标新立异，这些都是修道行善中的伤人之器，是追求真理之路上的荆棘，最容易产生，也是最难以清除的。这需要洗净心灵的渣滓，在它们还是萌芽的时候就根除干净，这样才能显现出美好的本性。

【评析】

　　做善事不要夹杂私心，施恩惠给别人也不要期望从别人那里获得好处。为人处世，不要贪慕虚名，也不要过于在意别人的目光，只要踏踏实实做好自己的事情就好了。

9. 一错百行非　无悔万善全

【原文】

一念错，便觉百行皆非，防之当如渡海浮囊，勿容一针之罅漏；万善全，始得一生无愧，修之当如凌云宝树，须假众木以撑持。

【注释】

渡海浮囊：古时用于浮水的气囊，多用牛皮或羊皮制成。罅漏：裂缝和漏洞。凌云宝树：佛教用语，西方佛地的宝树。假：借用，依靠。

【译文】

因为一念之差而办错了事，就会使你的所有行为都失去正确的指导而存在过失，所以谨防邪念就像对待渡海气囊一样，容不得针尖大的一点漏洞；什么样的好事都做，才能使人一生无愧无悔，所以修身就像西方佛地的凌云宝树要靠众多的林木扶持一样，要多多积累善行。

【评析】

古时楚霸王项羽因一念之差，在鸿门宴上放走了刘邦，使得刘邦东山再起，迅速壮大。最后在垓下之战中，项羽乌江自刎，丢了性命，丢了江山。可见一念之差对人的影响有多大！

人生在世，当步步谨慎，错不得一步。各种各样的好事都做，德行才算圆满，一生才能无愧无悔。

10. 事理自悟　意兴自得

【原文】

事理因人言而悟者，有悟还有迷，总不如自悟之了了；意兴由外境而得者，有得仍有失，总不如自得之休休。

【注释】

迷：迷惑，不解。了了：清清楚楚。外境：指外部，外界。休休：完整，美好。

【译文】

事物的道理如果是经过别人的讲解而知晓的，其中有明白的，还会有迷惑的，总不如自己独自参悟那样明明白白，清清楚楚；惬意的感觉是从外界得到的，那么会有得亦有失，总不如从自己的内心得到那样美好。

【评析】

早在上学时，老师就教导我们要学会独立思考，因为只有经过独立思考后，知识和道理才会真正地被我们所掌握，这比老师直接告诉我们要深刻得多。

如果惬意、愉快的感觉是从自己内心中产生的，就不容易受到外部环境的影响，而且，这种美好的感觉会存在得更为长久。

11. 忧劳兴国　逸豫亡身

【原文】

泛驾之马可就驰驱，跃冶之金终归型范。只一优游不振，便终身无个进步。白沙云："为人多病未足羞，一生无病是吾忧。"真确论也。

【注释】

病：此处指过失、缺点。

【译文】

一匹凶悍的马，只要驾驭得法，仍然可以骑着它奔驰万里；溅出熔炉外面的金属，最后还是被人注入器模中熔化成可用之物。只有贪图享受、游手好闲的人，一辈子都不会有什么成长进步。所以白沙先生说："为人有很多缺点并不可耻，只有一生都不知悔悟的人才最令人忧心。"确实是至理名言啊。

【评析】

　　每个人都各有其优缺点，一个人如果能充分发挥自己的优点，扬长避短，往往就能产生最大的效益。现代的人力资源管理，最基本且重要的目的之一，就是激发员工的积极性，让员各得其所而发挥出最大潜能，使企业获得最大利润。

12. 淡中知真味　常里识至人

【原文】

　　酨肥辛甘非真味，真味只是淡；神奇卓异非至人，至人只是常。

【注释】

　　肥：美食、肉肥美。真味：美妙可口的味道，比喻人的自然本性。卓异：才智过人。至人：道德修养都达到完美无缺的人，即最高境界。《庄子·逍遥游》篇中有："至人无己，神人无功，圣人无名。"

【译文】

　　美酒、肥肉、辛辣、甘甜都不是最真纯美妙的滋味，最美妙的滋味总是平和清淡的。言谈举止神奇怪异的人并非是真正德行完美的高人，德行完美的高人言谈举止总是与常人没有什么区别。

【评析】

　　最清淡的滋味是最长久、最真实的滋味，水味最淡却是人类的生命之源，君子之交淡如水而情却是最浓的，粗茶淡饭是能吃上一辈子的健康食粮。只有在淡中方能发现生活的真谛。平凡中孕育着伟大，越是伟大的人在人群之中也许你越难以发现。因为真正伟大的人追求的是一种至纯至真的精神境界，这种精神恰恰深藏在平凡之中。

　　然而人们往往不重视常见的东西，仿佛只有新奇的事物才能吸引人们的眼球，因为奇能生趣。但是它却只能成为生活的调剂，却不能成为生活的主旋律，因为它不符合生命的内在规律，平平淡淡才是真。与其精疲力竭地追求自己没有的东西，不如踏踏实实地珍惜眼前拥有的平淡生活。

13. 随时而救时　混俗得脱俗

【原文】

随时之内善救时，若和风之消酷暑；混俗之中能脱俗，似淡月之映轻云。

【注释】

随时：顺应时局。映：掩映。

【译文】

顺应时局，并能善于解救时局，就好像温和的风吹散夏日的酷暑；混迹俗世，并能够超凡脱俗，就好像一轮明月掩映于几抹薄云之中。

【评析】

人既要投入到现实中，知道时局的变化，又要不被现实所左右，才有可能解决问题，解救时局。

"混俗之中能脱俗"，指的是出淤泥而不染。

14. 谙尽世中滋味　领得世外风光

【原文】

思入世而有为者，须先领得世外风光，否则无以脱垢浊之尘缘；思出世而无染者，须先谙尽世中滋味，否则无以持空寂之苦趣。

【注释】

入世：指进入俗世，投身社会。世外：指俗世之外。出世：离开尘世，多指出家修行。世中：指俗世之中。

【译文】

想要入世投身社会并有所作为的人，应该先领略超脱于世外的风光与意义，否则就无法摆脱尘世的污浊；想要出世修行的人，应该先尝尽尘世间的各种滋味，否则就无法理解入世修行的意趣。

【评析】

如果我们都可以做到本文所要求的，同时知道尘世与世外两个世界的好处，然后根据自己的需要，在两个世界间自由地往来，无论到尘世还是世外，都能体味到其中的乐趣。入尘世而深知世外的好处，先在心里给自己预留一片退守的天地，这样就不会过分地被尘俗所拘泥、所牵绊。这才是处世的高深之处。

15. 炎凉无嗔喜　浓淡无欣厌

【原文】

世态有炎凉，而我无嗔喜；世味有浓淡，而我无欣厌。一毫不落世情窠臼，便是一在世出世法也。

【注释】

嗔：责怪，埋怨。浓淡：指繁华与平淡。窠臼：俗套，老套子。

【译文】

尘世虽有人情冷暖、世态炎凉，而我却不为之喜怒；世间虽有繁华与平淡，而我对此却没有喜欢与厌恶的感情。没有一点落在世间俗套里，这就是出世入世的法门了。

【评析】

要做到"世态有炎凉，而我无嗔喜；世味有浓淡，而我无欣厌"是很难的，一般人是做不到的。对于世态的炎凉，世味的浓淡没有喜怒的感情，那活着也就没有什么意义了。只要不过分地"嗔喜""欣厌"，对于世态炎凉的反应和对世味浓淡的感受，只要不影响我们正确地看待自己的生活就可以了，不用过分克制自己的情绪。

16. 随缘便是遣缘　顺事自然无事

【原文】

随缘便是遣缘，似舞蝶与飞花共适；顺事自然无事，若满月偕盂水同圆。

【译文】

顺随缘分就是对缘分加以因势利导，就像蝴蝶与花共舞并无牵碍一样；顺应事理自然不会有闲事的阻碍侵扰，就好像满月与盂里的水，尽管并不相干却是一样的圆满。

【评析】

无论是做人还是做事，都要顺应规律才能达到"似舞蝶与飞花共适，若满月偕盂水同圆"的完美境界。

17. 救既败之事者　如驭临崖之马

【原文】

救既败之事者，如驭临崖之马，休轻策一鞭；图垂成之功者，如挽上滩之舟，莫少停一棹。

【注释】

既败：马上就要失败。驭：驾驭。垂成：将近成功。棹：船桨。

【译文】

拯救快要失败的事情，就好像驾驭停留在悬崖边上的骏马，不要轻易地鞭策它；谋求快要成就的功业，就如同操纵进入浅滩上的小船，要加紧划桨，不能停一下。

【评析】

当一件事情处于失败的边缘时，一个小小的举动都可能决定它的命运。正确的决定与错误的决定也许只是一念之差，却可以导致截然不同的结果。但此时最应该注意的是，不要随便地做出任何决定，一定要慎重再慎重。这就像驾驭站在悬崖边的马一样，如果猛然一鞭，可能让它远离悬崖，也可能让它坠入深渊。

要获得最后的成功，就一定要咬紧牙关坚持下来，不能有任何松懈。很多事情没有获得最后的成功，就是因为在最后的紧要关头放弃了。

18. 刚强终不胜柔弱　偏执岂能及圆融

【原文】

舌存常见齿亡，刚强终不胜柔弱；户朽未闻枢蠹，偏执岂能及圆融。

【注释】

户：指门板。枢蠹：门上的转轴被虫蛀坏。

【译文】

往往都是柔软的舌头还在，而坚硬的牙齿先掉光了，所以刚强终究不敌柔弱；往往门板坏掉了，而经常转动的门轴却未被虫蛀坏，可见，偏执怎么比得过圆融呢？

【评析】

无论是牙齿与舌头，还是门板与门轴，刚强往往不如柔弱久存。刚强的东西容易伤物，而它在伤物的同时，自己也要承受同样的伤害，所以它的寿命往往不长。而柔弱的东西，则不易伤物，自伤也小，所以寿命往往都长。

19. 伺察乃憒憧之根　朦胧正聪明之窟

【原文】

大聪明的人，小事必朦胧；大憒憧的人，小事必伺察。盖伺察乃憒憧之根，而朦胧正聪明之窟也。

【注释】

朦胧：模糊不清，糊涂。憒憧：愚蠢，不能明辨事物。

【译文】

拥有大智慧的人，小事上总是很糊涂；真正愚蠢的人，小事上总是很精明。所以小事精明是愚蠢的根源，而小事糊涂是聪明的表现。

【评析】

真正有大智慧的人，在一些小事上都是比较糊涂的，但是在事关大局的事情上却心如明镜。如果能做到大事小事一样聪明有智慧当然最好，但是这种境界实在不容易达到，我们要尽量把自己的精力花在有价值的事情上，从而做到在大事上不糊涂。

20. 寻常历履　易简行藏

【原文】

异宝奇珍，俱是必争之器；瑰节琦行，多冒不祥之名。总不若寻常历履，易简行藏，可以完天地浑噩之真，享民物和平之福。

【注释】

瑰节琦行：奇特、杰出的品行。行藏：指人们的行为举止。浑噩：淳朴。

【译文】

奇珍异宝，自古都是被人争来抢去的东西；过于出众的言行举止，大多会招来不好的名声。这些总不如平平淡淡的行为举止，可以保全我们天性的淳朴，让我们享受平和的生活。

【评析】

如果你不甘于平淡，而是想要受到众人的瞩目，那么结局会怎么样呢？你的品格越出众，那些品格卑下的人就越难过，他们就会开始攻击你了。所以，不如放弃受人瞩目的想法，拥有平淡的心态。

用平淡的心态来面对人生，是一种处世哲学和生活态度，人们在任何环境中都能乐天知命，简简单单，与世无争，就会悠然自得，感到满足。

21．遍阅人情　始识疏狂之足贵

【原文】

遍阅人情，始识疏狂之足贵；备尝世味，方知淡泊之为真。

【注释】

疏狂：自由，放荡不羁。

【译文】

看尽了世间的人情冷暖，才知道自由自在的珍贵；尝尽了世间的种种滋味，才明白淡泊才是真正的幸福。

【评析】

疏狂是一种境界，淡泊也是一种境界，要达到这样的境界是很难的，因为这是把功名利禄、地位权势置之度外的一种狂放和恬静。疏狂不是放纵自我，淡泊也不是抛弃自我，而是一种自我的回归，是一种历尽沧桑后的成熟。

22. 静中观心　真妄毕见

【原文】

夜深人静独坐观心，始觉妄穷而真独露，每于此中得大机趣；既觉真现而妄难逃，又于此中得大惭忸。

【注释】

观心：佛家语，指观察一切事物，当自我反省解。妄：妄见，妄念。佛教认为一切事物皆非真有，肯定存在就是妄见。真：真境，脱离妄见所达到的境界。机趣：机是极细致的意思，趣当境地解，即隐微的境地。大惭忸：惭忸是惭愧、羞愧，此指很惭愧。

【译文】

每当夜深人静、万籁俱寂的时候，一个人独坐下来自我反省，才会发现妄念尽失而本性流露，此时就会领悟到生命的真谛，但又觉得只是一时复归自我本性，最终还是无法摆脱一切杂念，这时又感到惭愧不安了。

【评析】

你是否有过这样的体验：当你放下一切得失的时候，心情自然豁然开朗，这是因为身心摆脱了世俗价值观的牵绊。一个人如果心存妄念，就会贪得无厌、欲求不满，这样的人总是忙于追求财富名利，从不肯停下脚步去体会生活中的趣味。只有保有纯洁之心而对外界事物不起妄念的人才不会感到惭愧不安。

23. 快意须早回头　拂心莫便放手

【原文】

恩里由来生害，故快意时，须早回首；败后或反成功，故拂心处，莫便放手。

【注释】

拂心：不顺心。

【译文】

当一个人受到恩宠的时候，灾难往往伴随而来，因此，在志得意满之际应该见好就收，及早回头；而遭遇失败挫折或许有助于成功，所以，在不顺心的时候不可以轻言放弃。

【评析】

所谓"物极必反"，任何事物在达到极致之时，每每峰回路转，形势逆转。一个人太得意的时候，便要小心别人对你的敌意了。急流勇退的道理人人皆知，但能真正付诸行动的人少之又少，而这一念之差所导致的结局却有天壤之别。

因为人们总是贪恋名位，不愿舍弃所拥有的一切，结果往往招致灾祸。此外，俗语说"失败乃成功之母"，失败挫折可以激励人向上，让人从中积累经验，孙中山历经多次革命推翻清政府就是最好的证明。

24. 登高使人心旷　临流使人意远

【原文】

登高使人心旷，临流使人意远；读书于雨雪之夜，使人神清；舒啸于丘阜之巅，使人兴迈。

【注释】

舒啸：舒是伸展，啸是吹而发声，舒啸即舒气长啸。丘阜：小山冈。迈：奋发，豪爽。

【译文】

登上高山远眺，就会使人感到心旷神怡；面对流水凝思，就会让人意境悠远。在雨雪之夜读书，就会使人感到神清气爽；爬上小山舒气长啸，就会使人感到意气豪爽。

【评析】

登高会让人胸襟开阔，而望着流水，我们的思绪也会随着它流向远方。范仲淹在岳阳楼上把酒临风，心旷神怡，发出了"先天下之忧而忧，后天下之乐而乐"的感叹。这种圣人登山的胸怀，并不是天生的，而是道德修养情操陶冶的结果。从深层次来理解，"登高"就是站在一个更高的角度来看待事物，能够看清事物的全貌，有助于把握全局。"登高"与"临流"都可以提升我们的品质。

杜甫云："会当凌绝顶，一览众山小。"王安石曰："不畏浮云遮望眼，只缘身在最高层。"当你艰难攀登时，提升的不只是你的身体素质，也是你的心灵境界；当登高远眺之时，一切蒙蔽你双眼和心灵的东西都被踩在了脚下，有了超然高远的心智，即使"荡胸生层云"，心灵也不会被表象、物欲所遮盖。

同样，临流观景，心静意远；雪夜读书，神清气爽；舒啸丘阜，意兴豪迈。大自然的赐予总能让我们受益匪浅。心灵的清明更加离不开自然的荡涤，当尘埃落定，一切归于平静后，心湖便能自鉴鉴人。

25. 于人不轻为喜怒　于物不重为爱憎

【原文】

士君子之涉世，于人则不可轻为喜怒，喜怒轻则心腹肝胆皆为人所窥；于物不可重为爱憎，爱憎重则意气精神悉为物所制。

【注释】

心腹肝胆：指心思，心事。

【译文】

君子为人处世，对待他人不要轻易地表现自己的喜怒情绪，喜怒形于色，自己的心思就会被人窥探无余；对待各种事物不要过分爱憎，爱憎太重，自己的意志就会被这种事物所控制。

【评析】

不但君子"于人则不可轻为喜怒",无论是谁都应该学会这一点,这既是交际中圆滑之道,又是防止伤害自己的必要方法。当然我们也不可能完全做到情绪不外露,那样也就不是"君子"之道了,该表达自己的感情时就要表达出来。

"于物不可重为爱憎",如果让某种事物来控制我们的情绪与意志,那不就是本末倒置了吗?

26. 识吾真面目　方可摆脱得幻乾坤

【原文】

鸟惊心,花溅泪,具此热心肠,如何领取得冷风月;山写照,水传神,识吾真面目,方可摆脱得幻乾坤。

【注释】

鸟惊心,花溅泪:出自唐代诗人杜甫的《春望》"感时花溅泪,恨别鸟惊心"一句。冷风月:指归隐山林后的寂寥生活。

【译文】

鸟惊心,花溅泪,具有如此多愁善感的心肠,如何能领略寂寥的归隐生活;山写照,水传神,如果能认识自己的真面目,才能摆脱虚妄的世界。

【评析】

多愁善感的人无法归隐山林,但他们也许并不是贪婪之人,只是忍受不了寂寥的山林生活罢了。

27. 会心不在远　得趣不在多

【原文】

　　会心不在远，得趣不在多。盆池拳石间，使居然有万里山川之势；片言只语内，便宛然见万古圣贤之心，才是高士的眼界，达人的胸襟。

【注释】

　　盆池：小水塘。拳石：小块的石头。高士：超凡脱俗的人，隐逸山林的人。

【译文】

　　心意相通不在于远近，真正的趣味也不在于多少。很小的池塘山石之间，居然有万里山川的气势；三言两语之间，就能感受到古代圣贤的心思，这才是高明之士的眼界，通达之人的胸襟。

【评析】

　　"会心不在远"即为唐朝的李商隐的诗句"身无彩凤双飞翼，心有灵犀一点通"的意思。心有灵犀一点通现在常用于形容情人之间心灵相通，比如说双方对于某事物的看法一致、解决问题的方法一样。古书记载，有一种犀牛角名通天犀，有白色如线贯通首尾，被看作为灵异之物，故称灵犀，"一点通"的想象也由此而来。

28. 宁有求全之毁　勿有过情之誉

【原文】

　　宁有求全之毁，不可有过情之誉；宁有无妄之灾，不可有非分之福。

【注释】

　　无妄之灾：无法预测，无辜而受的灾祸。

【译文】

宁愿受到别人求全责备,也不要接受超过实际的赞誉和荣誉;宁愿遭受无辜而来的灾祸,也不要享受不应得到的非分之福。

【评析】

非分之福当然不该享有,但是为了拒绝非分之福而宁愿受到无妄之灾,却是不能被理解的。

无妄之灾,历来就有很多。古话说,城门失火,殃及池鱼,说的也是这种道理。城门失火,那是城门处惹的祸,根本与池中的鱼没有关系。但是,由于要救火,就得动用池中的水,就威胁到鱼的生存。对于鱼来说,它们遭遇的危险真是没来由,真的不是它们的过错,但是,它们却不得不承担这种过错所带来的不利影响。

不但池鱼会遭受莫明其妙的灾祸,其它生物——特别是人,也常常会遭受到这种难以意料的灾祸。民间有这样的说法:哪条小河不流水?哪个庙里没有冤死的鬼?这话告诉我们,世上有太多的人受了不白之冤,他们实在可怜,值得同情。比如说岳飞吧,明明是赵构让他当的元帅,让他打击金兵,却莫明其妙地又被剥夺兵权,落得个风波亭上丢性命的下场!岳飞何错?错就错在心眼太实,人家赵构给个棒槌,他就当针认。人家皇帝虽然嘴上说说要收复河山,打击金兵,但人家心里打的小九九他却不知道。他只知道打到黄龙府,迎接二圣回朝,却没有替皇上考虑一下,如果二圣回了朝,现任皇上该往哪儿摆。岳飞实在是冤,冤在自己莫名其妙地成了别人政治天平上的筹码,成了人家的牺牲品。他的冤,原因在于自己不懂政治。

其实,说白了,许多冤案的制造者,并非不知道冤者是冤枉的,但是,他们为了某种利益,为了某些政治上的考虑,就不得不找个替罪羊,就顺理成章地把他人踢出去。在他们看来,只要能对自己有利,牺牲他人有什么不可以的呢?无妄之灾,制造这些灾难的人是没有同情心的。他们不会因为害了人而良心上过不去。

但是,对于受冤屈的人来说,他们所遭受的不公平却是绝对不能忍受的,他们有理由为保护自己的合法权益而抗争。所以,被无辜当成牺牲品或有可能成为他人牺牲品的人有必要主动维护自己的利益。对他们来说,怯懦胆小是没有用的,他们需要的是勇敢地亮剑,需要的是机智而灵活地斗争。

29. 祸来不必忧　要看你会救

【原文】

天欲福人,必先以微祸儆之,所以祸来不必忧,要看他会救;天欲祸人,必先以微福骄之,所以福来不必喜,要看他会受。

【注释】

儆:告诫,警告。受:消受。

【译文】

如果上天要赐福给人的时候,一定会先用小小的灾祸来告诫你,所以当灾祸来的时候不必烦忧,就看你会不会自救;如果上天要降祸给人的时候,一定会先用一点小福气来使你骄纵,所以,福气来了不必窃喜,就看你怎么消受它。

【评析】

祸与福是互为彼此、相互转换的,塞翁失马的故事说的就是这个道理。

战国时期,靠近北部边城,住着一个老人,名叫塞翁。塞翁养了许多马,一天,他的马群中忽然有一匹走失了。邻居们听说这件事,跑来安慰,劝他不必太着急,年龄大了,多注意身体。塞翁见有人劝慰,笑了笑说:"丢了一匹马损失不大,没准会带来什么福气呢。"

邻居听了塞翁的话,心里觉得很好笑。马丢了,明明是件坏事,他却认为也许是好事,显然是自我安慰而已。过了几天,丢失的马不仅自动返回家,还带回一匹匈奴的骏马。

邻居听说了,对塞翁的预见非常佩服,向塞翁道贺说:"还是您有远见,马不仅没有丢,还带回一匹好马,真是福气呀。"

塞翁听了邻人的祝贺,反而一点高兴的样子都没有,忧虑地说:"白白得了一匹好马,不一定是什么福气,也许会惹出什么麻烦来。"

邻居们以为他故作姿态，纯属老年人的狡猾。心里明明高兴，有意不说出来。

塞翁有个独生子，非常喜欢骑马。他发现带回来的那匹马顾盼生姿，身长蹄大，嘶鸣嘹亮，剽悍神骏，一看就知道是匹好马。他每天都骑马出游，心中洋洋得意。

一天，他高兴得有些过火，打马飞奔，一个趔趄，从马背上跌下来，摔断了腿。邻居听说，纷纷来慰问。

塞翁说："没什么，腿摔断了却保住了性命，或许是福气呢。"邻居们觉得他又在胡言乱语。他们想不出，摔断腿会带来什么福气。

不久，匈奴兵大举入侵，青年人要应征入伍，塞翁的儿子因为摔断了腿，不能去当兵。入伍的青年都战死了，唯有塞翁的儿子保全了性命。

看来，福祸当前，心态最重要。灾祸临近而不气馁悲伤，有福降临而不过度欣喜，这才是做人的道理。

30. 智小者不可以谋大　趣卑者不可以谈高

【原文】

鹪占一枝，反笑鹏心奢侈；兔营三窟，转嗤鹤垒高危。智小者不可以谋大，趣卑者不可与谈高，信然矣！

【注释】

鹪：一种小鸟，体小尾短，有黄色眉纹，捕食小虫。鹏：传说中的一种大鸟，由鲲变化而来。嗤：耻笑，嘲笑。

【译文】

鹪鸟占据着矮小的树枝，反而嘲笑大鹏鸟的凌云壮志太奢侈；胆小的兔子在地上刨了三个窝之后，转头嘲笑仙鹤的巢筑得太高。智力低下的人不能谋大事，与低俗的人不能谈论高洁的情致，真是这样啊！

【评析】

自古就有"人以群分，物以类聚"之说，人与人之间的差异决定了"智小者不可以谋大，趣卑者不可与谈高"，道不同不相为谋，所以我们就不要在不值得交流的人身上花费时间了。

31. 古人闲适处　今人忙一生

【原文】

古人闲适处，今人却忙过了一生；古人实受处，今人又虚度了一世。总是耽空逐妄，看个色身不破，认个法身不真耳。

【注释】

实受处：收益颇多的事情。色身：佛语，指血肉之躯。法身：佛语，理智所成的法性之体。

【译文】

古人早已看淡的事情，今人却为此忙碌了终生；古人收益颇多的事情，今人却为此虚度了大好光阴。人总是沉迷虚幻追逐妄心，看不透自己的血肉之躯，也不能认清自己的精神。

【评析】

从古看今，古人所做的事情可以让我们学习到许多经验，让我们避免再犯他们曾经所犯的错误。因此，我们需要以史为鉴，从历史中吸取教训和经验。

32. 莫谓祸生无本　须知福至有因

【原文】

蛾扑火，火焦蛾，莫谓祸生无本；菓种花，花结菓，须知福至有因。

【注释】

焦：用火烧。菓：同"果"，果实。

【译文】

　　飞蛾扑火，火才会烧死飞蛾，不要说灾祸都是没有缘由的；果实作为种子栽在土里长成花，花开又结果，要知道任何幸福的得来都是有原因的。

【评析】

　　灾祸不是没有缘由的，必然有其发生的原因，所以平时我们要多加检点自己的言行，避免灾祸降临。

　　幸福也不是随便就能获得的，须经过用心经营，辛勤地劳动才能换来。

33. 达士处阴敛翼　巉岩亦是坦途

【原文】

　　鸽恶铃而高飞，不知敛翼而铃自息；人恶影而急走，不知处阴而影自灭。故愚夫徒急走高飞，而平地反为苦海；达士知处阴敛翼，而巉岩亦是坦途。

【注释】

　　恶：厌恶，讨厌。巉岩：高耸险峻的山崖。

【译文】

　　鸽子讨厌自己身上的铃声而高飞，不知道只要收起翅膀不动，那铃声自然就会消失；人讨厌自己的影子而快跑，不知道只要到了暗处，那影子自然会消失。所以愚蠢的人只是徒劳地一味盲目行动，那原本平坦的道路反而成了无边的苦海；通达的人知道如何平静自处，那么高耸险峻的山崖也变成了平坦的大道。

【评析】

　　人们总是容易给自己套上名利的枷锁，以致禁锢了自己的心灵。人们往往只看身边幽暗的谷底，不看远方叠翠的青山，处处事事围绕名利周旋，把期望值定得越来越高，导致失望越来越大，一旦角逐失利，难望东山再起，便心灰意冷，慨叹人生如梦。

人生旅途是漫长的，一个人不可能总是一帆风顺，万事如意。由于智商、能力、经历和处境的诸多不同，人们之间必然有着诸多差别，大可不必为自己不如他人而心生迷茫和怅惘。我们需要的是把自己从纷乱的名利堆中拔出来。

淡泊名利，就无须刻意地去粉饰自己，恭维他人，巴结上司，笼络人心，也无须为点点功名、蝇头小利煞费苦心，辛苦奔波，苦苦钻营；淡泊名利，就不会无情无义，脸厚心黑，猥琐自私，因而也不会令亲人失望，使朋友厌恶，被世人唾弃；淡泊名利，就会热心去生活，出自己的力，流自己的汗，做自己该做的事，不与名利纠缠，只要心无所愧，一任他人评说；淡泊名利，就会心无挂碍，意无妄想，行无羁绊，从而拥有坦荡的胸怀。

人能淡泊名利，展现在眼前的就是一条平坦大道，就能成为一个真正的幸福者！

34. 秋虫春鸟共畅天机　老树新花同含生意

【原文】

秋虫春鸟共畅天机，何必浪生悲喜？老树新花同含生意，胡为妄别妍媸？

【注释】

妍：美丽。媸：丑陋。

【译文】

秋虫与春鸟的鸣唱都是大自然的旋律，何必有什么悲喜之论呢？老树与新花的姿态同样包含生命的意义，为什么一定要乱分美丑呢？

【评析】

大自然是美丽的，花草树木都用它们独有的形态语言在展示自己蕴含的美丽。

无论是春天欢叫的小鸟，还是秋天悲鸣的昆虫，无论是洒满晶莹剔透的水珠的花蕾，还是饱经风霜的老树，一样都是美丽的。

35. 多栽桃李　开条福路

【原文】

多栽桃李少栽荆，便是开条福路；不积诗书偏积货，还如筑个祸基。

【注释】

少栽荆：荆，一种植物，荆与棘丛生容易阻塞道路。少栽荆，意思就是不要自己给自己增加困难与阻碍。货：泛指各种财物。祸基：祸根。

【译文】

多栽种桃树李树少栽种荆棘，这就是开辟了一条通往幸福大道的福路；不积累知识却偏要积累各种财物，这是给灾祸的到来打了个基础。

【评析】

积累知识比积累金钱更要紧。

学习没有止境，知识没有足够。假若一个人认为自己已经有了足够的知识，那他就难以在工作和事业中取得突破性进展。许多天赋很高的人，终生处在平庸的职位上，导致这一现状的原因是他们不思进取。而不思进取的突出表现是不读书、不学习，宁可把业余时间消磨在娱乐场所或闲聊中，也不愿意看书。

而能通过各种途径吸取知识的人，能使自己的学识更加广博，使自己的胸襟更加开阔，也更能应付各种各样的问题。

36. 迷真逐妄　自设坷坎

【原文】

万境一辙，原无地着个穷通；万物一体，原无处分个彼我。世人迷真逐妄，乃向坦途上自设一坷坎，从空洞中自筑一藩篱。良足慨哉！

【注释】

万境：所有的环境、处境、状况。藩篱：指屏障，阻碍。

【译文】

万事都是同一个道理，原本没有必要去逐一弄清楚；万物本是一体，原本没有必要分出彼此。世人迷失真性而去追求妄心，就像是在平坦的大道上自己设置了许多障碍，在空旷的地方自己筑起了许多屏障。真令人感慨不已！

【评析】

放弃真理而去追求谬误，在平坦的大道上为自己设置障碍，这样做无疑是愚蠢的。

37. 贫士肯济人　闹场能学道

【原文】

贫士肯济人，才是性天中惠泽；闹场能学道，方为心地上功夫。

【注释】

性天：天性，人的自然本性。惠泽：惠爱与恩泽。闹场：吵吵闹闹的环境，或指是非纷繁的世界。

【译文】

贫穷的人却能帮助别人，这才是天性中的惠爱与恩泽；在吵吵闹闹的环境下依然能安心修身养性，这才是心里真正的本领。

【评析】

一个富有的人，施恩惠给别人，从某种意义上讲，这不算什么，因为他所拿出来的那点钱也许只是九牛一毛。但是，如果一个贫穷的人能在困难中去帮助别人，那么，这就值得我们肃然起敬了。

在吵吵闹闹的环境下依然能安心修身养性，才是真正的本领，但是我们似乎都缺少这种本领，还需要平时多加锤炼。

38. 福善不在杳冥　祸淫不在幽渺

【原文】

福善不在杳冥，即在食息起居处牖其衷；祸淫不在幽渺，即在动静语默间夺其魄。可见人之精爽常通于天，天之威命即寓于人，天人岂相远哉！

【注释】

杳冥：幽暗，指极高或极远的地方。精爽：精神，灵魂。天之威命：上天的意志。

【译文】

福分并不在飘渺难见的地方，而可以在日常生活的饮食起居中体现出来；灾祸也不在幽渺的地方，而是在人们的言行举止中夺其魂魄。可见，人的灵魂常常是与天意想通的，上天的意志也总是寄寓于人的身上，天与人的距离并不遥远啊！

【评析】

人的祸福并不是取决于"天"，而是取决于自身的行为举止，甚至具体到日常的饮食起居。一个人在功成名就时，若没有"宠辱不惊"的真修养，便会欣喜若狂，甚至得意忘形。

39. 世事如棋局　不着是高手

【原文】

世事如棋局，不着的才是高手；人生似瓦罐，打破了方见真空。

【译文】

世间的事情就像一个棋局，不出废招的才是高手；人生犹如瓦罐，打破了才知道里面什么都没有。

【评析】

世间的事情就像一盘错综复杂的棋局，每一步都是关键所在，一进一退都要颇费心神，所以不能轻易落子，要经过慎重考虑才可出招，不出废招的才是高手。

40. 木落草枯觅消息　才是乾坤之橐钥

【原文】

吾人必适志于花柳烂漫之时，得趣于笙歌腾沸之处，乃是造化之幻境，人心之妄念也。须从木落草枯之后，向声稀味淡之中，觅得一些消息，才是乾坤之橐钥，民物之根宗。

【注释】

适志：做事合乎心意。造化：福气，天分，上天。橐钥：指门径，奥秘。

【译文】

我们在花柳烂漫的时候感到心满意足，在笙歌沸腾的地方感到快乐有趣，其实这是自然的幻境，是心底生出的妄念。我们应该从木落草枯的衰败景象中，在寂静与平淡中，找到一些人生的意义，这才是天地间真正的奥秘，关乎民众生计的根本。

【评析】

"木落草枯"的惨淡、衰败景象有益于人们探求生活的真谛，对稳定人的思绪，开启人的灵性，的确有着特殊的意义。很多有价值的想法都是在这种境况中产生的。

不过，如果你的意志薄弱，那么无论在什么样的环境中都不可能获得有益的感受，在"木落草枯"的惨淡景象中，你可能感到的只有颓废与沮丧。

41. 苦乐无二境　迷悟非两心

【原文】

迷则乐境为苦海，如水凝为冰；悟则苦海为乐境，犹冰涣作水。可见苦乐无二境，迷悟非两心，只在一转念间耳。

【注释】

苦海：比喻困苦的环境。悟：理解，明白。涣：消逝，融化。

【译文】

如果迷乱就会使乐境变为苦海，就像水冷结冰；如果醒悟了哪怕处于苦海中也能转为乐境，就像冰融化为水。可见苦与乐并不是完全隔绝的两个境界，迷与悟也绝非是互不转化的两种心绪，只不过在一瞬间的转念罢了。

【评析】

明朝的陆绍珩说，一个人生活在世上，要敢于"放开眼"，而不向人间"浪皱眉"。"放开眼"和"浪皱眉"其实就是对人生正反面的选择。你选择正面，就能乐观自信地舒展眉头，对一切"放开眼"；你选择反面，就只能郁郁寡欢，为最终成为人生的失败者而"浪皱眉"。

一个内心充满阳光的人，乐观开朗，人生态度也是积极的，不管在工作中还是在生活中，都能很好地完成任务。因此，这类人自我价值的实现也就相对较多。自我价值实现得越多，自我肯定的成就感也就越多，这样就能拥有更加乐观的心态。

相反，一个内心阴暗的人，悲观抑郁，整天愁眉苦脸地面对生活，不管做什么事情都不积极，甚至错误百出。这类人自我价值的实现就相对较少，自我否定的因素就会增加，自己的心态会更加消极。

因此有人说，积极的心态能创造幸福的人生，而消极的心态则会让人生充满阴霾。积极的心态是成功的源泉，是生命的阳光和温暖，而消极的心态则是失败的开始,是生命的无形杀手。

42. 遇缺处知足　向忙里偷闲

【原文】

天地尚无停息,日月且有盈亏,况区区人世,能事事圆满而时时暇逸乎?只是向忙里偷闲,遇缺处知足,则操纵在我,作息自如,即造物不得与之论劳逸较亏盈矣。

【注释】

暇逸:悠闲逸乐。造物:指大自然。

【译文】

天地运行都从不停息,日月也有阴晴圆缺,更何况区区人世间怎么能事事圆满而时时安乐呢?只要能从忙里偷闲,遇到缺憾的时候也能知足常乐,就可以把握自己的生活了。也就是说,人不要与自然较劲,要按照大自然的规律行事。

【评析】

很多古圣先贤都提倡"知足知止"的做法,比如庄子就是一个清心寡欲的人,他曾告诫人们:"知足者,不以利自累也。"明朝的王廷相则说:"君子不辞乎福,而能知足也;不去乎利,而能知足也。故随遇而安,有天下而不与也,其道至矣乎!"同处明朝的吕坤也说过:"万物安于知足,死于无厌。"

老子曾说过:"祸莫大于不知足,咎莫大于欲得。"这句话对于今天仍有着特殊的意义。由古至今,人类始终难以摆脱欲望的束缚。在欲望的支配下,人们会做出许多不可理喻的事情。当欲望得到了满足的时候,人们就觉得万事顺心了;当欲望没有满足的时候,人们的心理就会失衡,就会产生抱怨的情绪。所以,只有知足的人才能感受到人生的富足。

43. 日月笼中鸟　乾坤水上沤

【原文】

物莫大于天地日月，而子美云：日月笼中鸟，乾坤水上萍。事莫大于揖逊征诛，而康节云：唐虞揖逊三杯酒，汤武征诛一局棋。人能以此胸襟眼界，吞吐六合，上下千古，事来如沤生大海，事去如影灭长空，自经纶万变而不动一尘矣。

【注释】

揖逊：禅让，君主让位。征诛：指战争，征讨。六合：指上下和四方，泛指天地宇宙。沤：水面上的浮泡。

【译文】

没有比天地和日月更大的事物了，可是杜甫的诗句说："日月不过是笼子里的小鸟，乾坤不过是水面上的浮萍而已。"没有比君主让位和战争更大的事情了，可是邵雍的诗句说："尧帝让位于舜帝不过是喝了三杯酒，而武王伐纣也就是下了一盘棋。"人如果能以这样宽广博大的胸怀包容宇宙，贯穿今古，那么事情来了就如同大海冒出了一个水泡，事情去了就好像影子在天空消失，这样自然能够应对万事而内心镇定从容了。

【评析】

读诗使人灵秀，读史使人明智。难怪《菜根谭》的原著者洪应明在品味杜甫和邵雍的这两段诗时，无限感慨上心头：人能有此等大胸襟、高眼界，就可胸怀天地四方，就可看破万年的沧桑变迁，视事来如泡沫生于大海，不必大惊小怪；视事去如鸟影隐匿长空，干干净净，不留痕迹。

44. 蓬茅下诵诗读书　日日与圣贤晤语

【原文】

蓬茅下诵诗读书，日日与圣贤晤语，谁云贫是病？樽罍边幕天席地，时时共造化氤氲，孰谓醉非禅？

【注释】

蓬茅：蓬草和茅草，这里代指茅草屋。晤语：会面谈心。樽罍：樽与罍都是古代用于盛酒的容器。幕天席地：把天当幕，把地当席，形容心胸开阔。氤氲：烟雾弥漫的样子，气与光混合动荡的样子。

【译文】

在茅屋中诵读诗书，像天天与圣贤会面谈心，谁说贫穷是病？酒桌边以天为帐幕以地为床席，随时都和天地自然融为一体，谁说醉了就不可以参禅悟道呢？

【评析】

家境虽然贫寒，有足够的好书可读，生活一样可以过得非常有意义。爱好学习，品格高尚，对生活有所追求的人在清苦的生活环境中依然能过得非常有意义。

45. 夜静天高　眼界俱空

【原文】

昼闲人寂，听数声鸟语悠扬，不觉耳根尽彻；夜静天高，看一片云光舒卷，顿令眼界俱空。

【注释】

彻：通达。

【译文】

闲暇的日间人声寂静，听见几声婉转悠扬的鸟叫，不觉使耳根彻底清静；在安静的深夜看高远的天空，看到一团舒卷自如的云朵，顿时令人觉得清清爽爽。

【评析】

闲暇之时，四周一片安静，细听大自然的虫叫鸟鸣，让人心旷神怡。寂静的夜晚，看闲云悠然自得，世间所有的忧愁烟消云散，心中畅快之极！

46. 拂意事休言　会心处独赏

【原文】

花开花谢春不管，拂意事休对人言；水暖水寒鱼自知，会心处还期独赏。

【注释】

拂意：不顺心。

【译文】

花开花谢其实春天并不理会，所以不顺心的事情就不要对别人提起；水的冷暖鱼儿自己自然会知道，所以自己领悟的东西还要自己去欣赏品味。

【评析】

有些心事不是不可告人，但却是不便告诉别人的。处于烦恼中的人们不要把心事都喋喋不休地向别人倾诉，因为你的烦恼与不幸也许会成为别人的笑料，也许会成为别人的把柄，也许会让人觉得厌烦。但是，烦恼也不能总憋在心里，要找个值得信任的人来倾诉，否则长久下去你就会变得自闭起来。

而"水暖水寒鱼自知，会心处还期独赏"说的是自己领悟的东西，自己去欣赏玩味就可以了，没有必要向所有人讲述你的所悟，因为不是所有的人都能理解你所体会到的乐趣。

47. 飞翠落红做诗料　浮青映白悟禅机

【原文】

阶下几点飞翠落红，收拾来无非诗料；窗前一片浮青映白，悟入处尽是禅机。

【译文】

台阶下的几片落花，留意后都是可以写入诗中的好材料；看窗户前有一片青天映着白云，仔细思索，就可领悟到其中蕴含的玄妙深意。

【评析】

如果对周围的一切都抱着欣赏的态度，而不存有占有的欲念，那么，心中便只剩对美的愉悦感，也不会有求而不得的忧愁了。

48. 看破身躯　尘缘自息

【原文】

看破有尽身躯，万境之尘缘自息；悟入无怀境界，一轮之心月独明。

【注释】

无怀：没有念想与牵挂，指无物欲。

【译文】

看得破自己的身躯早晚会消失，则对尘世的各种眷恋与妄想都会自然止息下来；能够悟入无牵无挂的境界，心里就像升起一轮明月那样光明。

【评析】

人十有八九是糊里糊涂的，不明白生死的真实含义。人在世上的时间是极短暂的，犹如白驹过隙。肉身是靠不住的，金钱和地位是靠不住的，连那些所谓的"真情实感"也是靠不住的。

无论是参禅还是悟道，首先都需破生死关，洞察生死之门。得道之人心里是清楚的，他们看得破红尘，不会因为一点点琐事而烦恼。而我们，只知道一味地追求荣华富贵，不停地算计着能不能过上真正幸福逍遥的生活。只有放下世俗之心，才能体会到真正的幸福。

49. 霜天闻鹤唳　雪夜听鸡鸣

【原文】

霜天闻鹤唳，雪夜听鸡鸣，得乾坤清纯之气；晴空看鸟飞，活水观鱼戏，识宇宙活泼之机。

【注释】

唳：（鹤、雁等）鸣叫。

【译文】

在严霜铺地的时候听鹤的叫声，在白雪飞舞的夜里听鸡的鸣叫，就能从中体会到天地清纯的正气；晴空万里看小鸟自由飞翔，小河流水看鱼儿嬉戏，就能从中体味到自然的勃勃生机。

【评析】

看到大自然创造的美景，领略到自然界的勃勃生机，我们的心情是不是也因此变得愉快起来了？

50. 烹茶听瓶声　炉内识真理

【原文】

闲烹山茗听瓶声，炉内识阴阳之理；漫履揪枰观局戏，手中悟生杀之机。

【注释】

阴阳之理：阴阳相克相生的道理。揪枰：棋盘。

【译文】

煮茶的时候听听茶瓶里的声音，看着炉内的火焰，于是明白了阴阳相克相生的道理；下棋的时候观整个棋局，于是领悟了生杀的可怕与玄妙。

【评析】

水本来可以灭火，但是用水瓶盛水放在火上烧，火就能把它烧开，从中我们可以明白阴阳相克相生的道理。看来，在日常生活中，需要多观察、多思考，这样才可以明白一些玄妙的道理。

51. 天地妙境　豁人性灵

【原文】

天地景物，如山间之空翠，水上之涟漪，潭中之云影，草际之烟光，月下之花容，风中之柳态。若有若无，半真半幻，最足以悦人心目而豁人性灵，真天地间一妙境也。

【译文】

天地之间的景物，如山间空灵的翠色，水面上的层层涟漪，水潭中白云的倒影，草地上的迷离烟光，月光下的美丽花朵，轻风中飘逸的柳枝，全都是若有若无，亦真亦幻，是最让人赏心悦目而且启迪性灵的，这真是天地间美妙的境界。

【评析】

有人说：静物是凝固的美，动景是流动的美；直线是流畅的美，曲线是婉转的美；喧闹的城市是繁华的美，宁静的村庄是淡雅的美。只要你有一双善于发现美的眼睛，有一颗感悟美的心灵，你就会发现，美是无处不在的。

52. 芳菲园院看蜂忙　寂寞衡茅观燕寝

【原文】

芳菲园院看蜂忙，觑破几般尘情世态；寂寞衡茅观燕寝，引起一种冷趣幽思。

【注释】

芳菲：芳香的花草。衡茅：茅屋的一种。

【译文】

在芳香的花草园中看蜜蜂们辛劳忙碌，从中就看破了许多俗情世态；在寂寞的草屋屋檐下看燕子安稳睡眠，让人引发无尽的幽思。

【评析】

闲暇的时候，静静地观察一下身边的景物和动物，用心体会，总会有一些意外的收获，也许不会体味到什么深奥的玄机，但是可以为平淡的生活增加一些趣味。

53. 乐意相关禽对语　生香不断树交花

【原文】

乐意相关禽对语，生香不断树交花，此是无彼无此的真机；野色更无山隔断，天光常与水相连，此是彻上彻下得真境。吾人时时以此景象注之心目，何患心思不活泼，气象不宽平？

【译文】

禽鸟相互鸣唱，欢快融洽，树与花交相辉映，这正是事物相互融合、亲密无间的真实本性；野外的美景并不被山脉所隔断，而天光也经常与水紧密相连，这正是不受阻隔上下通达得到的真实意境。假如我们能让自己的内心也经常充满这样的意境，那么，就不用担心我们的心灵不活泼，气象不宽平了。

【评析】

在浩瀚的宇宙中，伟大的大自然无不给人以启示，大自然永远是人类的老师。人只要用心观察，就会对大自然有更深刻的认识。在大自然面前，人类永远是孩子，如果我们能够虚心地静听她的话语，就能懂得更多的道理。

54. 满室风月　坐见天心

【原文】

满室清风满几月,坐中物物见天心;一溪流水一山云,行处时时观妙道。

【注释】

几:小桌,书案。

【译文】

清风吹进房间,月光洒满书案,坐在这里,每样东西都能体现上天的心意;一条小溪,一片山间的白云,行走在途中也能每时每刻体验到奥妙禅理。

【评析】

在清风中,在月光下,我们可以领悟一些深奥的道理,不过这确实多少有些玄妙,非常人所能及也。

55. 扫地白云来　凿池明月入

【原文】

扫地白云来,才着功夫使起障;凿池明月入,能空境界自生明。

【注释】

凿:挖凿。

【译文】

扫地的时候把扬起的灰尘当成了白云,这就是才下了点功夫心里便起了障碍;挖凿一个水塘,明月自然会倒映在里面,只要使境界空灵自然会产生智慧。

【评析】

我们平时学习或做事的时候经常会遇到这样的情况:本来兴致勃勃,但是不一会儿就腻烦了，所谓"三分钟热度"，正是如此。这是因为心意不专所致，想要有始有终地做一件事，首先要专心致志。

56. 磨练福久　参勘知真

【原文】

一苦一乐相磨炼，炼极而成福者，其福始久；一疑一信相参勘，勘极而成知者，其知始真。

【注释】

参勘：领悟，调查，分析。参是交互考证，勘是仔细考察。知：通"智"，知识学问。

【译文】

人生有苦也有乐，只有在苦难中不断磨炼而得来的幸福才能长久；求知也是如此，既要有信心，也要具备怀疑精神，因为只有在反复考证及互相比较中得到的智慧，才是真正的学问。

【评析】

人们对于轻易就能得到的东西，通常不会太珍惜。所以，不是经历万般磨难而获得的幸福，也就不懂得珍惜。同样地，在安定的环境里很难造就出真正的人才，真正的人才必须经过千锤百炼，才能具备极佳的应变力与适应力。做学问也是如此，只有在反复考证及互相比较中得到的智慧，才是真正的学问。因此，我们做任何事都应该抱着精益求精的态度，还要有不怕重来的勇气，否则一遇到问题就敷衍了事，又如何从中吸取经验，作为改善的参考呢？

总而言之，只有在艰苦的环境中才能磨炼出坚毅的心性，也唯有坚定不移的人才能参悟真理。

57. 老当益壮　大器晚成

【原文】

日既暮而犹烟霞绚烂，岁将晚而更橙橘芳馨。故末路晚年，君子更宜精神百倍。

【注释】

暮：傍晚。

【译文】

夕阳西下的时候，天边的晚霞十分光彩夺目，而一年即将过去的时候，金黄色的橙橘更是芳香四溢。所以，有德的君子到了晚年，更应该振作精神，奋发有为。

【评析】

人们确实应该具有"老当益壮，大器晚成"的精神，只有如此人生才不会有遗憾。所谓"老骥伏枥，志在千里"。事实上，四五十岁的中年正是一个人奋发有为的黄金时期，而且人通常在上了一定年纪之后，智慧和见解才会日臻成熟，做人做事各方面也才更显稳重老练，不像年少时那样懵懂无知、容易冲动。

傍晚时分，天边的晚霞十分光彩夺目，岁暮之际，采收的橙橘更是馨香！人到晚年如果不能"老当益壮"，反而抱着"万事休"的消极态度来处世，那就太可惜了。

58. 诚可感动天地　伪则形影自愧

【原文】

人心一真，便霜可飞、城可陨、金石可贯。若伪妄之人，形骸徒具，真宰已亡，对人则面目可憎，独居则形影自愧。

【注释】

霜可飞：本意是说天下霜，比喻人的真诚可以感动上天，变不可能为可能而在夏天降霜。据《淮南子》："衍事燕王尽忠，左右谮之，王下之狱，衍仰天哭泣，天五月为之下霜。"城可陨：本来是说城墙可以拆毁崩塌，此处比喻至诚可感动上天而使城墙崩毁。贯：穿透。伪妄：虚伪，心怀鬼胎。真宰：宰是主宰，真宰此指人的灵魂。

【译文】

人的心灵一旦变得至诚至真，就可以使五月飞霜、城台倒塌、金石贯穿。但如果是一个虚伪狂妄的人，空有一副躯壳，真正的心灵早就丧失了，那么他的面目必然会令人厌恶，就是独自一人时也会为自己的行为感到羞愧。

【评析】

至诚至真、至善至美是高尚的人生境界。真诚能感天地、泣鬼神，可以使五月飞霜、城台倒塌、金石贯穿。所谓"精诚所至，金石为开"就是这个道理。

真诚是为人的根本，也是处世的准则。无论从政、经商、求学，都离不开这个准则。只有以诚信为本，内心才能平和，才能得到别人的信任，事业才能事半功倍。没有人喜欢和一个虚伪狡诈的人共事，而谎话讲得过多的人不仅得不到别人的信任，连自己都会怀疑自己，一切在他眼中都是假的，难免会落得形影相吊的地步。

59. 处逆境时比于下　心怠荒时思于上

【原文】

事稍拂逆，便思不如我的人，则怨尤自消；心稍怠荒，便思胜似我的人，则精神自奋。

【注释】

拂逆：不顺心，不如意。怨尤：把事业的失败归咎于命运和别人。怠荒：精神萎靡不振，懒惰放纵。

【译文】

遇事稍微有些不如意，就去想那些处境不如自己的人，那么怨恨就会自然消失。心中稍微有些懈怠的念头，就去想那些比自己强的人，那么精神自然就能振奋起来。

【评析】

人生的道路不可能总是宽阔平坦的，难免会有沟壑险滩，事有不如意时要看开一些，想想那些不如自己的人，心情就会轻松许多。人快乐与否由自己的内心决定，多看看不如自己的人，自然心存满足。

"一山还有一山高，强中自有强中手。"世界上的事往往没有最好只有更好，欲望是永无止境的追求，直到你已追逐得筋疲力尽，看到的还是人上有人。若真较上真儿，受苦受累的恐怕只是你自己。所以，中国人常说"知足者常乐"。

"知足者常乐"是一种心态而不是一种生活状态，所谓"逆水行舟，不进则退"，做人要有更高的追求，生活才有动力，社会才能进步。常持"知足常乐"之心，又不乏凌云之志，才能在快乐的人生中品尝丰收的果实。

60. 心游瑰玮之编　目想清旷之域

【原文】

心游瑰玮之编，所以慕高远；目想清旷之域，聊以淡繁华。于道虽非大成，于理亦为小补。

【译文】

心在瑰丽奇伟的思想中畅游，以此来寄托自己高远的志向；幻想着能够看到清新辽阔的地方，以此来淡化尘世的浮华。这样做虽然不能真正地得道脱俗，但是对人的修养和心境还是有好处的。

【评析】

我们之中的大多数人根本无法达到超凡脱俗的"大成"境界,但是,如果我们能够多读几本好书,多释放一下压力,也会有很好的收益。

61. 喜忧安危勿介于心

【原文】

毋忧拂意,毋喜快心,毋恃久安,毋惮初难。

【注释】

拂意:不如意、不顺心。惮:惧怕。

【译文】

不要因为不如意的事情而忧心忡忡,不要因为暂时称心的事情而兴高采烈,不要因为长久的安逸生活而有恃无恐,不要因为开始时遇到的困难而畏惧不前。

【评析】

处事需要冷静,不要头脑发热、忽悲忽喜,也不能贪图安逸、临阵脱逃;心气平和、淡定从容才能处变不惊,居安思危、未雨绸缪才能临危不乱。多层次、多角度地思考,才能做出更好的选择。

不要无谓地忧愁烦恼,因为失意正是得意的基础;也不要为一时的幸福而得意,因为得意正是失意的根源。该来的都会来,该去的总会去。一切都是再自然不过的事情。该拿起时就拿起,该放下时便放下。只有那些既拿得起又放得下的人,才能心无牵挂,快乐长存。

62. 伏久者飞高 开先者谢早

【原文】

伏久者飞必高,开先者谢独早。知此,可以免蹭蹬之忧,可以消躁急之念。

【注释】

蹭蹬：路途险阻难行，比喻遇到困难，不顺利。

【译文】

隐伏越久的鸟一旦起飞必定会飞得越高，开得越早的花常会越早凋谢。知道了这个道理，就可以免去仕路不畅、怀才不遇的忧愁，就可以消除浮躁冒进、急于求成的念头。

【评析】

少年得志的人往往晚景凄凉，倒不是说少年得志不好，只不过人在太小的时候就春风得意，往往没有成熟的心态去面对，很容易把持不住自己。大器晚成的人因为长期积累已经获得了丰厚的知识和人生阅历，而痛苦的蛰伏和漫长的等待造就了他们坚韧的品质。

厚积薄发，经过沉淀展现出来的才是精华，经历过失败才更懂得珍惜那份得来不易的收获。急于崭露头角就难于成大气候，急功近利不足成大事，只有守正而待时，善于抓住机会而又坚定志向，才有可能走向成功。

因此，不必为怀才不遇失意苦恼，也不要因急于求成而急躁冒进，只要脚踏实地、静待时机，一分努力自会有一分收获。

63. 穷理尽妙　进道忘劳

【原文】

穷理尽妙，钩深出重渊之鱼；进道忘劳，致远乘千里之马。

【注释】

尽妙：明白了所有的奥妙。进道：做学问，修行品德。忘劳：不知疲倦。

【译文】

追求真理要深入才能明白其中所有的奥妙，鱼钩下得深才能钓到深渊中的大鱼；修养品德要不知疲倦才能成功，路要走得很远才能找到千里马。

【评析】

做什么事都知难而退是不会取得成功的，没有持之以恒的精神也不会有所收获。

64. 幻中求真　雅不离俗

【原文】

金自矿出，玉从石生，非幻无以求真；道得酒中，仙遇花里，虽雅不能离俗。

【注释】

幻：指事物的空无。据《金刚经》："一切有为法如梦幻泡影。"又《演密钞》中有"幻化，无忽谓有"。真：真知实相。《唯识论》："真谓真实，显非虚妄，如谓如常，表无变易，又《往生论》注：'真如是诸法之正体。'"道：此指道理。

【译文】

黄金从矿砂中提炼出来，璧玉从顽石中雕琢出来，可见没有虚幻就无法得到真实。从饮酒中能悟出道理，在花丛里能遇见仙人，可见高雅之事也不能完全摆脱世俗。

【评析】

雅并不拒绝俗，没有俗，雅也就失去了赖以生存的基础。雅的东西并不能脱离它产生的环境，就像一个人不可能天生就是一个高雅之士，他很可能在俗的环境里成长，而要变得高雅关键是靠以后的磨炼。雅的东西是不断修省锻炼而来，像矿砂不经冶炼就不能成为黄金，顽石不经琢磨不能成为美玉。同理，人不经过历练也不能成为完人。雅是对俗的升华，雅人并非不做俗事，只是做时有他的独特方式，别具风格。超脱的人所做的事情并不是与俗人不同，而是他们有自己独特的做事方式。

要成为一个道德高尚的高雅之士，离不开后天的磨炼，我们应该逐渐发现本性中美好的东西,并在现实之中不断使之大放异彩。

65. 了翳无花　销尘绝念

【原文】

一翳在眼,空花乱起;纤尘着体,杂念纷飞。了翳无花,销尘绝念。

【注释】

空花:虚幻之花。

【译文】

眼睛若被蒙蔽,那么虚幻之花就会漫天飞舞;若有灰尘落在心里,那么就会杂念纷飞。只有除去眼睛的蒙蔽,虚化之花才能消失,洗净心中的尘土,杂念才会消失。

【评析】

如果我们心绪不宁,杂念四起,那么肯定是心中落满尘埃。唯有放下内心的烦恼和杂念,才能清净自在,明见真心。

66. 肃杀存生意　可见天地心

【原文】

草木才零落,便露萌蘖于根底;时序虽凝寒,终回阳气于灰管。肃杀之中,生生之意常为之主,即是可以见天地之心。

【注释】

萌蘖:指植物长出新芽。凝寒:寒冷到结冰的程度,形容天气非常寒冷。凝,是指结冰。灰管:古代用来测气候变化的玉管,因以葭莩灰放在律管中而得名。

【译文】

草木的枝叶刚开始枯萎凋落时,在根底就已萌发出新芽;季节虽然已经进入寒冬,也终究会回归到温暖的飞花时节。在深秋肃杀萧索的氛围中,大地仍然蕴含着主导时势的无限生机,由此可以看出天地孕育万物的本心。

【评析】

"野火烧不尽,春风吹又生",大自然的无限生机是不会因暂时的萧条和衰落而消失的。冬意正浓的时候,春天已迈开了它的脚步,正如雪莱在《西风颂》中所写的那样:"冬天来了,春天还会远吗?"旧事物的凋陨,只不过是为了让新生的事物得以更好地延续,"落红不是无情物,化作春泥更护花。"草木枯荣、冬夏交替都是大自然的机理所在,花开花谢、风暖风寒也是人间常事。

人的生老病死也不过如同自然的新陈代谢,畏惧老去和死亡就像害怕风霜雨雪般毫无意义,只要你拥有一个博大的胸怀,顺势而为,你的青春就不会虚度,你的人生才能开花结果。

67. 花鸟尚绘春　人生莫虚度

【原文】

春至时和,花尚铺一段好色,鸟且啭几句好音。士君子幸列头角,复遇温饱,不思立好言,行好事,虽是在世百年,恰似未生一日。

【注释】

时和:气候和暖。好色:好景色,美景。啭:鸟的鸣叫,发出婉转悠扬声。头角:指气象峥嵘,比喻才华出众。据韩愈《柳子厚墓志铭》:"虽年少,已自成人,能取进士第,崭然见头角。"一般说成"崭露头角"。

【译文】

春季到来和风艳阳,百花尚且要开出一片五彩斑斓的花朵,给大地铺上一层美丽的颜色,鸟儿也要唱出几句婉转悦耳的歌声。士人君子如果侥幸出人头地，又能使生活丰衣足食，却不想为后世子孙留下旷古名篇，做一些有益于世人的事，即使活到一百岁，也跟一天没活没有什么区别。

【评析】

花鸟知春光短暂，因此希望把自己最美丽的色彩和最悦耳的歌声奉献给天地自然。它们因自己的奉献而快乐无比。人活一世，立足天地之间，吸收万物精华，应当对人类和宇宙有所回馈。况且人生如同春光转瞬即逝，活着的时候如果不能发一分光添一分热，那就等于空在世上走了一趟，连花鸟的境界也比不上了。

人若能在自己的一生中做那么一两件让后世怀念的事，才算是不罔此生。何况"立好言，行好事"如同花铺好色、鸟啭好音一样，如果你能从花鸟的音色中体会出它们的喜悦，那么你也就能够从自己的奉献中得到快乐。

68. 恶人读书　适以济恶

【原文】

心地干净，方可读书学古。不然，见一善行，窃以济私，闻一善言，假以覆短，是又藉寇兵而赍盗粮矣。

【注释】

心地干净：心无杂念，心地纯净。心地是心田，在心中藏有善恶种子，随缘滋长，朱子有"自古圣贤皆以心地为本"的说法。学古：学习古人的谋略和品行。善行：善良的行为。窃以济私：偷偷用来满足自己的私欲。善言：好意的话，高妙的说辞。假以覆短：借佳句名言掩饰自己的过失。藉寇兵而赍盗粮：李斯《谏逐客书》中有"此所谓藉寇兵而赍盗粮者也"。兵，武器。赍，付与，把东西送给别人。

【译文】

只有心无杂念、心地纯净的人，才可以读书学习古人的哲理。否则看到古人的善行后就偷偷模仿，以满足自己的私欲，听到古人的名言佳句就用来粉饰自己的过失——这种行为就等于资助兵器给敌人，送粮食给盗贼。

【评析】

　　知识原本是用于服务社会、造福人民的，如果被一个心术不正的人利用，便会成为危害社会的利器。因此，人在启蒙受教的时候，一定要有纯正的观念，文化知识的学习固然重要，思想道德的教育更加不可忽视。有才无德并非真才，德才兼备方为栋梁。

　　由此可见，读圣贤之书，学习先贤的优秀品德，需要学习者心地干净。如果一个人品质不良，掌握丰富的知识只能使他做坏事时更加方便，丰富的学识反而成为他做坏事的帮手。学习者需要端正心态，心无杂念邪思，这样才能真正学习前人的优良品德，真正掌握领会真理。

69. 性天未枯　机神宜触

【原文】

　　万籁寂寥中，忽闻一鸟弄声，便唤起许多幽趣；万卉摧剥后，忽见一枝擢秀，便触动无限生机。可见性天未常枯槁，机神最宜触发。

【注释】

　　寥：安静。卉：草的总名。擢：抽，拔。秀：生长茂盛的植物。

【译文】

　　万籁俱寂之中，忽然听到一声鸟儿的鸣叫，就会唤起许多幽情雅趣。群芳凋谢之后，忽然看到一株鲜花傲然怒放，就会触发心灵的无限生机。由此可见，万物天性并不会完全枯萎，生命的机趣精神最应该不断地被激发。

【评析】

　　灵感的触发来自大自然的无限生机，因此，文人墨客往往到自然中去吸取养分、寻找灵感，否则终难留下千古绝唱，且总有文思枯竭的一天。生活中也是如此，当一个人走入了死胡同，若不能及早回头，另觅他途，最终难免会碰壁，被撞得头破血流。大自然不会归于完全的空寂，一丛花谢后还有另外一丛花在那里等待开放，生生不息是自然界的规则。

人类社会也是一样，只要我们不去违背它的规律，心中充满希望，人生是没有绝路的，此所谓"山重水复疑无路，柳暗花明又一村"。

70. 静极则心通　言忘则体会

【原文】

静极则心通，言忘则体会。是以会通之人，心若悬鉴，口若结舌，形若槁木，气若霜雪。

【注释】

言忘：心中领会了，不必用言语说出来。据《庄子·外物》："言者所以在意，得意而忘言。"悬鉴：鉴指镜子，多为青铜制成，有的上面刻有铭文，用以自戒。悬鉴即悬镜，指能洞察一切，犹如明镜在胸。槁木：枯木，这里引申为对世事无动于衷。

【译文】

人的内心沉静到一定程度就能突破障碍，通达一切；忘却言语的表达，才能用心体察领会万物的真意。所以，彻悟之人，心里像悬挂一面镜子一样明亮，很少说话，形似枯萎的树木，气质若寒冷的霜雪。

【评析】

"静极则心通，言忘则体会"，这是修行到了一定的境界才能体会到的，这需要恒久的耐心与不懈的坚持。

71. 读心中之名文　听本真之妙曲

【原文】

人心有一部真文章，都被残篇断简封锢了；有一部真鼓吹，都被妖歌艳舞淹没了。学者须扫除外物，直觅本来，才有个真受用。

【注释】

真文章：此处指真正的见解和思想。残篇断简：古代用来写字的竹板叫简，残篇断简指古代遗留下来的残缺不全的书籍，此处指物欲杂念。鼓吹：古代用鼓、钲、箫、笳等合奏乐曲，这里用鼓吹代指音乐。真受用：真正的好处。

【译文】

每个人心中都有一部真正的好文章，可惜却被一些残篇断简所封闭；每个人心中都有一曲真正美妙的音乐，可惜却被眼前的妖歌艳舞所迷惑。所以研究学问的人，必须先扫除一切外来的引诱，直接去寻求原来的本性，才能真正受用不尽。

【评析】

孔子说："学而不思则罔，思而不学则殆。"学习与思考必须两者兼顾，才能悟出真理。读书是为了让人能够明辨是非，但读书不能囫囵吞枣地全盘接受，也不能断章取义地以偏概全，必须用心思考所学的东西是否合乎常理，如此才能明辨是非。

学习与思考是并行不悖、相辅相成的。心中灵巧，有一篇好文章；心内玲珑，有一部真鼓吹。

读书正是要启发智慧，使其能够明心见性，从而能够扫除一切外来和内在的诱惑，取得心灵的升华。

72. 辨别是非　认识大体

【原文】

毋因群疑而阻独见，毋任己意而废人言，毋私小惠而伤大体，毋借公论以快私情。

【注释】

群疑：大家都怀疑。小惠：相对较小的利益。大体：全局，大局。快：称心如意，满足。

【译文】

不要因为大多数人的疑虑就影响了自己的见解，不要固执己见而舍弃他人的忠实良言；不要因为个人私利而损害整体的利益，不要假借社会舆论来满足自己的私人愿望。

【评析】

当自己的见解受到众人质疑时，有多少人仍然能够坚持到底？而坚持到底是否会被人指责为固执、听不进逆耳忠言呢？一般而言，"真理往往掌握在少数人手中"，如果自己的见解是合乎义理，而且对整体利益有帮助的，就必须"择善固执"，不能摇摆不定，"毋因群疑而阻独见"。

不过，有时自己的见解也未必高明，所以必须多听听别人的意见，千万不可一意孤行，掩耳不听众人的心声，而导致发生过错。到那个时候，非但得不到大家的谅解，还会落得被人奚落的下场。

73. 舍举世共趋之辙　遵时豪耻问之途

【原文】

师古不师今，舍举世共趋之辙；依法不依人，遵时豪耻问之途。

【注释】

师：学习。时豪：当时的显贵或成功者。

【译文】

以古代的圣贤为师，不以现在的人为师，舍弃现在人们都趋向的处世之道；依照道理做事，而不依照别人，走当下成功之人不愿问津的道路。

【评析】

为人也好，做事也好，应该另辟蹊径，才能获益匪浅。

74. 勿妄自菲薄　勿自夸自傲

【原文】

前人云："抛却自家无尽藏，沿门持钵效贫儿。"又云："暴富贫儿休说梦，谁家灶里火无烟？"一箴自昧所有，一箴自夸所有，可为学问切戒。

【注释】

无尽藏：佛家语，是"无尽藏海"的简称，比喻无穷道德，此处有道德和财富的双重意思。钵：形状像盆而较小的一种陶制器具，用来盛饭菜、茶水等。谁家灶里火无烟：是说任何人家多少都有点财产。

【译文】

从前的人说："有的人放着家中的金银财宝不用，却模仿乞儿拿着盆沿街行乞。"又说："突然暴富的贫穷人家，去向别人夸耀自己的财富，像是痴人说梦一样，其实哪户人家的炉灶不冒烟呢？"上面这两句谚语，前一句是用来忠告人不要蒙昧自己的本性，后一句是用来告诫那些夸耀自己财富的人，两者都是做学问的人所必须彻底戒除的事。

【评析】

妄自菲薄和自满自夸是两个极端，两者都不是做人处世所应秉持的态度。俗话说"寸有所短，尺有所长"，每个人都有自己的长处，也有自己的短处。有些人只看到自己的短处，看不到自己的长处，觉得自己比不上别人，自己贬低自己，一味羡慕别人所拥有的，这种妄自菲薄的态度是不可取的。还有一些人只看到自己的长处，看不到自己的短处，于是骄傲自满，喜欢到处炫耀，这种做法也是不可取的。

75. 理寂事寂　心空境空

【原文】

理寂则事寂，遣事执理者，似去影留形；心空则境空，去境存心者，如聚膻却蚋。

【注释】

理：道理，事理，事物的规律。遣事：排除、排解、放弃事物。蚋：蚊子。

【译文】

事理与事物共存，事理不存在那么事物也会跟着消亡，一味地抛开事物而执著于道理，就好像要去掉影子却要留下形体一样荒谬；如果内心是空寂的，那么外在的境遇也会随着空寂，一味地摆脱外在环境的影响却执著于原来的本心，就好像一面聚集腥膻的东西一面又想驱除蚊子苍蝇一样不切实际。

【评析】

静是相对的，空也不是绝对的。追求真理固然没错，但如果抛开事实，过分执著于道理，就好像要去影留形一样不切实际。心空境空，只要心空而硬要抛开外界环境的人，如同聚膻却蚋一样可笑。他们都忽略了客观的物质依托，忘记了"皮之不存，毛将焉附"的道理。认识事物，获得真理，不可脱离具体的事物。正如"道得酒中，仙遇花里"一样，追求真理须从具体事物入手。保持内心宁静要先由自身入手，而不是向外界寻求宁静，心平气和则环境自然虚空清静。

76. 道乃公正无私　学当随事警惕

【原文】

道是一重公众物事，当随人而接引；学是一个寻常家饭，当随事而警惕。

【注释】

道：道理，含有通往真理之路的意义。公众的物事：指社会大众的事。接引：佛家语，本指引度众生。例如《无量寿经》中有"经此宝手接引众生"，这里当迎接或引导解。学：指做学问。

【译文】

"道"是一种人人得以共同行走修行之途，应该顺着人性去引导；做学问就像平常所吃的家常饭一样，应该随着事物的变化而提高警觉。

【评析】

"道"是人人皆可修得的。只要有心向道，它永远不会拒人于千里之外，而且随处都有道可寻，它就存在于人的四周。

同理，学问也是如此，并非读书写作才是学问，一切为人处世的道理都是学问，正是"世事洞明皆学问，人情练达皆文章"。人们常将"道"与"学问"看得高不可攀，认为只有德才兼备者才能修得。殊不知，任何事物都自有其道，就像用心养花植树的园丁懂得花道、能领会品茗之乐的人懂得茶道一样，只要人们能够处处留心，即能悟道。

77. 若要功夫深　铁杵磨成针

【原文】

绳锯木断，水滴石穿，学道者须加力索；水到渠成，瓜熟蒂落，得道者一任天机。

【注释】

水滴：据汉朝·枚乘的《谏吴王书》："泰山之流穿石，殚极之绳断干，水非钻石，索非锯木，渐摩之使然。"学道：钻研一门学问。水到渠成：渠：水道。水流到的地方自然会形成一条水道。比喻条件成熟，事情自然就会成功。据苏轼《答秦太虚书》："至时别作经画，水到渠成，不须预虑。"得道：学到和掌握某一学问的真谛。一任天机：完全听凭天赋和悟性。

【译文】

绳子可以锯断木头，水滴能够穿透石头，所以求学问的人也要努力探索才能有所成就；各方细流汇聚自然能形成沟渠，瓜果成熟之后自然会脱离枝蔓而掉落，所以修行学道的人也要一切顺其自然才能获得正果。

【评析】

常言道"有志者事竟成",铁杵磨成绣花针的故事众所周知,在此作者再提出"绳锯木断,水滴石穿",这些例证都是在勉励人做事要有恒心和毅力,只要不懈努力,终有成功的一天。另外,作者也劝世人不要强求,揠苗助长,只能适得其反,不如顺应自然,等时机到了,自然能水到渠成,获得正果。

但人们多不能领悟这个道理,所以自己陷于痛苦和烦恼之中。求成心切却用心不专,用心良苦却半途而废,不能持之以恒,又如何能达到理想的效果呢?

78. 理出于易 道不在远

【原文】

禅宗曰:"饥来吃饭倦来眠。"诗旨曰:"眼前景致口头语。"盖极高寓于极平,至难出于至易;有意者反远,无心者自近也。

【注释】

禅宗:佛教在中国的一个宗派,又名佛心宗或心宗。饥来吃饭倦来眠:王阳明诗曰:"饥来吃饭倦来眠,只此修去玄更玄。说与世人浑不信,却由身外觅神仙。"诗旨:作诗的秘诀、宗旨。

【译文】

禅宗里面说:"饥饿时就吃饭,困倦时就睡觉。"作诗的秘诀是:"眼前的景色要用口头语言来表达。"这些都是将最高深的哲理蕴藏在极平凡的事物中,最困难的事情要从最简单的地方入手。刻意去寻觅真理,反而离真理更远了,没有刻意寻觅真理,顺其自然反而能悟到真理。

【评析】

世间的许多事情都不必刻意追求,一旦有了苦心,就难免招来失望。"有心栽花花不开,无心插柳柳成荫",不劳心不伤神,反而往往会得到意外的惊喜。万物皆有因果，杞人何须忧天？只要遵循规律、顺其自然，一切都会开花结果。"有意者反远，无心者自近"便是这个道理。

79. 观形不如观心　神用胜过迹用

【原文】

人解读有字书，不解读无字书；知弹有弦琴，不知弹无弦琴。以迹用，不以神用，何以得琴书之趣？

【注释】

无字书：天书无字，指书外的道理。无弦琴：此指宇宙中万物的一切声响。迹用：以运用形体为主。

【译文】

人们只懂得读有文字的书，而不知道读没有文字的书，只懂得弹有琴弦的琴，而不知道弹没有琴弦的琴。如果只拘泥于对事物外形的理解和运用，而不能对其神韵心领神会，又哪里能够懂得琴与书中所蕴含的真正情趣呢？

【评析】

死读书，读死书。为读书而读书，读的只是死书，就算能倒背如流，也未必真有什么价值，书呆子难免变成老学究。触类旁通、学以致用才是最重要的。更何况书本上的知识再丰富也是有限的，怎能与大自然这本无字天书相提并论呢？古人不是也说"读万卷书，行万里路"吗？在五彩的世界中吸收宇宙的精华、充实自己的人生，何乐而不为呢？人生是一架无弦的大琴，只有妙悟之人才能掌握其中的玄机，也只有掌握了其中的玄机，才能随心所欲地弹奏出美妙悠扬的人生乐章！

80. 诗思野兴　出于自然

【原文】

诗思在灞陵桥上，微吟就，林岫便已浩然；野兴在镜湖曲边，独往时，山川自相映发。

【注释】

灞陵桥上：灞陵桥在今西安市东，古人多在此送别。林岫：林指山林，岫指峰峦。浩然：广大。镜湖：在浙江省绍兴会稽山北麓。

【译文】

送别到灞陵桥上的人诗兴勃发，刚刚低声吟罢，丛林山峰就已经变得诗意盎然。镜湖曲江的水边充满自然的情趣，独自漫步到那里，就会感到山水交映令人陶醉。

【评析】

诗情画意，需要情与景的交融，它是在情与景的交汇、心灵与自然的撞击中产生的。以情观景则动人，景中有情则动心。自然蕴含诗情却无法表露，期待着人的解读。心灵没有外物的触动撞击也不会产生诗情。

灞陵诗思既出于天然，又来自内心，送别之地，杨柳依依，千山万水含情脉脉，文思泉涌是自然而然的事，无需矫情；镜湖曲边生机盎然，独步而往，山川含笑，水映人心，自然之趣油然而生，何需半点做作？自然的无穷魅力需要一颗玲珑剔透的心去解读，诗情画意出于天然又在心头。

81. 宽严得宜　勿偏一方

【原文】

学者有段兢业的心思，又要有段潇洒的趣味。若一味敛束清苦，是有秋杀无春生，何以发育万物？

【注释】

兢业：也可作兢兢业业，小心谨慎，尽心尽力。潇洒：清高绝俗，放荡不羁，不受任何拘束。敛束：严整而刻板，不舒畅。秋杀：秋天气象肃杀，毫无生机。

【译文】

做学问的人要有一份兢兢业业的刻苦精神，又要有一份洒脱从容的人生情怀。如果一味地克制自己，过着压抑清苦的生活，那么人生就会只剩下秋天的肃杀萧瑟而没有春天的生机勃勃，又怎么能够滋养万物的生长呢？

【评析】

做学问是件清苦的工作，需要为学者具有坚韧的毅力和刻苦的精神。但是没有任何一种学问的目的是使人痛苦，真正的学问应该使人感到快乐。缺少了感性，任何一种学问都不可能达到至高境界。有兢兢业业的治学之心，却没有潇洒超脱的情怀，是纯粹的书虫，其学问无法融于社会，无法化为现实的力量。既能不失学者的严谨刻苦，又能保持一种率性洒脱的心态，才不会陷入治学的死角，才能取得意想不到的收获。

82. 不虞之誉不必喜　求全之毁何须辞

【原文】

不虞之誉不必喜，求全之毁何须辞。自反有愧，无怨于他人；自反无愆，更何嫌众口。

【注释】

不虞：出乎意料。自反：自我反省。愆：罪过，过失；错过，耽误。

【译文】

得到了意料之外的赞誉不必欢喜，受到了求全责备及毁谤也不用辩解。自我反省一下，如果心中有愧，就不能怨恨别人；如果没有过失，那么就让别人去说吧。

【评析】

　　对于别人的指责一定不能掉以轻心，如果别人说得没错，的确是自己错了，那么就不能怨恨别人，而要自己悔改。这样，别人就不会因此而更多地指责你了。如果是别人没有根据地胡说，冤枉了你，那么最好不要去辩解，过多的辩解只会越描越黑，把问题搞得更复杂。对待这种情况，应该泰然处之，等到真相大白之时，你自然会得到别人的理解。

83. 修德须忘功名　读书定要深心

【原文】

　　学者要收拾精神，并归一路。如修德而留意于事功名誉，必无实诣；读书而寄兴于吟咏风雅，定不深心。

【注释】

　　收拾精神：指收拾散漫不能集中的意志。事功：做事的功绩。并归一路：指合并在一个方面，也就是专心研究学问。实诣：真正的造诣。兴：兴致。吟咏风雅：吟咏也作咏诵，原指作诗歌时的低声朗诵。风雅，风流儒雅。诗经分为"风、雅、颂"三部分，因此后世以此比喻诗文。

【译文】

　　做学问的人应该集中精神，一心一意。如果想提高道德修养，同时却关心功名利禄，一定不会有真正的造诣；读书如果只是为了吟诗作赋附庸风雅，一定不能体悟其中的真意。

【评析】

　　读书如果只是为了附庸风雅，那么就失去了读书的真正价值；如果只是把它当作换取"颜如玉""黄金屋""千钟粟"的敲门砖，那读书就变成了可耻的事。如此读书又怎么能够心无旁骛、学有所得呢？名利之心确实比修业进学更有诱惑力，就像野草总是比庄稼更容易生长，只有清除这些杂念，知识与道德的良田才可能免于荒芜；吟咏之乐总是要比著书立说更吸引人，但这只能算是对文学的一种爱好，而不是钻研。

一个真正的学者把知识看得高于一切，做学问来不得半点含糊，唯有收拾精神，并归一路，才能取得真正的成就。

84. 居官爱民　立业种德

【原文】

读书不见圣贤，如铅椠佣；居官不爱子民，如衣冠盗；讲学不尚躬行，如口头禅；立业不思种德，如眼前花。

【注释】

铅椠佣：铅是古时用来涂抹简牍上错字用的一种铅粉。椠是不易搞坏的硬板，在没有发明纸笔的古代，就在板子上写字，因此铅椠就代表纸笔。铅椠佣即写字匠。衣冠盗：偷窃俸禄的官吏。躬行：身体力行，亲身实行。如口头禅：指不明禅理，而袭取佛家现成套语润饰其修辞。

【译文】

读书却不能研习领悟圣贤的真理，就会变成专事写字的仆佣；做官却不能爱民如子，就如同衣冠楚楚的强盗；讲求学问而不重视实践，就像口头念经不悟佛理的和尚；建功立业却不想广积功德，就像盛开的鲜花转眼就会凋谢。

【评析】

读书讲究悟性，最重要的是领会其中的思想精髓，死记硬背不但起不到应有的作用，反而容易造成思想僵化，让人毫无创造力可言。从政者爱民如子是其本分，为民谋福利是其义务，但如果居高位而不为民谋利，他不仅没有功绩，对社会还会有负价值，巧取豪夺的贪官比强盗更加可恶，对人民的危害是不可估量的。讲学之人如果没有实践经验，即使讲得天花乱坠，也不过是空中楼阁，经不起现实的风吹雨打。同样一个成功人士，如果没有高尚的人格，成功一样如同昙花一现，不会长久。

85. 天地同根　万物一体

【原文】

视民为吾民，善善恶恶或不均；视民为吾心，慈善悲恶无不真。故曰：天地同根，万物一体，是谓同仁。

【注释】

不均：不公正。

【译文】

把民众看作是我的民众，那么就有可能不以公正的心态对待他们；把人民看成是我自己，那么你的慈悲、善良、悲喜与憎恶就都是真诚的了。所以说，天地同根，万物一体，这就是所谓的同仁。

【评析】

天地同根，万物一体，四海之内皆兄弟。有这样博大仁心的人，施于别人的当然就是"慈善悲恶无不真"的大义了。为官者如果能明白这个道理，就能真正设身处地地为人民着想了。

86. 胸次玲珑　触物会心

【原文】

鸟语虫声，总是传心之诀；花英草色，无非见道之文。学者要天机清澈，胸次玲珑，触物皆有会心处。

【注释】

传心：转达心意。花英：英当动词用，是开放的意思。花英指百花开放。见道：佛家语，初生离烦恼垢染之清净智，照见真谛者，即见道。天机：本指天道机密，此指人的灵性智慧。胸次玲珑：胸次是胸怀，玲珑本指玉的声音，此处指精巧细微，灵活敏捷。

【译文】

　　鸟叫虫鸣无非是它们传递情感、进行交流的方式；花红草绿无非是阐明天道的文章。做学问的人心灵要纯净，胸怀要磊落，这样接触任何事物都能够心领神会。

【评析】

　　天地自然中处处充满机趣，只有善于观察，心灵通透，才能有所领悟。牛顿发现万有引力定律的故事，也体现了善于观察才能发现真理的道理。据说从剑桥毕业的牛顿回到家中，有一天在苹果树下看书。书看累了的牛顿放下书，这时候正好有一个苹果落在他的脚下。看着这个落地的苹果，牛顿开始思考为什么苹果会往下落。他想象着苹果是受到地球的吸引，因而落到地上。在想象的基础上，他最终证明了万有引力定律。

87. 拙意无限　巧象含衰

【原文】

　　文以拙进，道以拙成，一拙字有无限意味。如桃源犬吠，桑间鸡鸣，何等淳庞。至于寒潭之月，古木之鸦，工巧中便觉有衰飒气象矣。

【注释】

　　淳庞：淳是朴厚，庞作充实解。桃源犬吠：指陶渊明的《桃花源记》。寒潭：指深冷寂静的水潭，有深冷和寂静的双重意义。寒潭之月，古木之鸦：指元代马致远的元曲《天净沙·秋思》。

【译文】

　　写文章质朴无华才能有长进，修行悟道真诚朴实才能修成，一个拙字有着无限的意味。像桃花源中的狗吠，桑榆间的鸡鸣，何等淳朴自然。至于寒潭中的月影，古树上的乌鸦，虽然工巧，却蕴藏着一种衰败肃杀的气象。

【评析】

大智若愚，大巧若拙。所谓物极必反，看似笨拙的事物未必真的笨拙。因为拙并不等于笨，它是一种对人工的驱除，对自然的顺应。"拙"是一种质朴，一种真诚，而质朴和真诚是最能打动别人的。

最好的文章不是华丽词藻的堆砌，堆砌的东西只是乍看上去精致，却没有能打动人的真情实感。做学问也是一样，读书没有窍门，勤奋看似是最笨的方法，却是最有效的方法。为人处世同样如此，只要我们出于真、出于诚、出于自然和质朴，就会营造出和睦融洽的人际关系。花言巧语、阿谀奉承虽然让人很受用，但却也常常会弄巧成拙。

88. 道者应有木石心　名相须有云水趣

【原文】

进德修道，要个木石的念头，若一有欣羡，便趋欲境；济世经邦，要段云水的趣味，若一有贪著，便堕危机。

【注释】

修道：泛指修炼佛道两派心法。佛家语中说："谓见道之后，更修习真观。"木石：木柴和石块都是无欲望无感情的物体，喻无情欲。《孟子·尽心篇》中说："与木石居，与鹿豕游。"云水：佛家称行脚僧为云水，这种和尚手持三宝云游天下，四海为家毫无牵挂，行迹飘忽有如行云流水。他们不受物欲束缚而具淡泊雅趣。贪著：过分地迷恋。

【译文】

修身养性追求真理，要有像木石一般冷静坚定的意志，如果一旦有了对世俗羡慕的念头，就会落入充满欲望的境地；救助苍生治理国家，要有行云流水般淡泊的情怀，如果一旦有贪恋富贵荣华之心，就会陷入充满危机的深渊。

【评析】

古人进德修道讲求专心静心，我们的学习更是如此，俗话说"东看老鹆，西看燕"终究难成什么气候。"具木石心"，始终专一坚定，矢志不渝，才能学有所成。

贪欲是万恶之源。无论是古之为官，还是今时当政，保持淡泊名利之心，不为财富权力所惑，两袖清风才能把人做得更为高妙。更何况政治斗争十分激烈复杂，一不小心，就会被卷入残酷的政治漩涡中，轻则身败名裂，重则身首异处。

因此，为学不受欲所侵，当政不为利所导，才能身处云水逍遥之处，尽得生活真趣。

89. 意随无事适　风逐自然清

【原文】

意所偶会便成佳境，物出天然才见真机，若加一分调停布置，趣意便减矣。白氏云"意随无事适，风逐自然清。"有味哉，其言之也！

【注释】

真机：真正的机趣。白氏：唐代诗人白居易。

【译文】

心中偶然领悟的意境就是最佳的境界，事物是天然形成才能显出真正的机趣，如果刻意增加一点调整修饰，情趣就减少了。白居易说："无事可想时心情最舒畅，自然吹来的微风才最清爽。"他的话真是让人回味无穷啊！

【评析】

物出天然的美才是真美，不假雕饰才能意趣天成。作文章也是一样，灵感来时要抓得住，若只一味空想，堆砌藻饰，即使词藻华丽，也难免缺乏生气，不过入得二三流。而诗人的风流高雅，在于他们能读懂平淡的生活，每一缕空气都使他们感到新鲜，每一次太阳升起在他们眼里都与昨天不同。那些每日故作赏花弹琴、咬文嚼字的人，只能证明自身的庸俗。

美总是在不经意间来到我们身边，又会在不知不觉中离去，如果我们只是埋头苦读，就会与它擦肩而过。

90. 才智英敏者　以学问摄躁

【原文】

才智英敏者，宜以学问摄其躁；气节激昂者，当以德性融其偏。

【注释】

英敏：卓越而敏锐。

【译文】

才智卓越而敏锐的人，应该用积累的知识来约束自身的浮躁之气；气节激烈昂扬的人，应该修行美好的品德来消融自身偏执的性格。

【评析】

处于当今社会，我们每个人身上或多或少都会带有一些浮躁之气，虽然这并不是什么不得了的毛病，但还是约束一下比较好。不仅是气节激烈昂扬的人要修行美好的品德来消融偏执，我们每个人都要修行品德来改正自身的种种缺点。

91. 手舞足蹈　心融神洽

【原文】

善读书者，要读到手舞足蹈处，方不落筌蹄；善观物者，要观到心融神洽时，方不泥迹象。

【注释】

手舞足蹈：比喻领会书中乐趣、精髓，因高兴而忘形。筌蹄：局限，窠白。心融神洽：指人的精神与物体融合为一体，心领神会，达到忘我的境界。不泥：不拘泥。

【译文】

真正会读书的人，要读到手舞足蹈心领神会时，才不会陷入文字的陷阱；真正会观察事物的人，要观察到全神贯注物我相容时，才不会拘泥于事物表面的现象。

【评析】

读书要读出书的内涵，只领会皮毛，即使能倒背如流也算不得会读书。真正会读书的人，其心智既独立于身边的万物，又能全身心地投入其中，并与自然万物及社会万事融为一体。不仅能领会精神，还能够学以致用，才算把书读好了。观察事物也是如此，如果能做到心神融洽不泥迹象，你很快就会达到一个新境界，不仅能有所悟，你的视野也会豁然开朗。

读书、观物如果能达到这两种境界，真正领悟到其中的奥妙，那么读书、观物就会变成一种享受了。

92. 人生无常　不可虚度

【原文】

天地有万古，此身不再得；人生只百年，此日最易过。幸生其间者，不可不知有生之乐，亦不可不怀虚生之忧。

【注释】

万古：古，分为太古、上古、中古、近古，此指永恒不变的时间，喻其长。
虚生：虚度一生无所作为。

【译文】

天地的运行永恒不变，但人的生命只有一次，死后就不再复活了；人生再长也不过一百年的时间，一眨眼就过去了。既然我们有幸生存在这个永恒不变的天地间，就不可以不了解人生的乐趣，也不能不提醒自己不要虚度一生。

【评析】

人的生命不能重来，所以要珍惜当下，让自己过得充实。可惜的是，人往往不能及时把握自己，总在蹉跎有限的生命。自古以来，对于短暂的人生存在不同的价值取向。人的生命最多不过百年，而百年的时间转瞬即逝，既然有幸生存在天地之间，岂能不好好地生活，让自己的生命发光发热。

所以，我们要时刻提醒自己不要虚度光阴，要在有限的人生中去发掘生命的价值与乐趣，让自己拥有无憾的人生。

93. 读易晓窗　谈经午案

【原文】

读易晓窗，丹砂研松间之露；谈经午案，宝磬宣竹下之风。

【注释】

易：指《易经》。丹砂：也叫朱砂，成分含硫化汞，是提炼水银的重要原料，又可用来制成红颜料。磬：用坚美石头或玉所制成的乐器，敲打时发出清脆悦耳的声响。

【译文】

清晨在窗边研读《易经》，将圈点书籍的朱砂用松间露水研开；午后在桌前谈经论典，清脆的木鱼声被竹林里的清风传得很远。

【评析】

读《易经》晓窗前，以松露研砂，轻笔批点，当第一缕阳光透射进来的时候，不觉心智大开，浑然忘我，正所谓"独坐小屋读《周易》，不知春去几多时"；谈经午案间，清风徐来，木鱼声声，是怎样一种清雅脱俗的境界？

现代之人或许已很难再去亲身体验那种超凡入圣的生活，不过从古人的叙述中，我们依然可以体会出那种遗世独立的超脱。人生的心灵感受本来是相通的，即使你手中的《周易》变成了笔记本电脑，木鱼变成了鼠标，你依然能够达到一种心灵的超脱。

94. 躁极则昏　静极则明

【原文】

时当喧杂，则平日所记忆者，皆漫然忘去；境在清宁，则夙昔所遗忘者，又恍尔现前。可见静躁稍分，昏明顿异也。

【注释】

夙昔：先前、以前。恍尔：恍然、忽然。

【译文】

在喧闹嘈杂的时候，平日所记忆的事物都会浑然无知地被忘掉；在宁静安谧的地方，从前所遗忘的事物也会恍然浮现眼前。由此可见，宁静和烦躁稍有区分，心神的昏昧或灵明就立即不同了。

【评析】

在喧闹嘈杂的环境中，人的情绪会跟着浮躁起来，精神也不易集中，所以连平日记忆清楚的事，都会被忘得干干净净；反之，在宁静的环境下，由于心神宁静、意念集中，所以原本已经遗忘的事物又会忽然浮现。人们普遍认为紧张的生活才是充实的，但如果一味紧张，生活就会变得杂乱，一团乱麻的生活除了耗费精力以外没有任何意义。人生是需要沉淀和思考的，需要有足够的时间去反思，如果你走得太匆忙，没有时间思考人生的意义，你只能是匆匆过客，在世界上很难留下什么痕迹。

95. 花开则谢　人事惧满

【原文】

花看半开，酒饮微醉，此中大有佳趣。若至烂漫酕醄，便成恶境矣。履盈满者，宜思之。

【注释】

烂漫：花朵绽放，色彩艳丽。酕醄：形容烂醉如泥的样子。

【译文】

赏花要在它半开的时候，饮酒只饮到微醺的程度，这时方能体会到其中的乐趣，如果等到花开灿烂、酒醉如泥之时，就会大煞风景了。志得意满，功成名就的人，应该多想想其中包含的深意。

【评析】

"诗家清景在新春，绿柳缠黄半未均。"初春的草色萌动、绿柳缠黄才是最具诗意的时刻，此时正是生机勃发之时，一切都是新的，春天的味道就在这里；如果到了枝繁叶茂、柳絮纷飞之时，出门看到的将不是春色，而是满眼的踏春之人了，春意已无从谈起。当一种事物达到鼎盛，就会很快走向衰败。当一个人的事业处于上升状态，那时可以品味成功的喜悦；事业达于顶峰时，反而要时时谨慎，处处小心，否则就要陷入花开则谢的危机。如果你已经是一个志得意满的成功者，那么就要以"如临深渊，如履薄冰"的态度来待人接物，只有如此才能持盈保泰，永享幸福。

96. 上智下愚可与论学　中才之人难与下手

【原文】

至人何思何虑，愚人不识不知，可与论学，亦可与建功。惟中才的人，多一番思虑知识，便多一番臆度猜疑，事事难与下手。

【注释】

至人：指智慧和道德都高人一等的人。例如《庄子·天下篇》有"不离于真，谓之至人"。臆度：凭主观猜测、算计。

【译文】

德才兼备的人心胸开阔，没有什么值得忧虑的，蠢笨浅陋的人没有见识，也没有什么心计，这两种人都可以同他们研究学问，也可以一起建功立业。只有那些中等才智的人，往往比别人考虑得复杂，遇事多一些猜测揣摩，结果什么事情都很难同他们一起合作。

【评析】

至人与愚人都是可与之共事的人，因为他们身上有一个共同的特点，就是他们都心无挂碍、不耍心机，与他们共事会很轻松。而那些智慧不高、心眼不少的人见识不见得多，诡计却未必少。至人不屑耍小聪明。愚人自知蠢笨，与世争斗也不会捞到好处。中人却不同，有小聪明凭借便不肯踏踏实实努力，对于利益得失不能无动于衷，总是患得患失。这样的人没有至人的超脱，也没有蠢人的木然，遇事会权衡利弊，处心积虑，使人很难与他们合作，也让自己心力交瘁。而这个世界上的中人确是最多的，也许你我都是，其实只要我们看得开，即使不能做一个至人，做一个无忧无虑的愚人又有何不可呢？

97. 处喧见寂　出有入无

【原文】

水流而境无声，得处喧见寂之趣；山高而云不碍，悟出有入无之机。

【注释】

有：指有形的、具体的事物。无：指无我的境界。

【译文】

流水潺潺而周围环境更显幽静，从中能够体味到喧闹中见宁静的趣味；山峰高耸却不会阻碍云的流动，从中可以悟出超脱世俗进入无我之境的玄机。

【评析】

水流有声而境无声，有了动的衬托才能愈显静的空寂。一个人本性已定，就不会被爱憎和是非所动，就会呈现出一种静态。高山无法阻挡流云，因为云天性虚灵，自能高远。凡俗的一切同样也无法影响一颗纯洁无欲的心灵。

空寂本是一种禅悟，在于心灵的契合与感知。

水不动安知境之静，人若身处安逸宁静中如何能显示他临危不乱的从容？山不阻焉知云无碍，人若不受诱惑又何以看出他无欲无求的高尚品德？而若真能识得"处喧见寂之趣"，领悟"出有入无之机"，就已经难能可贵了。

98. 红烛烧残　万念自然灰冷

【原文】

红烛烧残，万念自然灰冷；黄粱梦破，一生亦是云浮。

【译文】

红烛燃尽，所有的念头也随着灰飞烟灭；黄粱之梦醒后，才知道人的一生只是一片浮云。

【评析】

人生短暂，我们不能荒废生命，要珍惜时间，多做些有意义的事情。

99. 宁静淡泊　观心之道

【原文】

静中念虑澄澈，见心之真体；闲中气象从容，识心之真机；淡中意趣冲夷，得心之真味；观心之证道，无如此三者。

【注释】

澄澈：河水清澈见底。真体：本体。从容：悠闲舒缓，不急不乱。冲夷：冲是谦虚、淡泊，夷是夷通、和顺、和乐。真味：真实的意旨。

【译文】

人的思虑只有在安静的时候才能像水一样清澈，这时才能发现人性的真正本源；人的气概只有在闲暇的时候才能像云一样舒畅悠闲，这时才能领会到心的灵明；人只有在平和淡然的时候，才能谦虚和顺，这时才能获得性灵的真实本味。如果想要反省参证人生的真正道理，没有比这三种方法更好的了。

【评析】

　　现代人生活节奏快，整日忙忙碌碌，仿佛稍微停下脚步，就会落后别人一大截。人们究竟为何辛苦为何忙？为了改善生活、为了获取成就……相信每个人自有其答案，但你是否想过，当我们一味疾步前行时，是不是已经错过了欣赏沿途景致的机会？

　　其实生活可以很简单，内心的真趣也可以不外求，只要保有宁静淡泊的胸襟，就能获得悠然自得的情趣，也能免于成为物欲的奴隶。

100. 文章极处无奇巧　人品极处只本然

【原文】

　　文章做到极处，无有他奇，只是恰好；人品做到极处，无有他异，只是本然。

【注释】

　　本然：本性。

【译文】

　　文章如果写到登峰造极的最高境界时，其实并没有什么奇特之处，只是将自己内心的思想感情表达得恰到好处而已；人的品德修养如果达到炉火纯青的境界时，其实和平凡人并没有很大的不同，只是使自己回归到纯真朴实的本性而已。

【评析】

　　有时候，愈是简单自然的东西愈是耐人寻味。真正的好文章，不是无病呻吟、堆砌华丽辞藻的文章。一篇令人感动的文章，不会有多少奇异之处。恰恰是那些语言清新流畅，感情质朴真实的文章更能打动读者。文章写得恰到好处，既没有多余的废话，也没有缺乏内容、空洞无物的毛病，这样的文章才是好文章。中国历史上唐宋时期的古文运动，就是要反对文坛上堆砌华丽辞藻、没有实质思想内容的风气，恢复从前清新自然的文风。正所谓："清水出芙蓉，天然去雕饰。"没有多余的修饰，却能够自然打动人，这样的文章读起来既能使人感到轻松自然，又能从中有所收获。做人也是如此，品德修养达到至最高境界的人，和一般人并无不同，甚至更加谦和。由此可知，最美好的事物，都是因为保留最自然的纯真本性。

换言之，如果世人都能本着自然之道，以纯真朴实的本性与人相处，不矫揉造作，那么人类社会必将更加和谐。

101. 花落意闲　自在身心

【原文】

古德云："竹影扫阶尘不动，月轮穿沼水无痕。"吾儒云："水流任急境常静，花落虽频意自闲。"人常持此意，以应事接物，身心何等自在！

【注释】

竹影扫阶尘不动，月轮穿沼水无痕：这是唐雪峰和尚的上堂语。竹影月影均是幻觉，世间一切事物与天上明月才是实体，比喻心智。吾儒：指儒家，这里指宋朝著名哲学家邵雍。

【译文】

古代的得道高僧说："竹影扫过台阶尘土并不会飞动，月影穿过池塘水面也不会产生波痕。"我们的儒家学者说："任凭水流得再急周围的环境也依然宁静，花瓣飘落虽然频繁但是意兴仍然悠闲自在。"人如果能常常怀有这种心态，以此来立身处世、待人接物，那么身心将会多么悠闲自在啊！

【评析】

境由心生，一切虚幻的的东西都如同竹影扫阶、月轮穿沼一样是虚无缥渺的，不会造成任何实质性的影响。情欲物欲如同竹影月轮，到头来不过是一场空，故面对这些心境宜静，意念宜远；心底常空，不为欲动，如阶上之尘、沼中之水，不受不实幻觉的影响。且人与万物无异，人间是非、尘世浮华又何苦看得太真，功名利禄不过如过眼云烟，何必寄予太多的痴情呢？心静，物不可使之动；身闲，境不可使之乱。唯有气定神闲，才能心无挂碍、无欲无求。

102. 世法不必尽尝　心珠宜当自朗

【原文】

一勺水便具四海水味，世法不必尽尝；千江月总是一轮月光，心珠宜当自朗。

【译文】

一勺水便已经具备了四海之水的味道，因此，没有必要把世间上的所有事情都经历一遍；千条江水中所映出的月亮，不过是一轮明月的影子，所以，我们的心里要有一个如月亮一样明亮的心珠，来辨别所有事物。

【评析】

世界上的事物，尽管有各种不同的形式，但总是会有相同的地方存在，我们要保持清醒的状态，不要被事物的形式所迷惑。就如同江中的月亮，不同江水中所映出的月亮其实都是同一轮明月。因此，只要认识了天上这轮明月，也就认识了江水中所有的月亮。

103. 息心见性　了意明心

【原文】

心虚则性现，不息心而求见性，如拨波觅月；意净则心清，不了意而求明心，如索镜增尘。

【注释】

心虚：指心中没有杂念。性：与生俱来的气质。息心：去除心里的杂念。

拨：拨开、拨动。

【译文】

内心没有杂念，人的本性就会显现，不去除心中杂念就想见到本性，就像是拨开水波去寻找月亮一样；意念清净心灵就会明澈，不清除物欲烦恼就希望内心明澈，就像在布满灰尘的镜子上再增加一层灰尘一样。

【评析】

内心保持清静，才能见真性情。沉浸在享乐中的人们通常十分昏庸，因为他们常为外物所迷醉，很难有一个冷静的头脑。只有虚怀若谷，才能明心见性。只有内心了无杂念时，本性才能出现。如果善恶、是非、爱憎等各种杂念缠绕心头，要想发现本性就会像水中捞月一样不切实际。

修身养性如此，工作学习也是如此，没有淡泊、超脱的心境，不仅在道德上难以有所修为，在学业、事功、技艺上也只能一知半解，难以达到最高境界。

104. 不能养德　终归末节

【原文】

节义傲青云，文章高白雪，若不以德性陶熔之，终为血气之私，技能之末。

【注释】

节义：节操和义气，指美好的品行。青云：比喻身居高位的达官贵人。白雪：古代曲名，比喻稀有杰作。德性：道德品性，指涵养与胸襟。陶熔：指限制、规范、引导。

【译文】

志节和义气足可傲视任何达官贵人，而高雅生动的文章足可胜过白雪名曲。然而，如果不是用高尚的道德来陶冶它们，所谓的志节和义气就不过是意气用事，而生动的文章也成了微不足道的雕虫小技。

【评析】

常言道"玉不琢不成器",铁砂也要经过熔炼才能成为纯钢。换言之,所有的东西都必须经过磨炼才能成为有用之物,人也是一样,如果不陶冶情操,提升修养,那么不论学问有多渊博,都会沦为所谓的雕虫小技和血气之私。所以,一个人唯有具备高尚的品德,其学问和志节才有意义。

105. 心境恬淡　绝虑忘忧

【原文】

人心有个真境,非丝非竹而自恬愉,不烟不茗而自清芬。须念净境空,虑忘形释,才得以游衍其中。

【注释】

丝竹:丝即弦,指弹拨乐器。竹指笙箫等。"丝竹"泛指乐器。茗:茶。形释:形是躯体,释有解说的意思。游衍:逍遥游乐。

【译文】

人的心中有一个真实的妙境,不需要美妙的音乐就能使人感到闲适愉快,也不需要焚香煮茶就能让人感觉清新芳香。这是心念澄净、心境虚空,同时忘却忧思愁虑、解脱形体束缚之故,这样才能自如地悠游在妙境之中。

【评析】

世人千方百计追寻的美妙境界,其实就存于自己的心中,只要你心无妨碍,自然就能达到,根本无须向外索求。但很多人以为,要求得让人身心无拘无束的妙境须向外求,所以,希望宁静的人往往避开人群,到深山里去寻求安静;想要断绝欲念的人,选择出世修行。这样做也许暂时能获得心灵的安宁,但如果心中物欲不除,时间久了反而会觉得寂寞难耐,甚至适得其反。

其实,只要断绝俗世的名利与物欲,保持意境空灵,就能摆脱所有的烦恼,使自己悠游在生活的乐趣之中。

106. 了心悟性　俗即是僧

【原文】

缠脱只在自心，心了则屠肆糟廛，居然净土。不然，纵一琴一鹤，一花一卉，嗜好虽清，魔障终在。语云："能休尘境为真境，未了僧家是俗家。"信夫。

【注释】

缠脱：解脱与困扰。屠肆：杀牲口卖肉的地方。糟廛：糟是酒渣，廛，市场。净土：佛教语，指没有尘世庸俗之气的清净世界。魔障：佛家语，魔是梵语，指障害。恶魔所做的障碍，妨害修道。

【译文】

是否能摆脱世俗的烦恼，完全取决于个人的心念。如果能真心领悟，就是屠户酒肆也会变成极乐净土；否则，纵然喜好清雅，与琴鹤花草等为伍，魔障终究还是存在。俗话说："能够摆脱尘世才能进入领悟的境界，不能悟道的僧人和凡人并无不同。"这句话真是至理名言。

【评析】

一个人只要能够彻悟，不论外在环境如何，都跟置身极乐净土一样。反之，如果无法看透尘世，就难免受到杂念的侵扰，无法静下心来，即使一琴一鹤、一花一竹的清雅嗜好也会沾染尘心，又如何能超然物外、修得正果呢？

"了心悟性，俗即是僧"。由此看来，人是可以决定自己的苦乐悲喜的，俗世与净土的距离只在心间。

107. 修行宜绝迹于尘寰　悟道当涉足于世俗

【原文】

把握未定，宜绝迹尘嚣，使此心不见可欲而不乱，以澄吾静体；操持既坚，又当混迹风尘，使此心见可欲而亦不乱，以养吾圆机。

【注释】

　　把握未定：意志不坚，没有自控能力。绝迹：离开，不现行踪。尘嚣：指人世间的烦扰、喧嚣。澄悟：是静悟之意。澄，形容水清而静。静体：指寂静之心的本性。混迹：杂身其间。风尘：风起尘扬，喻人世扰攘。

【译文】

　　当内心的修养还不够坚定的时候，就应该远离尘嚣，心不会受到物欲的引诱，就不会迷乱，这样才能领悟清明的本性；如果意志已经坚定，就应当回到熙攘的尘世，心在物欲的引诱下仍能不迷乱，这样就能修养圆通的灵机。

【评析】

　　对于涉世不深的年轻人来说，需要避开各种各样的繁华场所。因为他们涉世不深，对于世界的了解也不深刻，意志力也不是很坚定，自我控制能力也不是很强。这时候遇到一些诱惑，意志力不坚定的人往往无法抵挡。所以对于年轻人来说，远离蕴藏着各种各样诱惑的繁华场所是非常必要的。

　　当一个人形成了健全正确的世界观、人生观、价值观，对于世界有了比较深刻的认识，能够坚守良好的德行的时候，就可以到繁华热闹的地方磨砺自己的意志了。这样的人看到繁华热闹，心中却不迷乱，遇到各种诱惑，能够抵制得住，坚守自己的良好德行。经过这样的磨砺，他们的意志力、自控力就会更强。

108. 佳趣妙境　非在物华

【原文】

　　栽花种竹，玩鹤观鱼，亦要有段自得处。若徒留连光景，玩弄物华，亦吾儒之口耳，释氏之顽空而已，有何佳趣？

【注释】

　　物华：万物表面的美丽色彩与形貌。

【译文】

　　种植花草竹子，玩赏鹤鸟禽鱼，也应该能自得其乐。如果只是贪恋眼前的景色，玩赏它们表面的浮华，也就不过是儒家所说的口耳学问，佛家所说的只知诵经，不明佛理的表面文章罢了，有什么乐趣可言呢？

【评析】

　　"栽花种竹，玩鹤观鱼"能够使心灵获得放松和快乐，然而这只不过是一种外在的形式而已。真正的乐趣是一种深刻的领悟，它与形式无关。心性自在、潇洒自得，不需要在表面上去刻意追求，只有忘却对形的执迷，才能体会出道的真意。

　　像"栽花种竹，玩鹤观鱼"这样的事，雅则雅矣，但也要有一颗雅的心去对待。若只是留连光景、玩物丧志，忘记了应负的社会责任，再高雅的事也变成了浪费生命、虚度光阴，于人于己都是有害的。

109. 了身外事　参心中禅

【原文】

　　才就筏便思舍筏，方是无事道人；若骑驴又复觅驴，终为不了禅师。

【注释】

　　筏：一种竹制的渡河工具。无事道人：指不为事物所牵挂而已悟道的人。不了禅师：即不懂佛理的和尚。

【译文】

　　刚登上木筏便想上岸后舍弃木筏，才是个不为外物束缚的得道高人；如果骑着驴又去找驴，终究也是个不能了却凡心难以参透禅机的和尚。

【评析】

　　外界事物只是我们达到目的的工具，太过在意就会成为人生的负担。一个人来到河边本来是想过河的，可是当他留恋起小船的可爱，不舍得放弃，那么即使过了河,也会为自己增加一个包袱。世人肩上这样的包袱难道还少吗?如果都像无事道人那样,过而不留,心无挂碍,人生便多了几分自在与洒脱。"求心内佛,却心外法",佛家参禅也是一样,形式并不重要,重要的是领会精神。酒肉穿肠过不要紧,只要佛祖心中留就可以。

人生与参禅悟道一样,工具与方法是给人用的,不是用来束缚人的。只有不拘泥于外物与形式,才能达到无我无相的至高境界。

110. 减省便可超脱　求增桎梏此生

【原文】

人生减省一分,便超脱一分。如交游减,便免纷扰;言语减,便寡愆尤;思虑减,则精神不耗;聪明减,则混沌可完。彼不求日减而求日增者,真桎梏此生哉!

【注释】

减省:少事,少欲望。愆尤:愆,错误、过失。尤,怨恨。耗:消耗、损失。混沌:指天地未开辟以前的原始状态,此指的是人的本性。桎梏:古代用来锁、绑罪犯的刑具,引申为束缚。

【译文】

人生在世如果能减少一分琐事,便能多超脱一分凡俗,例如:交际应酬减少了就能免除一些争执纠纷;交谈言语减少了就能避免一些过失怨恨;思索忧虑减少了就不会造成精神的虚耗,自作聪明减少了就可以使本性得以保存。那些不追求事情日渐减少却希望其日渐增多的人,一生都要被束缚啊。

【评析】

生活中经常会有人喊累。怎么会不累呢?房子、车子、金钱、名誉、地位,有哪一样是舍得不要的?生活总是没有满足的时候,我们像负重爬山的人,身上的东西越来越多,却哪一样也舍不得丢,所以只有越走越累了。

其实,我们最快乐的时候,反而是童年心无杂念、一无所有的时候。无得亦无失，便可无所牵挂。即使不能真正做到割舍一切，那么放下一些私心杂念总是可以的吧。让自己的生活简单一点，日子就会轻松一点，快乐自然就会多一点。

111. 悟得真趣　匹俦嵇阮

【原文】

茶不求精而壶亦不燥，酒不求洌而樽亦不空。素琴无弦而常调，短笛无腔而自适。纵难超越羲皇，亦可匹俦嵇阮。

【注释】

燥：干涸，缺少水分。洌：清洌，指好酒。樽：盛酒的器具。羲皇：即伏羲氏，为上古时代的皇帝。匹俦：匹敌，此作媲美解。嵇阮：嵇是指嵇康，字叔夜，资性高迈不群，官拜中散大夫不就，常弹琴咏诗以自娱。阮，指阮籍，字嗣宗，好老庄，嗜酒善琴，对俗士以白眼相待。

【译文】

喝茶不讲究最好，茶壶中常有就可以；喝酒不追求清洌，酒杯中不空就可以。古琴缺少琴弦而能在时常弹起时心舒畅，短笛不成腔调而能在吹起时自得其乐。这种生活纵然不能超越伏羲，也可以和嵇康、阮籍相匹敌。

【评析】

事物的形式是次要的，根本的是它的内涵。饮酒品茶，味不在于浓，在细细回味中，清香悠远便得真趣。茶非壶中之茶，而是心中之茶，酒非杯中之酒，而是心中之酒。心中有了茶的清淡，何物不可以品味；心中有了酒的醇香，何物不可以迷醉。无弦琴、无腔笛，音出无声同样能领会自如。弹有弦琴，常人都可以听见，无弦琴却只有心存琴韵的人才可以倾听。身处大自然的清静中，便可以体验大自然的真趣。

故茶酒琴笛等雅物，不管外形怎样，只求其中趣味。若能味淡情真、自得其乐便可超脱潇洒，与世外高人匹美了！

112. 动中静是真静　苦中乐是真乐

【原文】

静中静非真静，动处静得来，才是性天之真境；乐处乐非真乐，苦中乐得来，才是心体之真机。

【注释】

性天：就是天性，《中庸》中有"天命之谓性"的说法，说明人性是由天所赋予的。心体：内心世界。

【译文】

在宁静的环境中保持的平静，并非是真正的平静，若在喧闹的环境中仍能保持平静的心态，才算是人的天性中原本的真境界；在欢乐的氛围中得到的快乐，并非是真正的快乐，若在艰难的困境中仍能保持快乐的心情，才算是人的本性中快乐的真正境界。

【评析】

心如止水的心态，不是在清静平和的环境中获得，而是在嘈杂喧嚣的环境中练就。在任何情况下都能做到泰然自若、坐怀不乱，才是达到了静的真境界。乐亦如此，经历过痛苦，才能懂得欢乐。得来容易的幸福是短暂的，只有能够在苦中作乐，才算懂得了快乐的真谛。"行到水穷处，坐看云起时"，山穷水尽时还能找到快乐的人，才是真正洒脱智慧的人。在静中耐得住寂寞，在动中经得起诱惑，在乐中不得意忘形，在苦中能找到快乐，那么你便步入了人生的至高境界。

113. 尚奇者乏识　苦节者无恒

【原文】

惊奇喜异者，无远大之识；苦节独行者，非恒久之操。

【注释】

苦节：艰苦卓绝、守志不渝的节操。独行：坚持按自己的主张去做。恒：长久不变。

【译文】

一个喜欢猎奇爱好怪异的人，必然不会有高深的学问和远大的见识；一个苦守名节、特立独行的人，也必然没有长久不变的操守。

【评析】

喜欢奇怪异常事物的人，没有远大的志向与见识。也就是说，有远大见识与志向的人，其表现恰恰也很平常。他们平淡无奇，没有怪异之处，但相处久了你才能了解他们的不平凡之处。

114. 耳目皆桎梏　嗜欲悉机械

【原文】

一灯萤然，万籁无声，此吾人初入宴寂时也；晓梦初醒，群动未起，此吾人初出混沌处也。乘此而一念回光，炯然返照，始知耳目口鼻皆桎梏，而情欲嗜好悉机械矣。

【注释】

萤然：这是形容灯光微弱得像萤火光一般。万籁：自然界万物发出的声响，泛指一切声音。

【译文】

灯光微弱闪烁，大地寂静无声，这是人们将要入睡的时候；清晨从梦中苏醒，万物悄然未动，这是人们刚从迷梦中走出。如果能利用这一线灵光来使自己的心灵澄澈，反省自身的一切，便会明白耳目口鼻都是束缚我们心灵的枷锁，而情欲嗜好都是使我们人性堕落的工具。

【评析】

　　人的欲望是桎梏我们心灵的枷锁，欲望就像一条永无止境的锁链，一环扣着一环，一个接着一个，似乎没有满足的时候。人要生存就不可能真正做到与世隔绝，更加摆脱不了耳目口鼻的实际需要。若没有些超脱之意，便会为物欲所奴役。既然不能割掉耳目口鼻以绝物欲，那么何不保持心灵的虚空宁静？常思己过亦能修身养性。

115. 万虑皆抛　一真自得

【原文】

　　斗室中，万虑都捐，说甚画栋飞云，珠帘卷雨；三杯后，一真自得，唯知素琴横月，短笛吟风。

【注释】

　　捐：弃。

【译文】

　　身居斗室之中，能够抛开所有的繁心杂念，还羡慕什么雕梁画栋、珠帘轻卷的华屋豪宅？三杯酒下肚之后，悟得人生真谛，便只知道在明月下抚琴，清风中吹笛了。

【评析】

　　身居斗室而自在从容，"无丝竹之乱耳，无案牍之劳形" "万虑都捐"的生活岂能不轻松快意？此时"画栋飞云，珠帘卷雨"又有什么值得羡慕的呢？

　　有明月为伴，琴笛为乐，开怀畅饮，自然天趣尽收杯中，何不举杯邀月，与影共饮，其中妙趣只能意会不可言传。唯出红尘而不俗、出淤泥而不染者，才能体会此中真谛。也唯有在贫困状态下表现出高雅情趣的人才懂得人生的真谛。

116. 心体要光明　念头勿暗昧

【原文】

心体光明，暗室中自有青天；念头暗昧，白日下犹生厉鬼。

【注释】

心体：人的内心世界。青天：晴朗的天空。暗昧：不光明叫昧，指阴险见不得人。心体：指智慧和良心。暗室：隐密不为他人所见的地方。

【译文】

一个人的心地如果光明磊落，即使处在黑暗的房间，也会像站在万里晴空之下；而一个人如果内心阴险，即使在光天化日之下，也会被厉鬼缠身。

【评析】

人对外界现象的评价往往会附加主观看法，同样一件事情，乐观的人会朝正向思考，悲观的人则会往坏处想。所以，当杯里的水被喝掉一半的时候，乐观的人会庆幸还有半杯水可喝，悲观的人会哀叹只剩半杯水。

这些对事物的看法，其实正是自己内心的反照。进一步来说，一个内心充满善念的人，眼里所见的一切都是美好的，即使面对他人的恶意批评也无所畏惧；而内心邪恶的人时常怪罪他人、怀疑别人的用心，行事稍有不顺就怀疑有人从中作梗。这种人时刻都提防着遭人算计，所以终日紧张不安，受尽心魔的摧残。

117. 去得吾心冰炭　便生满腔和气

【原文】

天运之寒暑易避，人生之炎凉难除；人世之炎凉易除，吾心之冰炭难去。去得此中之冰炭，则满腔皆和气，自随地有春风矣。

【注释】

天运：指大自然时序的运转。炎凉：人情的冷暖变化。冰炭：指人心里的是非。春风：春天里温和的风，此处取和惠之意。

【译文】

自然变化所产生的严寒酷暑容易躲避，人生在世的世态炎凉却难以消除。即使人世间的世态炎凉容易消除，人们心中恩怨情仇的杂念也难以去除。如果能去除心中恩怨情仇的杂念，那么心中便都是平和之气，自然时时都会有如沐春风的感觉了。

【评析】

一把蒲扇就可赶走夏天的暑气，但有什么能驱赶人们内心对功名利禄的热衷？心中有了欲望就会去追逐，而追逐中又难免掉入欲望的陷阱、爱恨的沼泽，于是恩怨情仇随之而来，纷争不断，心中岂会安宁？所以，心魔不除最后受伤的将会是我们自己。若想随时沐浴春风，自己先要满腔和气，若要满腔皆和气，必然先去心中冰炭！

118. 清静之门　淫邪渊薮

【原文】

淫奔之妇矫而为尼，热中之人激而入道。清净之门，常为淫邪之渊薮也如此。

【注释】

矫：伪装。热中：沉湎于某事。渊薮：指聚集的场所。

【译文】

淫荡失节的女人，事与愿违时就假意去作尼姑；热衷功名利禄的人，常因一时意气用事而遁入空门。本应清净的佛门圣地，却往往成为淫邪聚集的藏污纳垢之地。

【评析】

佛门本为清静圣洁之地，但是却偏偏成为一些乌合之众的避难所。

由此看来，人的清浊不可以他的身份而论，事情的真相只看表面是得不到的。最丑的女人需要最多的脂粉，最无耻的人需要最堂皇的外衣。我们需要时刻擦亮双眼才能避免被假象所迷惑。

119. 彻见自性　不必谈禅

【原文】

性天澄澈，即饥餐渴饮，无非康济身心；心地沉迷，纵谈禅演偈，总是播弄精魂。

【注释】

康济：本指安民济众，此处当调剂身心解。据《书经·蔡仲之命》："康济小民。"偈：即佛经中的唱颂词。

【译文】

天性澄明纯净的人，就是饿了吃饭、渴了饮水，总都是在调剂自己的身心；心地沉迷的人，纵然谈论禅理、解释偈语，也都是在浪费自己的精力。

【评析】

人生的道理就在自己身上，不必刻意外求，也无须拘泥于形式。

所以，只要本性纯真，拥有一颗禅心，即使没有遁入空门、落发为僧，修行的功夫也不会不如出家修行者。反之，一个不能扫除物欲与杂念的人，六根不净，即使整天讨论佛理、研究禅学，也始终无法彻见自性，只是口头禅、心外佛，徒劳无功而已。因此，一个人只要能保有纯真本性，就会自见天机，根本无须借助外力。

120. 我一视　动静两忘

【原文】

寂厌喧者，往往避人以求静，不知意在无人便成我相，心著于静便是动根，如何到得人我一视、动静两忘的境界？

【注释】

我相：与真我相对的我。动根：躁动、动乱之源。人我一视：我和别人属于一体。

【译文】

喜欢寂静而讨厌喧嚣的人，常常以躲避人群来求得安静，却不懂得有意避开人群就是执著于自我，内心执著于安静就是躁动的根源。这怎么可能达到将自我与他人一视同仁，而将寂静与喧嚣一同忘却的境界呢？

【评析】

内心蠢蠢欲动的人才更需要幽静的环境加以调节。因此，好静者未必是真静者，内心真正平静的人即使在喧嚣纷杂的环境中依然能够保持泰然自若的心境。求得内心的宁静在于内心，环境只是其次。假如不能忘却俗世纷扰，就算环境再宁静，内心仍然无法安宁。静中求静是身静，动中亦静才是心静。真正的清静是求不得的，求静只能说明你的动根太重，结果只能是越求越远。

如果把动静都忘却了，不去想到底是动还是静，那么心中自然也就平静了。

121. 酝酿和气　昭垂清芬

【原文】

一念慈祥，可以酝酿两间和气；寸心洁白，可以昭垂百代清芬。

【注释】

酝酿：本指造酒的发酵过程，此处比喻事情逐渐达成成熟的准备过程。两间：指天地之间。昭垂：昭示、垂范。

【译文】

心怀慈悲的念头，就可以使天地间充满祥和之气；心地纯洁清白，就可以使自己的美名流芳百世。

【评析】

俗语说"与人方便，自己方便"，有时候人的一念之慈会使一件棘手的事情变得海阔天空。君子以天地自然为道，为人处世持的是天地之间的浩然正气，待人接物亦以慈悲宽容为怀，如果人人都能达到这种境界，那么人和人之间哪里还有什么猜疑与嫉妒呢？心地纯洁，为人处世就不会有作恶的念头。一个正直公正忠诚的人，不仅能博得世人的尊敬，还能以自己的人格魅力感化众生，留芳千古。

122. 真伪之道　只在一念

【原文】

人人有个大慈悲，维摩屠刽无二心也；处处有种真趣味，金屋茅檐非两地也。只是欲闭情封，当面错过，便咫尺千里矣。

【注释】

慈悲：给人快乐，将人从苦难中解救出来，亦泛指慈爱与怜悯之心。维摩：梵语维摩诘的简称，是印度大德居士，辅助佛陀教化世人，被称为菩萨化身。屠刽：屠是宰杀家畜的屠夫，刽是以执行罪犯死刑为职业的刽子手。金屋：指富豪之家华丽的住宅。茅檐：指简陋的房屋。咫尺：古代长度单位，咫尺指极短的距离。

【译文】

每个人都有一副慈悲的心肠，维摩诘和屠夫、刽子手的本性并没有什么不同；世间到处都有一种合乎自然的真正情趣，金碧辉煌的宅第和简陋的茅草屋也没有什么差别。所不同的是，人心常被贪欲和私情所封闭，以至于错过了慈悲胸怀和真正的情趣，虽然看起来只有咫尺的距离，结果已经相去千里了。

【评析】

　　人是否活得快乐，不是取决于其地位的高低或财富的多寡，有的人衣食富足但精神生活匮乏，也有人位卑贫苦却活得安然闲适，这两者究竟谁活得快乐呢？

　　其实，人生快不快乐完全存乎于一念之间，换言之，完全取决于知足与否。常言道："知足常乐。"一个乐天知命的人，会懂得繁华到头终是空的道理，所以无论是住在高楼大厦还是简陋茅屋，对他来说都只是形式的不同，而无实质上的差别——如果贪得无厌，即使拥有金屋也仍无法获得满足。

123. 自然鸣佩　最上文章

【原文】

　　林间松韵，石上泉声，静里听来，识天地自然鸣佩；草际烟光，水心云影，闲中观去，见乾坤最上文章。

【注释】

　　鸣佩：古代达官贵人和仕女常用美玉系于衣带上作为饰物，行走时相互撞击发出清脆的响声。草际烟光：草地上迷蒙的雾霭。

【译文】

　　山林间松涛的情韵，岩石上泉水的声响，静静听来，便体会到这是大自然最美妙的旋律；芳草之间的迷蒙烟雾，湖水中央的缥缈云影，闲闲望去，就能发现这是天地间最美妙的景色。

【评析】

　　大自然用它的阵阵松涛、淙淙流水诉说着自己的心声，用它的草际烟光、水心云影抒写着内心的感动，只有心领神会的人才能感受它的无限风情。最动听的音乐只有懂音乐的人才能享受，最妙的风景也只有会欣赏的人才能领略。凡夫俗子只会抱怨天气的无常和环境的恶劣，文人雅士才能体会风霜雨雪的各种风采，四季的不同风韵。因为他们知道"清水出芙蓉，天然去雕饰"的真正含义，只有最自然的才是最美妙的。

124. 幽人自适　不着泥迹

【原文】

幽人清事，总在自适。故酒以不劝为欢，棋以不争为胜，笛以无腔为适，琴以无弦为高，会以不期约为真率，客以不迎送为坦夷。若一牵文泥迹，便落尘世苦海矣！

【注释】

幽人：隐居不仕的人。笛以无腔为适：意思是为陶冶性情不一定要讲求旋律节奏。会以不期：会是约会，不期是说没有指定的时间，不受时间所约束。坦夷：坦率平易。牵文泥迹：为一些繁琐的世俗礼节所拘束。

【译文】

幽居的人和清雅的事都是为了顺遂自己的本性，所以喝酒以不相劝饮最为畅快，下棋以不争胜最为高明，吹笛以不按固定腔调最为自在，弹琴以信手拈来最为高超，约会以不期而遇最为真率，客人以不相迎送最为坦诚。如果一旦受到繁文缛节的约束，就要掉进世俗的苦海之中了。

【评析】

自在的生活是人们共同向往的，自在就是心无挂碍，就是心胸坦荡，就是不拘小节，就是真率自然。做到这些就能自由自在了。只不过现实中的人们很难做到这些。因为，人们心头有牵挂、意中有得失、在意外界的看法、拘泥于繁文缛节。

其实，人类不过是在自寻烦恼。人与人的交往本来是很自然的事，干吗非要给它添上那么多的规矩，最后圈住的反而是自己，作茧自缚就是这个道理吧！不过蝴蝶既然能够破茧而出，说明规矩这种东西是可以打破的。茧外能给你一片自由的天空，更能成就一个崭新而完美的自我！那些怡然自适的人就是最好的榜样。

125. 万象皆空幻　达人须达观

【原文】

山河大地已属微尘，而况尘中之尘！血肉身躯且归泡影，而况影外之影！非上上智，无了了心。

【注释】

尘中之尘：比喻人及一切生物的渺小。影外之影：指身外的名利权位如镜中花、水中月转眼即逝。了了心：了当形容词用，明白、理解的意思。

【译文】

相对于宇宙空间来说，山河大地只是一粒尘埃，何况人类更是微尘中的微尘；而相对于宇宙时间来说，血肉之躯到头来终归是泡影，何况身外的权位名利更是泡影中的泡影。所以，一个没有至高智慧的人，不可能有一颗彻悟的心来明白这种道理。

【评析】

人们常说"塞翁失马，焉知非福"，一代文豪苏东坡虽然仕途失意，但气度恢弘的他，尽管生活窘困、屡遭挫折，却从未因此颓唐丧志，始终保有一颗温柔细腻的诗人之心，正是如此随缘自适、旷达处世的胸怀，才造就了其多彩的人生。

诚如他在《前赤壁赋》中所说："寄蜉蝣于天地，渺沧海之一粟；哀吾生之须臾，羡长江之无穷；挟飞仙以遨游，抱明月而长终；知不可乎骤得，托遗响于悲风……"人必须面对自己的有限性，生命有限，学识有限，如果不能认清这一点，又岂能悟得"万象皆空幻"的真义呢？

126. 短暂人生　何争名利

【原文】

石火光中争长竞短，几何光阴？蜗牛角上较雌论雄，许大世界？

【注释】

　　石火：石头相撞迸出的火星，一闪即逝，形容人生的短促。蜗牛角上：比喻地方极小。

【译文】

　　在电光石火般短暂的人生中较量长短，能争得多少的光阴呢？在如蜗牛触角般狭小的空间里争强斗胜，又能夺到多大的世界呢？

【评析】

　　人们常说："生命的价值不在于长短，而在于精彩与否。"人生如梦变如戏，而每个人仅有一次演出机会，不能重来。这人生的舞台究竟有多大？人们所能发挥的潜能又有多少呢？《山海经·大荒北经》中记载了夸父追日的故事："……夸父不量力，欲追日影，逮之于禺谷。将饮河，而不足也；将走大泽，未至，死于此。"姑且不去深究这则神话故事所体现的"自强不息"的精神，如果仅就故事情节来看，看到的将只是夸父既愚且痴的行为。就此而言，世人对于物欲的执迷与夸父之欲追日何异？

127. 广狭长短　由于心念

【原文】

　　延促由于一念，宽窄系之寸心。故机闲者，一日遥于千古，意广者，斗室宽若两间。

【注释】

　　延促：延是长，促是短。此指时间长短。机闲者：是说能把握时间忙中偷闲的人。意广：心胸颇大。斗室：形容房间的狭小。两间：一间为天，一间为地。

【译文】

　　时间的长短是出于心理感受，空间的宽窄是基于心中的观念。所以，对心灵闲适的人来说，一天的时间比千年还要长，而对胸襟开阔的人来说，狭小的房间也犹如天地般宽广。

【评析】

　　个人在一念之间的想法，往往左右了其对外在事物、环境的感受，诸如时间长短、空间宽窄等。所以，人们常说"韶光易逝"，美好快乐的时间总是感觉过得特别快，而等待的日子则特别觉得难熬，所以才会有"一日不见如隔三秋"和"度日如年"的说法，这两者的差别系因心理感受不同所致。总之，人生乐观与否，全系乎自己一念之间。心胸如果宽广，则海阔天空，事事从容有余。反之，一个人若心胸狭窄，则会每日唉声叹气、怨天尤人。

　　其实一切的悲喜得失，都在自己的一念之间，不是吗？

128. 知足则仙凡异路　善用则生杀自殊

【原文】

　　都来眼前事，知足者仙境，不知足者凡境；总出世上因，善用者生机，不善用者杀机。

【注释】

　　仙境：快乐、自由的境地。

【译文】

　　对日常生活里的一切事物，能够感到知足的人就像处于仙境般快乐，不能知足的人就如同处在凡境。凡是世上的因缘，懂得善加运用便处处都是生机，不能善加运用则处处皆是危机。

【评析】

　　不可否认，不安于现状是刺激人们力争上游的动力之一，但人们在追求所谓优质生活的同时，却往往堕入物欲之中，变得不知满足。这样的人生快乐吗？答案当然是否定的，因为人的欲望永远无法满足，而永无止境的追求只会让人陷入痛苦的深渊。反之，知足、懂得享受人生乐趣的人，则能拥有快乐的人生。

换言之，知足的人着眼于自己所拥有的事物，并善加利用且懂得珍惜；不知足的人则在意自己所欠缺的事物而执意强求，结果非但得不到，还可能失去原本所拥有的东西。

所以说"知足常乐"，对于外物的追求应当适可而止，这样才能真正享受人生的乐趣。

129. 不为念想囚系　凡事皆要随缘

【原文】

今人专求无念，而终不可无。只是前念不滞，后念不迎，但将现在的随缘打发得去，自然渐渐入无。

【注释】

随缘：佛家语，指顺其自然。佛教认为由于外界事物的刺激而使身心受到感触叫缘，因其缘而发生动作称随缘。

【译文】

现今的人一心追求没有杂念的境界，可是却又始终做不到。其实只要能做到让先前的杂念不停留在心中，后来的杂念自然不会来到。亦即只要把握现在，将眼前的俗务打发掉，自然就能渐渐进入没有杂念的境界了。

【评析】

一般人对于不如意的往事，通常会一再反复追想，并要经过一段相当漫长的时间才能淡忘。虽说时间是医治伤口最好的良药，但却在这期间浪费了我们太多的精力，青春是短暂的、时间是宝贵的，往者已矣，应该好好把握现在，别一味地沉浸于过去，才不会使眼前的事受到影响。正如李白所言："弃我去者，昨日之日不可留，乱我心者，今日之日多烦忧。"

换言之，过去的就让它过去，昨日莫追悔，今日莫烦忧。人应该以更开阔的胸襟活在当下、迎接未来，如此才能抛开烦恼，拥有快乐的人生。

130. 游鱼不知海　飞鸟不知空

【原文】

游鱼不知海，飞鸟不知空，凡民不知道。是以善体道者，身若鱼鸟，心若海空，庶乎近焉。

【译文】

游在大海中的鱼并不知道大海的存在，空中飞翔的小鸟并不知道天空的存在，百姓也不知道天道和义理的意义所在。所以，真正能理解天意、义理的人，身体就像鱼和鸟，而心就像大海与天空，或许这样才能更接近于天理吧。

【评析】

如果人整个身心都投入到一种理念或情感的时候，那么，他就会本能地把这一切当作生命的一部分，就像鱼在大海中畅游，但是却并不能感觉到大海的存在一样，这是一个非常深刻的道理。

131. 凡俗差别观　道心一体观

【原文】

天地中万物，人伦中万情，世界中万事，以俗眼观，纷纷各异；以道眼观，种种是常。何须分别，何须取舍？

【注释】

人伦：人与人之间的伦常关系。道眼：超乎寻常的眼光。

【译文】

天地间的万物、人世间的一切情感，以及世界上的所有事情，如果用一般人的眼光来看，纷纷扰扰各不相同，如果用通达的眼光来看，则样样都很平常，何必要去加以分别和取舍呢？

【评析】

人们常以自我为中心，对万事万物均加上主观想法，为所有事物都涂上自己的感情色彩，所以万物自然大有分别。至于通达的人，则不以自我为中心，而用超越世俗的眼光去观察万事万物。在他们看来，天地万物、人伦万情都是一样的，根本没有人们想象中那么复杂，更不需花太多的精力去加以区分。

可见，不论对人、对事或对物，只要能本着大公无私的平等态度，用一颗简单透彻的心来对待，就能不受外物俗情的牵绊，万物本为一体，又何必去分别、取舍呢？

132. 以我转物　逍遥自在

【原文】

以我转物者，得固不喜，失亦不忧，大地尽属逍遥；以物役我者，逆固生憎，顺亦生爱，一毫便生缠缚。

【注释】

以我转物：以我为中心去推动和运用一切事物，即我为万物的主宰。转，支配。逍遥：自由自在，不受拘束。以物役我：以物为中心，而我受物质的控制。缠缚：束缚、困扰。

【译文】

如果由我来主宰事物，得到不会欢喜，失去也不会忧虑，大地到处都徜徉自适；如果由事物来役使我，不顺遂时就会恼恨，顺利时又会恋栈，只要一点微小的事就能使人感到困扰束缚。

【评析】

由自己来主宰事物，则万物为己所用，而得与失取决于尽力与否，一切操之在我，失了一物可另取一物，有得有失，得失都不放在心上，所以得之不足喜，失之不足忧；相反如果自己受到物质的控制，为外物所奴役，则会患得患失，得到的害怕失去，失去的又追悔莫及，心境随着事物的顺逆而转，时时都感受到无形的牵制，人生何来快乐的时候？

这两者的差异，就在于役物与役于物，人生的苦与乐、迷与悟都取决于是否役于物，只有摆脱了物役快乐才能常在。

133. 思及生死　万念灰冷

【原文】

试思未生之前有何像貌，又思既死之后作何景色，则万念灰冷，一性寂然，自可超物外游象先。

【注释】

一性：本性归于宁静。象先：指超越于各种形象。象，形象。先，超越。

【译文】

试想在还没有出生前是什么形象面貌，再想想死后又是什么景况，那么一切的念头便会冷却消失，内心归于宁静，自然可以超然物外，悠游于各种形象之前。

【评析】

人在出生前究竟是何种样貌？死后又是什么景况呢？究竟有没有前世来生？这类问题，有多少哲学家曾经费尽心血苦心探求，但总得不出具体的答案，因此人类对于生命的意义常无定论。人在出生时是赤手空拳来的，死的时候也带不走一丝一毫。"翻云覆雨数兴亡，回首一般模样。"连生命都要终归于沉寂，一时的富贵荣辱又岂在话下。

是非恩怨转头空，一切于我只是虚幻。人又何必太执著？若能悟得这一点，做人又何必苦苦追寻、斤斤计较呢？

134. 阴恶祸深　阳善功小

【原文】

恶忌阴，善忌阳。故恶之显者祸浅，而隐者祸深；善之显者功小，而隐者功大。

【注释】

阴：阴指事物的背面，这是不容易被人发现的地方。阳：指事物正面，是大家都能看到的地方。

【译文】

坏事忌讳被遮掩起来，好事忌讳被宣扬开去。所以被发现了的坏事所造成的祸害就小，而被掩藏起来的坏事造成的祸害就大；到处被宣扬出去的好事积累的功德就小，而默默无闻暗中行善所带来的功德才大。

【评析】

坏事被摆在桌面上就不会造成多大的伤害和影响；而坏事如果被隐藏起来，就会变成定时炸弹，不知道会在何时何地爆炸，造成的伤害是可想而知的。所以，如果做了错事并且知道错了，就该勇于承认并加以改正，这样还能让别人刮目相看。

而好事就不同了，好事如果大肆宣扬，就会失去做好事的意义，不仅收效倍减，而且难免被人看作沽名钓誉之徒。人们说行善是积阴德，既然是阴德还是不要到处宣扬的好。

135. 雌雄妍丑　一时假象

【原文】

优人傅粉调朱，效妍丑于毫端，俄而歌残场罢，妍丑何存？弈者争先竞后，较雌雄于着子，俄而局尽子收，雌雄安在？

【注释】

优人：伶人，俗称戏子。俄而：不久。雌雄：此当胜败解。《史记·项羽本纪》："愿与汉王挑战决雌雄。"妍：美好，美丽。

【译文】

演戏的人擦粉涂口红，将美丑都交付给化妆笔的笔尖，歌舞散场之后，那些美丑哪里还会存在？下棋的人竞相在棋子之间比较胜负，一旦棋局结束，棋子收了，刚才的胜负又在哪里呢？

【评析】

人生如戏，成败如棋。人生不过几十年，一切是非成败在历史长河中都是短暂的，所有的事物在瞬间都会成为过去，就如同再精彩的戏，也终有曲终人散，人去台空的那一刻。万事强求不得，人生的精彩与否自有后人来评说，在历史的长河中不是每个人都能留下美丽的涟漪，即使留过也会被滚滚江水所淹没，看不出什么痕迹。

由此可知，人生短暂，转瞬即逝，不管你怎样斤斤计较，如何费力钻营，到最后，等待你的都是一样的结局。既然如此，你又何必煞费苦心，为谋富贵而不择手段呢？

136. 世路茫茫　随遇而安

【原文】

释氏随缘，吾儒素位，四字是渡海的浮囊。盖世路茫茫，一念求全，则万绪纷起，随遇而安，则无入不得矣。

【注释】

素位：指本身应做的事，而不羡慕身外的事。浮囊：用于渡水的皮囊。世路茫茫：世路指人世间一切行动及经历的情态。茫茫作遥远渺茫解。

【译文】

佛家讲究万事都要顺其自然，儒家讲究凡事都要恪守本分。"随缘素位"这四个字是帮我们渡过人生苦海的浮舟。因为人生的道路茫茫无际看不到尽头，只要有一个求全的念头生出，便会引发无数杂念的兴起。如果能够做到顺其自然、随遇而安，那么无论到了哪里便都能怡然自得了。

【评析】

随缘，是一种面对人生的态度。随缘不等于听天由命，消极处世，它是让人以一种平和的心态顺应事物发展规律，不刻意、不强求，顺其自然。素位，是一种对待事业的准则。素位不是自扫门前雪，它是要求人们做好自己分内的事，不要这山望着那山高，贪图不属于自己的权势和利益。

"随缘素位"四字虽出处不同，但内涵却是相通的。它告诉人们：一个安于现实的人，能快乐地度过一生；相反，一个处处苛求完美、心存非分之想的人，心中欲望永远不会得到满足，又怎么会有快乐可言呢？

137. 以事后之悟　破临境之迷

【原文】

饱后思味，则浓淡之境都消；色后思淫，则男女之见尽绝。故人常以事后之悔悟，破临事之痴迷，则性定而动无不正。

【注释】

浓淡之境：对事物味道的感觉。性定：性是本然之性，亦即是真心。定是不安定、不动摇，即本性安定。

【译文】

酒足饭饱后再去品尝饭菜的味道，咸淡的味道都会消失。色欲满足之后再来回想淫逸之事，男欢女爱的冲动就一点也没有了。因此，人们如果能够经常以事后的悔悟来破除遇事时的痴迷，那么就能保持内心的平静，从而保证品行的端正。

【评析】

"如果能够重来一次，我一定不会这么做！"许多时候人们都会十分肯定地说出这样的话。"早知今日，何必当初？"很多时候人们都在扮演着"事后诸葛亮"的角色。只不过更多的时候人们在重复着相似的错误。因为人吃饱之后还会再饿，饿了依然饥不择食，也许只有等到真正吃了大亏，才能长点儿记性，但为此付出的代价往往是巨大的。

虽说"吃一堑"能"长一智"，但是智慧干吗非得通过吃亏来得到呢？与其在错误发生后后悔，不如尽量避免错误的发生。人不可能不犯错，但可以少犯错，只要能够常用事后的悔悟来时时提醒自己就不难做到。

138. 静中见真境　淡处识本心

【原文】

风恬浪静中，见人生之真境；味淡声稀处，识心体之本然。

【注释】

风恬浪静：比喻生活的平静无波。味淡声稀：味指食物，声是声色，比喻自甘淡泊不沉迷于美食声色中。心体：人的内心世界。

【译文】

在风平浪静、平平淡淡之中，才能品味出人生的真味。在粗茶淡饭清贫淡泊之中，才能体会到心性的本来面目。

【评析】

庄子说"恬以养志"，平淡的生活中往往才能品味出人生的真味。喜怒无常的人很少长寿，淡然自适者则往往能身体健康。沉浸于宴饮歌舞中的人往往思绪混乱，而林泉野径上却常有智者。人生之味在真纯不在浓烈，人生之境在平和不在沸腾，人生的智慧是在平淡中获得的。

139. 省事为适　无能全真

【原文】

钓水，逸事也，尚持生杀之柄；弈棋，清戏也，且动战争之心。可见喜事不如省事之为适，多能不若无能之全真。

【注释】

钓水：临水垂钓。逸事：放松身心的事。柄：权力。据《左传》襄公二十三年："既有利权，又执民柄"。喜事：好事。全真：使心灵不受损。

【译文】

在水边钓鱼本来是件安逸清闲的事，尚且还掌握着鱼的生杀大权。对弈下棋本来是个高雅单纯的游戏，尚且还要牵动恋战争胜的心思。可见多一事不如少一事，这样更能使人悠闲舒适，多才多艺不如无才无能，这样更易保全自身的本性。

【评析】

垂钓水边看似悠闲安逸，但于无辜的鱼来讲却是大难临头；对弈下棋看似闲趣高雅，但双方的杀戮之心却在暗中滋长。人生如钓，暗藏杀机；世事如棋，变幻无穷，又有谁能保持内心的平静呢？因此，多一事则多一忧，还是无事为好；多一能则多一劳，还是无能为上，"能者劳，智者忧"便是此意。

人生获得清闲安逸的最好方法是心灵的解脱，追求清静无为的人生境界。正所谓"醉翁之意不在酒，在乎山水之间也。"因此，想得渔之乐，直钩钓鱼有何不可？欲得弈之趣，胜负之心何足挂齿？

140. 夜钟醒迷梦　观影见本真

【原文】

听静夜之钟声，唤醒梦中之梦；观澄潭之月影，窥见身外之身。

【注释】

梦中之梦：比喻人生就是一场大梦，一切吉凶祸福更是梦中之梦。澄潭之月影：虚幻之月，由此可悟出一切事物皆虚幻。身外之身：肉身以外涅槃之身，此指人的品德、灵性。

【译文】

倾听夜阑人静时的钟声，能够把我们从人生的梦幻中唤醒；细看清潭净水中的月影，能够使我们发现红尘之外的自我本性。

【评析】

人生就是一场大梦，白日之梦不能圆便寻夜中之梦，是幻是真又有几人能够识得，何时能醒，只待静夜一声钟鸣。至于梦中之身孰真孰假，真身何在，切向月下澄潭寻觅。其实，静夜钟声无非心声，只是日中喧哗我们聆听不到，也无心去听；澄潭月影即为心影，只因心潮澎湃又如何能够发觉？我们的本心本来如明月般空明澄澈、清淡自然，只是人世的梦中之梦将我们的心湖搅乱。只有静夜钟声，才能使我们警醒；也只有澄潭月影，才能使我们窥见本真。

141. 会个中趣　破眼前机

【原文】

会得个中趣，五湖之烟月尽入寸里；破得眼前机，千古之英雄尽归掌握。

【注释】

五湖：古代关于五湖有多种说法，此处是泛指。烟月：指大自然的山川景色。掌握：本有指挥、控制的意思，此处有交往、效法的意思。

【译文】

能够领会生活内在的情趣，五湖四海的山川美景便都可以印入心底；能够识破事物发展的玄机，古往今来的英雄豪杰百便都能够为我所用。

【评析】

　　世俗的人在读过文人墨客的游历名篇之后，往往对文中的山川河岳产生无限遐思、心驰神往，但结果却往往是满怀憧憬而去，疲惫失望而归。于是常常会有人埋怨文人的笔墨都是骗人的文字游戏，不足信更不可信。

　　其实，山水并无不同，不同的只是人的境界而已。俗人看景，山便是山，水便是水，与我了无关系。虽游尽五岳三山，一切仍在身外，略无所得。诗人看景，山便是我，我便是山，心气相沟通，情感相交汇，见松柏而自然生凛然之气，见杨柳则多妩媚之情。达到如此境界，即使足不出户，也能尽得山水之真机。

142. 不言妍洁　何来丑污

【原文】

　　有妍必有丑为之对，我不夸妍，谁能丑我？有洁必有污为之仇，我不好洁，谁能污我？

【注释】

　　妍：美好。丑我：丑当动词用，丑化我。

【译文】

　　美丽必定有丑陋与之相对，只要我不自夸美丽，又有谁会说我丑呢？洁净必定有污秽与之相对，只要我不自夸洁净，又有谁能来说我污秽呢？

【评析】

　　妍丑相生，洁污相克，世间的一切存在都是相生相克的。再美的东西也有自己的缺陷，因为美本来就是相对的。如果你只吹嘘自己美的一面，就等于把自己丑的一面留给了大家，倒不如自谦让人，反倒能赢得人们公正的评价。洁污也是相同的道理，夸耀自己的高洁，就等于把自己的高傲留给别人当把柄。那么，你的高洁也就掺染了杂质，岂还有高洁可言？外表的美好和人格的清高是任何自夸的话语也替代不了的。真正的美是不需声张的。

143. 心常在定　心常在慧

【原文】

　　学道之人，虽曰有心，心常在定，非同猿马之未宁；虽曰无心，心常在慧，非同株块之不动。

【注释】

　　株：露出地面的树根。块：土块。

【译文】

　　学道的人，虽说有心，但心意要坚定，不能心猿意马不宁静；虽说无心，但心常在智慧之中，不能像树根植入土里那样一动不动。

【评析】

　　我们做任何事情，都要心意专一，不能心猿意马，同时也不能过分紧张或过分刻板，要专一而灵活地去完成任务，这样才能取得成功。

144. 心境澄澈　天人合一

【原文】

　　当雪夜月天，心境便尔澄澈；遇春风和气，意界亦自冲融；造化人心，混合无间。

【注释】

　　心境：指心情、情绪。意界：心意的境界。造化：指大自然。

【译文】

　　面对雪舞静夜、月照朗空，心境就会变得清静澄澈；遇到春风拂面、气候怡人，心情也会跟着轻松起来；天地造化和人心相互交融，是没有什么区别的。

【评析】

　　遇雪夜月天，人的心境会变得清明澄澈；遇春风和气，人的意界会变得冲融祥和。人心之所以能够随天气的变化而产生不同的心理感受，是因为人与自然本为一体，天人合一，自然心灵相通。就如同你的身体发肤，牵一发而动全身。艳阳高照如天地露出笑脸，你也会在晴朗的天空下微笑。风清月白天地一片澄净，你也会陷入宁静。与天地同心便能物我两忘、混合无间。

145. 嗜欲天机　尘情理境

【原文】

　　无风月花柳，不成造化；无情欲嗜好，不成心体。只以我转物，不以物役我，则嗜欲莫非天机，尘情即是理境矣。

【注释】

　　风月花柳：泛指自然景物。以我转物：以自我为中心，将一切外物掌握在自己手中。以物役我：以物为中心，而人成了物的奴隶，为物所驱使。天机：天然的妙机。

【译文】

　　如果没有清风明月和花草树木，就无法构成一个完整的大自然；如果没有七情六欲和爱憎好恶，就无法构成人类的身心。只要能够由我主宰掌握万物，而不让外物来驱使我，那么一切的情欲嗜好无不是自然的机趣，尘世俗情也就是包含天理的理想境界。

【评析】

　　清风明月、繁花绿柳是自然存在的事物，人无七情六欲便不能成其心体。天体与心体本质上并无不同，即使圣人也不得不食人间烟火。没有欲望的人不是天神便是草木，只有欲望的人则接近于野兽。圣人亦不能无情。圣人超乎凡人之上者，在其富有智慧。而喜怒哀乐之情本属自然之性，圣人当与凡人无异。只不过凡人往往溺于情中，为情所累而不能自拔，圣人则情不系于所欲，能限情于理而已。

其实只要合情合理，人的欲望是应该得到满足的，否则，人何以图生存？只要不成为物欲的奴隶，能够控制对物欲的贪念，通过自律使外物服务于自我，便能达到心性澄明、洞穿尘情的境界。

146. 得诗家真趣　悟禅教玄机

【原文】

一字不识，而有诗意者，得诗家真趣；一偈不参，而有禅味者，悟禅教玄机。

【注释】

玄机：道家语，指深奥不可测的灵机。

【译文】

一个字也不认识，而说话却富有诗意的人，才是得到了诗的真实意趣；一句偈语也没参悟过，而说话却充满禅机的人，才是懂得了禅的深奥玄机。

【评析】

是不是诗人没有关系，会不会作诗也没有关系，重要的是要有诗意。远古洪荒，人们无知无识，更谈不上认字作诗。但是他们的生活是诗意的，世界是诗化的，他们用诗性去思维，他们都是诗人，但是却没有一首留传后世的诗篇。

是不是高僧无所谓，懂不懂偈语也无所谓，要紧的是有颗禅心。心中有佛，即使不守清规戒律，一样能悟得禅的真谛。济公酒肉穿肠而过，世人却识得他是真佛。形式和外表都不重要，重要的是我们的真心。

147. 山间花鸟　更显天趣

【原文】

花居盆内终乏生机，鸟入笼中便减天趣；不若山间花鸟错集成文，翱翔自若，自是悠然会心。

【注释】

成文：成为图画。翱翔：鸟飞的姿态。据《淮南子·览冥训》篇："翱翔四海之外。翼一上一下曰翱，不摇曰翔。"会心：内心领悟。

【译文】

鲜花种在盆里终归缺乏生机，小鸟关进笼中就减少了天然的生趣；山间的花鸟相映成趣，交织成美丽的图画，小鸟自由翱翔展翅高飞，自然能够使人领会到一种天然妙趣。

【评析】

鲜花本是自然之物，人因为自己的嗜好偏要将它强移于花盆，栽于温室，没有了风雨的洗礼，再美的花也终会缺乏生机。天空才是小鸟的家，再精致的鸟笼也关不住飞翔的心，"始知锁向金笼里，不及林间自在啼。"

自然的东西总是让人爱不释手，而爱不释手的结果是使它们变得不再自然，人类的自私扼杀了多少原本美好的生命？抛开人心的自私与狭隘，去体会山间花鸟的天然情趣吧。

148. 识乾坤自在　知物我两忘

【原文】

帘栊高敞，看青山绿水吞吐云烟，识乾坤之自在；竹树扶疏，任乳燕鸣鸠送迎时序，知物我之两忘。

【注释】

帘栊：以竹编成的用来作窗或门的遮蔽物叫帘，栊是宽大有格子的窗户。乳燕鸣鸠：候鸟春天南飞，冬天北飞，代表季节变化。

【译文】

将窗帘高卷，轩窗敞开，眺望窗外青山绿水间云烟缭绕的美景，才明白天地自然的自由自在。竹林树丛枝繁叶茂，任由乳燕和斑鸠迎送春去秋来时光交替，从而领悟到物我两忘的浑然境界。

【评析】

帘栊高敞就能看见青山绿水吞吐云烟的生活，对于现代人来说无疑是一种奢求，现代人开窗能看到的通常是钢筋水泥的高楼。失去自然的生趣如何能领会乾坤的自在？

失去的往往是最珍贵的，想想那些美好的岁月一去不复返，难免心生懊悔。人类在搬起石头清理障碍的同时却不小心砸了自己的脚，如何补救才是值得我们去反思的。

149. 超脱物累　乐于天机

【原文】

鱼得水游，而相忘乎水；鸟乘风飞，而不知有风。识此可以超物累，可以乐天机。

【注释】

物累：有形之物的牵累。

【译文】

鱼儿在水中自由自在地游荡，却忘记了水的存在；鸟儿乘着风力展翅飞翔，却不知道有风的存在，懂得了这个道理，就可以超脱外物的束缚，就能够享受自然的乐趣。

【评析】

鱼在水中优哉游哉地游着，但是它们本身并没有在水中的感觉，鸟借风力在空中自由自在地翱翔，但是它们却不知道自己置身风中。人如果能超脱物外不为外物所累，就能感受到天然的乐趣了。

150. 闲看庭前花　漫随天外云

【原文】

宠辱不惊，闲看庭前花开花落；去留无意，漫随天外云卷云舒。

【注释】

宠辱不惊：受宠或受辱都不放在心上。去留：去是退隐，留是居官。

【译文】

不管得到恩宠还是受到侮辱都毫不惊慌，只是悠闲地欣赏庭院前的花开花落。不管升迁还是贬谪都毫不在意，只是漫不经心地观看天边的云霞自由舒卷。

【评析】

花开花落、云卷云舒都是大自然的变化，只是人们因自己的心境不同而为它们涂上了不同的色彩。伤春悲秋，伤的是自己，悲的也不是别人。这些所谓的悲伤只不过是人们在自寻烦恼。如果把四季的变化看成是自然的事，也许就少了些许的惆怅，而如果把人情冷暖、富贵荣辱看淡、看破，那就真的进入了超凡之境，人生也就无悲喜可言了。

自然的规律不能改变，人事的苛求只是徒劳，不如顺其自然，反能落得轻松自在。

151. 福为祸本　生为死因

【原文】

病而后思强之为宝，处乱而后思平之为福，非蚤智也；幸福而先知其为祸之本，贪生而先知其为死之因，其卓见乎。

【注释】

蚤智：蚤指时间在先，蚤智即先见之明。

【译文】

得病以后才明白健康是人生的财富，身处乱世才知道平安和顺的生活就是福气，这并不是先见之明；身在福中却能知道这是祸患的根源，贪恋生命却明白这是死亡的缘由，这才是真正的远见卓识啊！

【评析】

爱放马后炮的人并非智者，靠吃亏长见识的人虽不愚蠢却也可悲；能居安思危、未雨绸缪的人才是智者高人。

能够将生死看破，将成败看透的人，才能获得非凡的智慧。也只有能洞穿世事，勘破天机的人，才能认清自己的将来、找准人生的定位，取得事业的成功。

152. 任幻形凋谢　识自性真如

【原文】

发落齿疏，任幻形之凋谢；鸟吟花开，识自性之真如。

【注释】

幻形：佛教认为人的躯体是地、水、火、风假合而成，无实如幻，所以叫幻形或幻身。真如：佛家语，指事物本来应有的状态。

【译文】

头发脱落、牙齿疏松，任凭虚幻躯壳的自然衰亡老去；莺歌燕语、花草萌动，去体悟永恒不变的真理。

【评析】

人们不能左右自然的规律，发落齿疏、幻形凋谢是每个人都必须经历的，对此我们无法改变。但是对于面对这一切的心态，我们却可以自我调整。草木在春夏秋冬中荣枯，天地在日出日落中运转，人类在新陈代谢中轮回，世上的一切事物无时无刻不在发展变化着。

因此，人类在浩瀚的宇宙中与花草虫鱼没有什么本质的区别。花开遍野是美丽的，落英纷纭，也自是一种诗意的潇洒。在自然的怀抱中感受生命的轮回，领会生命的本真，人类的身体无法永生不灭，但人类的智慧却可以永恒。

交际处世篇

1. 为师当为洪炉化铁　为友当为巨海纳污

【原文】

我果为洪炉大冶，何愁顽金钝铁不可陶熔？我果为巨海长江，何患横流污渎不能容纳？

【注释】

烘炉大冶：熔炼铁器的大炉。陶熔：熔化、冶炼。污渎：肮脏的水沟。

【译文】

如果我是一个巨大的炼铁炉，还怕什么样的坚钝金属不能被我熔炼吗？如果我是大海长江，还怕什么四处横流的污水不能容纳吗？

【评析】

人们常说"宰相肚里能撑船"，说的就是人的肚量，一般而言，凡是能够成就大事的人，必然有超过常人的胸怀。生活中，一个心胸狭隘的人，凡事都要跟人斤斤计较，必然招致别人的不满。只有心装大局，胸怀宽广，眼界才会开阔，事业才能取得巨大的成功。

而作为为人师表的老师，应当把自己作为一个能熔化"顽金钝铁"的巨大炼炉，无论什么样的学生都可以培养成人才，这才是一个老师的成功。

2. 好丑两得其平　贤愚共受其益

【原文】

好丑心太明，则物不契；贤愚心太明，则人不亲。士君子须是内精明而外浑厚，使好丑两得其平，贤愚共受其益，才是生成的德量。

【注释】

契：相合，相容。德量：品德与胸怀。

【译文】

爱美厌丑的心不能太过明确，否则就不能与万物相容，无物可用；褒贤贬愚的心不能太过分明，否则就不会得到别人的亲近。所以君子应当是内心精明敏锐而外表浑厚质朴，使美、丑之物平衡一些，使贤德的人与愚蠢的人都能得到得到益处，这才是君子应有的品德与胸怀。

【评析】

做人不可太精明，这是人所共知的道理。虽然内心的精明还是需要的，但是表现出来的应该是质朴与厚道，而不是斤斤计较。

人有时会对自己的精明而沾沾自喜，其实，人的这点小心眼是微不足道的，与其偷奸耍滑，不如实实在在做人，与人为善。

3. 无背后之毁　无久处之厌

【原文】

使人有面前之誉，不若使其无背后之毁；使人有乍交之欢，不若使其无久处之厌。

【注释】

乍交：刚刚开始交往。久处：长久相处。

【译文】

与其让别人在你面前称赞、表扬你，不如让他不在背后诋毁你；与其让别人有与你刚刚交往时的欢愉，不如让他在与你有长久的交往后不讨厌你。

【评析】

关于与人交际方面，《菜根谭》里有许多至理名言，这就是其中一句。

这句话可谓是字字真言，是作者一生的智慧总结，对我们很有启发。当面夸奖，没什么实际作用，但是在背后暗箭伤人，却是神仙也难防的，而且给身心造成的伤害颇大。因此，宁可得不到当面的称赞，也不要招来暗地里的诋毁。

要做到"无背后之毁"与"无久处之厌"，就要用一颗真诚的心去对待别人，自然就会交到真正的朋友。

4. 毋强开其所闭　毋轻矫其所难

【原文】

善启迪人心者，当因其所明而渐通之，毋强开其所闭；善移风化者，当因其所易而渐反之，毋轻矫其所难。

【注释】

移风化：指移风易俗。

【译文】

善于启迪他人心灵的人，应当就其所明白的道理与知识循循善诱地开导他人，不要强迫他人一下子明白所有道理；善于移风易俗的人，应当就其所能改变的地方一点一点改变，不要轻易地要他人一下子全部改变。

【评析】

在教育子女的时候也要明白这个道理，应该在孩子现有的知识基础上，由易到难地循序渐进，切不可操之过急。要知道知识的积累是一个漫长的过程，人才的成长也不是几天的时间，不要期望孩子一下子就掌握许多知识或者明白很高深的道理。如果总是望子成龙，太过着急，往往会挫伤孩子的自尊心和学习的热情，也会伤害父母与子女的感情。

俗话说"江山易改，本性难移"，我们要知道，改变人的一些本性、习惯是一件很难的事情。所以，想要改变人的本性与习惯要循序渐进，从点点滴滴做起，逐渐改变。

5. 交友者难亲于始　御事者拙守于前

【原文】

交友者与其易疏于终，不若难亲于始；御事者与其巧持于后，不若拙守于前。

【注释】

御事：处理事情。巧持：投机取巧。

【译文】

结交朋友与其最后轻易变得疏远，不如刚开始就慎重接近；处理事情与其到最后来投机取巧，不如刚开始就兢兢业业地去做。

【评析】

真正的友情如同陈年老酒，可以接受岁月的考验，而且时间越长就越醇厚醉人，让人回味无穷。交朋友要慎重选择，如果一开始打得火热，但却是三分钟热度，这种朋友往往难以长久。

当面对一项任务的时候，我们首先要正确地进行评估，做到心中有数后才能接受，如果不能胜任的话千万不要逞能，直接说自己不行总比到后来费尽心思去投机取巧要好。

6. 待人留有余恩礼　御事留有余才智

【原文】

待人而留有余不尽之恩礼，则可以维系无厌之人心；御事而留有余不尽之才智，则可以提防不测之事变。

【注释】

恩礼：恩惠和礼待。无厌：指贪得无厌。

【译文】

与他人打交道时要留有余地,不能将恩惠与礼遇都给予,这样就可以维持住贪得无厌的人心;处理事情时也要留有余地,不要将聪明才智用尽,这样才可以提防和应付意外事情的发生。

【评析】

诸葛亮说过:"宠之以位,位极则残;顺之以恩,恩竭则慢。"意思是说,用人的时候,你给他权力和名位,一旦给到了极限,他就不会再思进取了;你若给他金钱财物,一旦给足了,他就会轻视所得到的一切。我们用人而给予其权力是必需的,但是一定要注意把握好度,否则很容易让自己陷入困境。

做事与做人一样,在能力、才华方面都要有所保留,这样可以保护自己,以防不测。

7. 邀千人之欢　不如释一人之怨

【原文】

邀千人之欢,不如释一人之怨;希百事之荣,不如免一事之丑。

【注释】

希:希望,谋求。

【译文】

想求得一千人的喜欢与高兴,不如化解一个人的怨恨;希望一百件事情都做得漂亮,不如免除一件事情的过错。

【评析】

千人之欢对我们不会有多大的好处,但是哪怕是一个人的怨恨对我们来说也是不得了的,如果不及时化解,总有一天会受到那个人的报复。

哪怕我们真的做了一百件漂亮的事情,获得无限风光与荣耀,那又能怎么样呢？也许那"一事之丑"就可以让我们永远抬不起头来。因此，我们一定要谨慎行事。

8. 宁以刚方见惮　毋以媚悦取容

【原文】

落落者难合亦难分；欣欣者易亲亦易散。是以君子宁以刚方见惮，毋以媚悦取容。

【注释】

落落者：指孤独的人。欣欣者：容貌亲和，容易接触的人。刚方：刚直方正。媚悦：有意识地亲善。

【译文】

落落寡合的人，通常难以亲近结交，一旦结交也不会容易与人分开；容易接触的人，通常容易亲近结交，但也很容易与人分开。所以，君子宁可刚直方正令人畏惧，也不能装出和善的样子来取得别人的接纳。

【评析】

我们只要在现实生活中仔细观察，就不难发现"落落者难合亦难分；欣欣者易亲亦易散"是十分深刻的道理。因此，本文劝诫我们宁可刚直方正而令人畏惧，也不要装着和善可亲而换取别人的接纳。

9. 意气与天下相期　肝胆与天下相照

【原文】

意气与天下相期，如春风之鼓畅庶类，不宜有半点隔阂之形；肝胆与天下相照，似秋月之洞彻群品，不可作一毫暧昧之状。

【注释】

鼓畅：吹拂。庶类：指万物。洞彻：了解透彻。群品：万事万物。

【译文】

情意与天下相合，如同春风吹拂万物，不应该存有半点隔阂的举动；肝胆与世人相对，如同秋月普照万物，不应该有一丝一毫的暧昧之情。

【评析】

我们应该对自己敞开心扉，让春风吹进自己的内心来，让内心不与外界有半点隔阂。当我们与别人相处的时候，不能轻易把自己的内心全部袒露出来，先要看看对象才可以。如果遇到不值得交心的人，又何必肝胆相照呢？

10. 几句清冷言语　扫除无限杀机

【原文】

从热闹场中出几句清冷言语，使扫除无限杀机；向寒微路上用一点赤热心肠，自培植许多生意。

【注释】

热闹场：指得意人的生活。杀机：指祸患的可能。寒微路：指贫贱之人的上进之路。生意：指契机，机会。

【译文】

对正在人生得意处的人说几句冷静的忠告，会为他扫除许多潜在的祸患；对正处在人生上进路上的贫贱之士奉献一些热情的帮助，就会给他许多成功的机会。

【评析】

尽管说出冷静忠告的人不招人喜欢，但一定是君子所为，应受到大家的尊重。至于被忠告的人有没有把它当回事，那就是个人的修养问题了。如果在生活中你身边有这种愿出言相劝的朋友，那么应该好好珍惜你们的友情，这将有益于你的一生。同时，我们要尽力做一个敢于直言劝朋友的君子，如果做不到，那么最起码也要做一个能听进他人忠告的明白人。

我们还应该做一个"向寒微路上用一点赤热心肠"的人。比如，对那些刚刚走上工作岗位的年轻人，你的一个小小的肯定与赞许，也许就可以成为他不断进取的一个重要动力。

11. 为人除害　导利之机

【原文】

处世而欲人感恩，使为敛怨之道；遇事而为人除害，即是导利之机。

【注释】

敛怨：招致怨恨。导利：导致有利的行为。

【译文】

为人处世总是想着博取别人的感激，其实是招致怨恨的行为；遇到事情而为别人消除危难，才是助人济世的途径。

【评析】

帮助别人后总是找机会来索取回报，这样做不但难以让人感恩，反而容易被人厌烦。

"为人除害"的事情还是应该经常做的，人生一世能帮助需要帮助的人，也是一种快乐。

12. 君子严如介石　小人滑如脂膏

【原文】

君子严如介石而畏其难亲，鲜不以明珠为怪物，而起按剑之心；小人滑如脂膏而喜其易合，鲜不以毒螫为甘饴，而纵染指之欲。

【注释】

介石：坚硬的石头。按剑之心：即提防之心。脂膏：油脂、油膏。甘饴：糖汁。染指：取得不应得的利益。

【译文】

君子的品格就像一块坚硬的石头，人们都畏惧他的难以亲近，世人很少不把明珠看作怪物，所以总是怀有提防之心；小人油滑的品行如同一块油脂，人们都喜欢与其亲近，很少有人不把毒汁当作糖汁，从而放纵自己的贪婪之欲。

【评析】

为人真诚的君子总用真诚的态度对待每个人、每件事，可能刚开始给人们的感觉是"严如介石"，以致人们不敢亲近，但是随着时间的推移，人们的信任感就会越来越强。而一个虚伪狡诈、华而不实的小人可能一开始给人一个良好的印象，但是绝不会长久。我们应该小心那些"滑如脂膏"的小人。

当然，君子如果能改变一下"严如介石"的形象，人们自然就会喜欢与之亲近了。

13. 遇事镇定从容　纵纷终当就绪

【原文】

遇事只一味镇定从容，纵纷若乱丝，终当就绪；待人无半点矫伪欺隐，虽狡如山鬼，亦自献诚。

【译文】

遇事只要保持镇定从容，不管是多么纷乱的事情，最终也会理出头绪；对待别人没有半点欺瞒之心，即使是狡猾的人也会被你感化，献出一片真心。

【评析】

真诚是做人的基本原则，一个人如果不真诚，就很难得到别人的信任，对方处处提防你，任你说得天花乱坠，也无法取得别人的信任。君子应真诚地对待每一个人，而不拘泥于条条框框，这样才能让别人献出自己的真心。

一个真诚的人是真正有力量的人，他对人对事皆出于真心，不会为了牟利而虚伪做作，自然能赢得大家的尊敬。

14. 望重缙绅　怎似寒微之颂德

【原文】

望重缙绅，怎似寒微之颂德；朋来海宇，何如骨肉之孚心。

【注释】

缙绅：权贵，封建社会的特权阶层。寒微：身世贫贱的人。孚心：贴心。

【译文】

很有名望的王公权贵，怎么能比得上穷苦的人更懂情义？来自五湖四海的朋友，怎么能比得上骨肉至亲更加贴心？

【评析】

亲情是这个世界上最伟大的力量，也是这个世界上最自然的力量。

三国时期，曹操因为杀了杨修，觉得有点对不起杨修的父亲杨彪，就送了很多礼物给他，后来，曹操去看望杨彪，见到杨彪后大吃一惊，问道："您怎么瘦成这样？"杨彪说："我很惭愧不能像别人那样有先见之明，但我还是像老牛疼爱小牛犊子一样，对杨修有着父子之情啊！"曹操听后也觉得甚是凄凉。

亲情是动物所共有的，更何况是万物之灵长的人类呢？

15. 遭一番讪谤　加一番修省

【原文】

毁人者不美，而受人毁者，遭一番讪谤，便加一番修省，可以释丑而增美；欺人者非福，而受人欺者，遇一番横逆，便长一番器宇，可以转祸而为福。

【注释】

讪谤：诽谤，诋毁。修省：修身反省。器宇：气度，气概。

【译文】

诋毁别人的人是丑恶的，而受到诽谤的人，受到一番诋毁就进行一番修身反省，可以改掉自己的弊端而变得更加纯美；欺负别人的人是没有福气的，而受人欺负的人，受到一番打击就增加一番气度，可以转祸为福。

【评析】

乐观豁达的人能够珍惜和热爱生活，积极投身于生活，在生活中尽情享受人生的乐趣。在这个缤纷复杂的世界上，悲观者总是看到灰暗的一面，乐观者却总是看到光明的一面。

当然，我们都有权选择去做一个悲观者还是乐观者，如果想使自己的生活充满阳光、富有朝气，那我们就应该毫不犹豫地选择做一个乐观豁达的人。

16. 操存时要有真宰　应酬处要有圆机

【原文】

操存时要有真宰，无真宰则遇事便倒，何以植顶天立地之砥柱；应酬处要有圆机，无圆机则触物有碍，何以成旋干转坤之经纶。

【注释】

操存：品格与胸怀。真宰：主宰。圆机：圆满成熟的心性与能力。旋干转坤：治理天下。经纶：治理国家的才能。

【译文】

安身立命要有真正的定力，否则遇事就会迷失自我，这样的人如何培养为顶天立地的砥柱呢？为人处世要圆融机警，否则就会处处碰壁，这样如何施展治理天下的抱负呢？

【评析】

一位作家曾这样说过："才华，是一个人不可多得的力量，而圆滑的处事态度，则是一种生存技巧。才华让你知道应该做什么，而圆滑则告诉你该如何去做。才华使一个人拥有名望和地位，而圆滑却使一个人得到公众的尊敬。才华是一个人抽象的财富，而圆滑却可以给他带来最实际的利益。"

某个戏班邀请三名大腕同时同台演出，三人均要求在海报上将自己的名字列在第一，戏班老板很为难，一师爷对他低声耳语几句，老板终于笑了。到了演出的时候，大腕发现戏班前没有海报，只有一个硕大的红灯笼，上面竖写着三人的名字，而且还在转，彼此不分前后，三人都很满意，演出获得成功。老练圆滑的人，与言语直率的人相比，在为人和处事的方法上，有着很大的差别。言语直率者简而言之是直来直去，有什么说什么，想说什么就说什么，毫不隐瞒内心的想法；而老练圆滑者，则会因人而异，迎合对方的心理，投其所好，当然听的必会受用。

17. 防绵里之针　远刀头之蜜

【原文】

大恶多从柔处伏，哲士须防绵里之针；深仇常自爱争来，达人宜远刀头之蜜。

【译文】

大奸大恶往往隐藏在柔顺之处，聪明人一定要提防藏在棉花里的钢针；深仇大恨常常从情爱中来，明白人应该远离刀头上的甜蜜。

【评析】

李林甫，唐玄宗时官居"兵部尚书"兼"中书令"，这是宰相的职位。此人若论才艺倒也不错，能书善画。但论品德，那是坏透了。他忌贤妒能，凡才能比他强、声望比他高的人，权势地位和他差不多的人他都不择手段地想方设法进行排斥打击。对唐玄宗，他有一套谄媚逢承的本领。他竭力迁就玄宗，并且采用种种手法，讨好玄宗宠信的妃嫔以及心腹太监，取得他们的欢心和支持，以便保住自己的地位。李林甫和人接触时，总是露出一副和蔼可亲的样子，嘴里尽说些动听的话。但实际上，他非常阴险狡猾，常常暗中害人。

有一次，他装作诚恳的样子对同僚李适之说："华山出产大量黄金，如果能够开采出来，就可大大增加国家的财富，可惜皇上还不知道。"李适之以为这是真话，连忙跑去建议玄宗快点开采。玄宗一听很高兴，立刻把李林甫找来商议，李林甫却说："这件事我早知道了。华山是帝王'风水'集中的地方，怎么可以随便开采呢？别人劝您开采，恐怕是不怀好意。我几次想把这件事告诉您，只是不敢开口。"玄宗被他这番话所打动，认为他是一位忠君爱国的臣子，反而对李适之大为不满，逐渐对他疏远了。但是，坏人虽然有时可以达到害人的目的，得逞于一时，但日子久了，人们总会看清他们的嘴脸。

像李林甫这样的人是非常可怕的，因为他们表里不一，若不小心，便要上当受害，所以我们一定要"防绵里之针"。

18. 千载奇逢　好书良友

【原文】

千载奇逢，无如好书良友；一生清福，只在茗碗炉烟。

【译文】

千载难逢的好事就是得到一本好书和结交了一个良友；一辈子的清静之福，只是在茶碗香炉的旁边。

【评析】

得到一部好书与结交一个好朋友都是千载奇逢的好事，好书与良友对一个人的影响非常大。春秋时的管仲，就是结识了一个良友才尽展雄才的。

管仲，又名夷吾，颍上人，青年时经常与鲍叔牙交往，鲍叔牙知道他是个贤才。管仲家境贫困，常常欺骗鲍叔牙，鲍叔牙却一直很好地待他，不将这事声张出去。后来鲍叔牙服事齐国的公子小白，管仲服事公子纠。到了小白立为桓公的时候，公子纠被杀死，管仲也被囚禁。鲍叔牙向桓公保荐管仲。管仲被录用以后，在齐国掌管政事，齐桓公因此而称霸。

管仲说:"当初我贫困的时候,曾经同鲍叔牙一道做买卖,分财利往往自己多得,而鲍叔牙不将我看成贪心汉,他知道我贫穷。我曾经替鲍叔牙出谋办事,结果事情给弄得更加无法收拾,而鲍叔牙不认为我愚笨,他知道时机有利和不利。我曾经三次做官又三次被国君斥退,鲍叔牙不拿我当无能之人看待,他知道我没遇上好时运。我曾经三次打仗三次退却,鲍叔牙不认为我是胆小鬼,他知道我家中还有老母。公子纠争王位失败之后,我的同事召忽为此自杀,而我被关在深牢中忍辱苟活,鲍叔牙不认为我无耻,他知道我不会为失小节而羞,却会为功名不曾显耀于天下而耻。生我的是父母,了解我的是鲍叔牙啊!"

19. 栖迟蓬户　心怀自旷

【原文】

栖迟蓬户,耳目虽拘而心怀自旷;结纳山翁,仪文虽略而意念常真。

【注释】

蓬户:用蓬草编成的门户,比喻穷苦人家的简陋房屋。

【译文】

在茅屋中自由自在地居住,尽管不是宽敞明亮,但是心情比较旷达畅快;和山中的老人结交,礼仪文采尽管都比较粗略,但是心意却是朴素真挚的。

【评析】

自由自在地居住在简陋的茅屋中,与真诚率真的山野之人做朋友,过一种无忧无虑与世无争的生活,确实是十分惬意的,大家不如在闲暇之时去亲身感受一下,肯定会有意想不到的收获。

20. 抱朴守拙　涉世之道

【原文】

涉世浅，点染亦浅；历事深，机械亦深。故君子与其练达，不若朴鲁；与其曲谨，不若疏狂。

【注释】

涉世：经历世事。点染：玷污的意思，指受社会熏陶。机械：原指巧妙器物，此处比喻人的城府。朴鲁：朴实、粗鲁，此处指憨厚、老实。曲谨：拘泥于小节，谨慎求全。疏狂：放荡不羁，不拘细节。

【译文】

一个阅历尚浅的人，受社会恶习的沾染自然比较少；而一个饱经世事的人，受社会阴谋巧诈等恶习的影响也随之加深。所以，一个有修养的君子，与其凡事讲求谙练通达，不如保持直率不虚伪的个性；与其事事拘泥小节、谨慎小心，不如豪放而不随流俗。

【评析】

有人形容社会是一个大染缸，刚踏入社会阅历尚浅的人，通常都还能保有忠厚的作风，但涉世一深，往往就会变得老成持重。当然，如果是在待人处事上应对有礼、进退得宜，这样并没有什么不好，只是许多处世经验丰富的人，往往变得比较世故，而且城府极深。这种人如果心术不正，便会为达到目的而不择手段。

所以，人立身于社会，须保持自己纯真的本性不受世俗的污染，也不要过于拘泥小节，遇事讲求圆滑练达，但不可过于世故、让人觉得心机难测。

21. 糟糠不为彘肥　锦绮岂因牺贵

【原文】

糟糠不为彘肥，何事偏食钓下饵；锦绮岂因牺贵，谁人能解笼中囮？

【注释】

豮：猪。锦绮：指绫罗绸缎。囮：捕鸟时用来引诱同类鸟的鸟。

【译文】

忽然喂猪吃糟糠，不是为了让它长肥，而是想要杀它。既然知道这个道理，为什么还要去贪吃那挂在渔钩上的诱饵呢？忽然给牲畜披上华丽的彩绸，不是因为它尊贵，而是要去拿它当祭品。谁又能明白笼中那只用来引诱同类的鸟的真正用途呢？

【评析】

别人忽然给你一些好处，一般都是怀有一定目的的。所以，我们对于来自别人额外的恩惠一定要谨慎对待。

22. 出淤泥而不染　明机巧而不用

【原文】

势利纷华，不近者为洁，近之而不染者为尤洁；智械机巧，不知者为高，知之而不用者为尤高。

【注释】

智械机巧：用心计，使权谋。

【译文】

不接近权势名利和荣华富贵的人清白，而接近却不受污染的人更为高洁；不知道机谋权术手段的人高明，而知道却不去使用的人更为高明。

【评析】

大千世界，天地万物，越是鲜艳美丽的东西，越是潜伏着危险。例如作为鸦片原料的罂粟花，含有毒性的野生彩菇等——人类社会也是如此。权势名利、富贵荣华，是无数人神往的东西，对人极具诱惑力，如果有机会得到，趋之若鹜者不在少数。但是又有几人在意过权势名利对人心的腐化呢？

只有抵制了诱惑才见得出坚贞，战胜了恐惧才显示出勇敢。很多人抱怨当今社会的黑暗与复杂，但若处于如此"势利纷华"的人世中，仍能坚守自己做人的准则，不为名利所动，方称得上真正的俊杰之士。

23. 眼前放得宽大　死后恩泽悠久

【原文】

面前的田地，要放得宽，使人无不平之叹；身后的惠泽，要流得久，使人有不匮之思。

【注释】

田地：耕种用的土地，此指心胸，心田。不平之叹：对事情有不平时所发出的感叹。惠泽：对别人的好处。不匮之思：匮，缺乏，比喻永恒的恩泽。据《诗经·大雅》篇："孝子不匮，永锡尔类。"

【译文】

眼前待人处世的立足标准要放得低些，才不会使身边的人对你发出不平的感叹；死后留给子孙后代的福泽要能流传久远，才会使后人永远怀念。

【评析】

胡适说过："要怎么收获先得怎么栽。"这句话不仅适用于做学问，也适用于待人处事。种瓜得瓜，种豆得豆。心胸狭隘的人，处处都要与人计较，生怕自己吃亏，由于没有广结善缘，到必须求助于人的那一天时，才发现周围的人对自己积怨已深，根本没有人愿意伸出援手，自己也会陷入形影相吊、孤立无援的地步。

所以做人要心胸宽大、待人宽厚，不能只顾争利而做事不留余地，结果最后吃亏的还是自己。此外，人也要常做好事，因为千金总有散尽时，只有嘉言懿行能取之不尽、用之不竭，这才是留给后世最珍贵的资产。

24. 让名远害　归咎养德

【原文】

完名美节，不宜独任，分些与人，可以远害全身；辱行污名，不宜全推，引些归己，可以韬光养德。

【注释】

韬光：韬，本义是剑鞘，引申为掩藏。韬光是掩盖光泽，比喻掩饰自己的才华。远害全身：远离祸害，保全性命。养德：修养品德。

【译文】

崇高美好的名誉与高尚的节操，绝对不要一人独占，应该分一些给别人，这样才能够明哲保身；受辱的行为和不利于己的恶名，不要完全推给别人，应该自己主动担负几分责任，这样才能够掩藏自己的才华而增进品德修养。

【评析】

美好的名誉人人皆爱，人类所苦苦追求的除了金钱之外恐怕就是美好的名誉了，但是如果将荣耀的光环都集中在一个人身上，独占功勋的那个人必将招人嫉恨；而污秽的名声人人厌恶，谁又愿意招得千古骂名？如果污名降身时将其推给别人，必将引起众怒。

所以，为人处世不可以邀功诿过，有好处应该留些给别人，而有过错就要承担几分责任。与人共事时要切记这个道理，尤其是管理者，如果只知道邀功诿过、推卸责任，必将得不到下属的信任和敬重，团队士气也将因此大打折扣，事业更加不会进展顺利。

25. 知退一步之法　加让三分之功

【原文】

人情反复，世路崎岖。行不去处，须知退一步之法；行得去处，务加让三分之功。

【注释】

人情反复：是指人的情绪欲望，反复变化无常。崎岖：地面高低不平。行不去处：走不到，过不去的地方。

【译文】

人情冷暖变化无常，人生的道路崎岖不平。因此，遇到走不通的地方，必须明白退一步的处世之法；而在一帆风顺的时候，一定要有谦让三分好处给他人的胸襟和美德。

【评析】

常言道"人情比纸薄"，人飞黄腾达时门庭若市，而穷困潦倒时则门可罗雀，个中滋味，历经成功又失败的人体会尤其深刻。一个人必须具备独立精神，在面临挫折时才能处之泰然，否则一旦遭逢人生低潮，就只能仰人鼻息、看人脸色。人生的道路起伏不定，下一步是顺境还是逆境谁也无法预料，人要有豁达的胸襟，凡事不要患得患失。在一帆风顺的时候，要不忘随时助人，失意的时候不自怨自艾，要鼓足勇气继续奋斗。

正所谓"退一步海阔天空"，人生进退并无绝对，很多时候，进即是退，退即是进。为人处世如能常保此心境，那么不管处境有多艰难，都能乐观地去面对。

26. 处世要方圆自在　待人要宽严得宜

【原文】

处治世宜方，处乱世当圆，处叔季之世当方圆并用；待善人宜宽，待恶人宜严，待庸众之人当宽严互存。

【注释】

治世：指太平盛世，政治清明，国泰民安。方：指品行方正刚直。乱世：治世的对称。圆：没有棱角，圆通，圆滑，随机应变。《易经·系辞》说："是故蓍之德，圆而神，卦之德，方以知。"叔季之世：古时少长顺序按伯、仲、叔、季排列，叔季在兄弟中排行最后，比喻末世将乱的时代。《左传》云："政衰为叔世"，"将亡为季世"。庸众：常人，平民百姓。

【译文】

居处太平盛世，待人接物要端正刚直；居处动荡不安的乱世，待人接物要圆滑婉通达；而处在行将衰亡的末世，待人接物就必须刚直与圆滑并用了。对待心地善良的人要宽容仁慈，对待奸邪的恶人要严厉，而对待平庸的人则要宽严并施。

【评析】

这是古代知识分子待人处世的一种典型方式。在政治清明的时代，因为施行的是大公无私的善政，所以即使刚正严直地谈论时政、针砭时弊，也不会受到政治迫害；如果处在乱世，就要讲求圆滑，懂得明哲保身，注意自己的一言一行，否则口不择言就可能招致杀身之祸。

由此可知，做人要懂得如何进退应对，既要见机行事又不能失去君子坦荡的风范。一个人不能空怀满腔热情却不顾实际情况，自顾自地施展抱负，这样只能碰一鼻子灰。待人要因人而异，顺时应变，万不可不知变通，使自己不知不觉走入死胡同，处于骑虎难下、进退两难的境地。

27. 不流于浓艳　不陷于枯寂

【原文】

念头浓者，自待厚，待人亦厚，处处皆浓；念头淡者，自待薄，待人亦薄，事事皆淡。故君子居常嗜好，不可太浓艳，亦不宜太枯寂。

【注释】

念头浓：心胸宽厚，念头当想法或动机解。淡：浅薄。居常：日常生活。浓艳：色彩浓重而艳丽，此处指荣华富贵，奢侈无度。枯寂：寂到了极点，此处当吝啬解。

【译文】

　　一个心胸宽厚的人，往往能善待自己，也能善待别人，因此凡事都讲求气派豪华；而一个欲望淡泊的人，不但自己过着清苦的日子，也处处刻薄地对待别人，因此凡事都表现得冷漠无情。由此可见，作为一个真正有修养的人，其日常生活中，既不应过于奢侈讲究，也不该过分刻薄吝啬。

【评析】

　　一个人对外表现出来的行为态度，往往可以影射其内心思维。因此，在日常生活中，必须拿捏好宽厚与淡泊的尺度，否则太过宽厚便流于奢侈，太过淡泊则流于刻薄。什么事都不要做得太过，过犹不及。如果凡事讲求气派豪华，很容易就会变得虚荣浮夸、挥霍无度，甚至为物欲所操控；而如果清心寡欲至苛刻吝啬、不近人情，就很难会去关怀、理解别人的立场。

　　所以，为人处世要采取中庸之道，既要宽厚淡泊，又要把握好尺度，否则浪费无度足以败身，刻薄吝啬足以失人，这些都不是理想的生活原则。

28. 厚德载物　雅量容人

【原文】

　　地之秽者多生物，水之清者常无鱼；故君子当存含垢纳污之量，不可持好洁独行之操。

【注释】

　　秽：肮脏，污浊。含垢纳污：本意是一切脏的东西都能容纳，比喻气度宽宏而有容人雅量。好洁独行之操：生活中喜欢保持独善其身自命清高的态度。操是操守或志向，如《新书·道术篇》中有"厚志隐行谓之洁"。

【译文】

　　一块污秽的土地，正是能生长许多生物的好土壤；一条清澈见底的河流，往往不会有鱼虾繁殖。所以有德行的君子，应该要有容纳他人缺点和宽恕别人过失的气度，绝不可以自命清高而孤傲独行。

【评析】

俗话说"水至清则无鱼",一个人如果想创造一番事业,就必须要有清浊并容的气度,否则就将陷入孤立无援的境地。不能因己洁而责人污,亦不能因己污而讥人洁。当然,世间没有绝对的真理,有些时候小人反而对功业的建立有所帮助。

就像古代有些君王,明知道某些臣子专爱道人长短、揭人隐私,但仍重用他们,因循并利用小人之性,来完成其称霸大业。总而言之,能容天下的人才能为天下人所容,人们必须培养包容万物的胸怀,诚如史臣所说:"容得几个小人,耐得几桩逆事,过后颇觉心胃开豁,眉目清扬;正如人啖橄榄,当下不无酸涩,然回味时满口清凉。"

29. 宴游惕虑　茕独惊心

【原文】

君子处患难而不忧,当宴游而惕虑;遇权豪而不惧,对茕独而惊心。

【注释】

宴游:饮宴游乐,指太平安乐。惕虑:警惕、忧虑。茕独:孤苦伶仃的意思。茕指没有兄弟,独是没有子孙。《周礼·秋官》有:"凡远近茕独老幼之欲有复于上。"

【译文】

君子处在危难的环境中并不会感到担忧,而面对饮宴交游的局面就会知道警惕不沉迷其中;遇到豪门权贵并不会感到敬畏恐惧,而遇到孤苦无依的人就会产生高度的同情心,很难无动于衷。

【评析】

"贫贱不能移,威武不能屈,富贵不能淫",体现的是君子的气节。"贫贱不能移"容易做到,因为君子贫寒者为多,安贫乐道是可以提升自己人格的;而要做到"富贵不能淫"就有些困难了,物质的诱惑或许一次不能打动你，但它却具有一种腐蚀的作用，在每一次的进攻中逐渐侵蚀你的心房，令你的心理防线越来越薄弱，因此面对它的诱惑就应防微杜渐、时刻保持警醒的头脑。

"威武不能屈"君子亦能做到，因为他们本身具有傲岸的人格，不在强权下低头是他们的风范；而面对鳏寡孤独者，又如何能不为所动呢？人是需要恻隐之心的，失去了良知的人是不能称其为君子的。"穷则独善其身，达则兼济天下"才是每一个有识之士的共同目标，无论古今。

30. 能彻见心性　则天下平稳

【原文】

此心常看得圆满，天下自无缺陷之世界；此心常放得宽平，天下自无险侧之人情。

【注释】

险侧：阴险，邪恶不正。

【译文】

如果内心认为万事万物都是圆满的，那么世界就会变得美好而毫无缺陷；如果待人接物都抱着宽大仁厚的态度，那么世界也会变得和睦而没有不正当的邪恶行为了。

【评析】

待人接物如果能保有赤子之忱，以无邪之心去看大千世界，那么展现在眼前的一切都将是美好的；反之，如果以利害关系来看待任何事物，则处处充满权诈，心中将徒增不平之气。而计较之心一起，原本的纯良禀性就会消失殆尽，人也会变得市侩而不快乐。

所以，做人当存有孩童般的赤子之心，心中澄明，不偏执利害之见，才能拥有平安喜乐的人生。

31. 操履不可少变　锋芒不可太露

【原文】

淡泊之士，必为浓艳者所疑；检饬之人，多为放肆者所忌。君子处此，固不可少变其操履，亦不可露其锋芒。

【注释】

淡泊：不看重名利，恬静无为。浓艳者：身处富贵荣华、权势名利之中的人。检饬：检点。操履：操，操行、操守，履，笃行实践，操履是执著地追求自己的理想。锋芒：刀剑的尖端或刃部，比喻人的才华和锐气。

【译文】

恬静而不羡名利的人，一定会遭受那些热衷名利之人的猜疑；而一个谨言慎行的人，总是遭到那些邪恶放纵之徒的忌恨。所以坚守正道的君子，不可以因此而略微改变自己的操守和志向，也绝不可以过分显露自己的才华。

【评析】

常言道"树大招风"，具有才德的人最好懂得掩饰自己的才华，不要锋芒太露。只是很多人不明白这种道理，竭尽所能地展露才华，结果反而招致团体中其他成员的排挤，甚至中伤。这种情况，在生活和工作中是很常见的。

看到这里，或许有人要问：难道尽心把事做好也会得罪人吗？现实的状况是：如果在团体中表现得太突出，而且光环都在自己身上的时候，恐怕很难不遭人嫉妒。

所以，置身于名利场中时，要懂得明哲保身，千万不可过于显露自己的才华，以免招来不必要的祸端。

32. 处世要道　不即不离

【原文】

处世不宜与俗同，亦不宜与俗异；作事不宜令人厌，亦不宜令人喜。

【注释】

俗：指一般人。

【译文】

为人处世既不应该与世人一样太过庸俗，也不应该为了显示与众不同而标新立异；处理问题既不能让世人处处感到讨厌，也不能为了讨人欢心而故意迎合他人。

【评析】

儒家讲究中庸之道，什么事情都不能做得太过，太过就会使自己变得孤立、不受欢迎。我们身处这种文化氛围之中，传统的东西不会轻易改变。标新立异、特立独行都是很难被接受的。同样，阿谀奉承、逢迎献媚也不会受人欢迎。把握好处世为人的尺度需要有丰富的人生历练和社会经验。

在社会的大染缸中，如果想保持独立的人格又不受人排挤，是需要下一番苦功的。既不能同流合污，又不能自命不凡；既不要哗众取宠，也不要故作清高。只有做到温和圆融又不失真诚，才能左右逢源、游刃有余，享受成功为你带来的乐趣！

33. 藏巧于拙　寓清于浊

【原文】

藏巧于拙，用晦而明，寓清于浊，以屈为伸，真涉世之一壶，藏身之三窟也。

【注释】

一壶：壶是指匏，体轻能浮于水。此处的一壶指平时不值钱的东西，到紧要时候就成为救命的法宝。三窟：通常都说成狡兔三窟，比喻安身救命之处很多。

【译文】

做人宁可看起来朴拙一点，也不可显得太过机巧；宁可收敛一些，也不可锋芒太露；宁可随和一点，也不可太自命清高；宁可保留一些，也不可太过外显。这些原则是立身处世时最有用的救命法宝，也是明哲保身的良策。

【评析】

常言道"大智若愚"，聪明人深谙藏锋的道理，所以平时韬光养晦，约束自己的言行，不强出风头。文中提出的这些立身处世原则，正是道家致虚守静的修养功夫。藏巧于拙，这是典型的中国人的自保哲学，一个人要想拥有足以藏身的三窟以求平安，首先要藏巧于拙，锋芒不露，其次要韬光养晦，不让人知道自己的才华，更重要的是要在污浊的环境中洁身自好。做到这些你就可以不必时时提防别人的算计而安然于世了。

34. 身陷事中　心超物外

【原文】

波浪兼天，舟中不知惧，而舟外者寒心；猖狂骂坐，席上不知警，而席外者咋舌。故君子身虽在事中，心要超事外也。

【注释】

兼天：滔天，形容波浪极大。咋舌：惊吓得说不出话来。

【译文】

巨浪滔天的时候，坐在船上的人并不知道害怕，反而是在船外的人感到十分惊恐；在座席间有人狂妄地谩骂，同座的人并不觉得惊警，反而是席外的人感到震惊。因此君子即使身陷事中，心智却应该超脱事情之外才能保持头脑的清醒。

【评析】

"不识庐山真面目，只缘身在此山中"，身在其中的人，视野往往被眼前的景致遮住，无法从大局把握事物的真实面目。因而沉迷于事务之中且太过专注，就容易被局势所左右，失去冷静的思考，从而不能做出很好的判断。专心当然是好事，但专心的同时还要有开阔的视野与聪敏的慧心，才不会让自己深陷事中难以自拔。就像航海的舵手，不仅要有一流的航行技术使航船能够乘风破浪、勇往直前，还要有一双敏锐的双眼，随时发现灯塔才不至于触礁。人生的航船同样需要一个聪明的舵手才能在航行中一帆风顺、乘风千里。

35. 真诚为人　圆转涉世

【原文】

作人无一点真恳念头，便成个花子，事事皆虚；涉世无一段圆活机趣，便是个木人，处处有碍。

【注释】

念头：指为人处世的心态。花子：乞丐的俗称。圆活：圆通灵活，不呆滞、不刻板。

【译文】

做人如果没有一点诚恳的心，就会变成一无所有的乞丐，做任何事都不踏实；处世如果没有一些圆通灵活的应变能力，就会像个没有生命的木头人，到处都会碰到阻碍。

【评析】

诚恳是做人的基本原则，不能诚恳待人的人，到头来"事事皆虚"。因为一个人如果不诚恳，就很难得到别人的信任，对方会处处提防你，任你说得天花乱坠、信誓旦旦，也无法取信于人，到头来当然一事无成。

如果以商品贩售来说，真正懂得经营之道的人，会先让顾客感受到自己的诚意；而急于想完成交易赚取利益的营业员，只会一味怂恿顾客消费，完全不替顾客考虑商品是否适用，虽然有不少人因为摆脱不了店员的纠缠而购物，但多数人从此会将这家店列为禁区。做人除了必须诚恳之外，还必须圆通灵活，这并不是教人圆滑狡诈，而是要人做事有弹性。

36. 春风育物　朔雪杀生

【原文】

念头宽厚的，如春风煦育，万物遭之而生；念头忌刻的，如朔雪阴凝，万物遭之而死。

【注释】

煦育：煦，温暖，育是化育，由此而万物生长。朔雪阴凝：朔，北方。阴凝，雪因阴冷久积不化。

【译文】

一个心地仁厚的人，就好比温暖和煦的春风化育万物，能让万物充满生机；一个猜忌刻薄的人，就好比凝固阴冷的白雪，能使万物枯萎凋零。

【评析】

温暖的春风化育万物，寒冷的冰雪使万物枯萎。为人行事也是如此，一个气度恢弘的人，无论到哪儿都受人欢迎；反之，一个心胸褊狭、尖酸刻薄的人，大家躲避都唯恐不及，更别说还有人愿意接近他。人们常用"面恶心善""刀子嘴豆腐心"来形容一个人的心地不坏，只是待人比较严肃，在你我身边随处可见这类拙于表达温情的人，必须要经过长期相处，他们才会释放出温情。然而，常言道"恶语伤人六月寒"，有时候无心的一句话，往往极具杀伤力。对方还来不及发现原来你有一颗善良无比的"豆腐心"，就已被"刀子嘴"伤害得遍体鳞伤了，试问，他还愿意再接近你吗？

所以，做人在言谈方面要特别谨慎，千万不可口无遮拦，说出让人痛苦难堪的话。

37. 浑然和气　处世珍宝

【原文】

标节义者，必以节义受谤；榜道学者，常因道学招尤。故君子不近恶事，亦不立善名，只浑然和气，才是居身之珍。

【注释】

　　道学：宋儒治学以义理为主，因此就把他们所研究的学问叫理学，这种理学就是"道学"。此处是泛称学问道德。浑然和气：浑然是纯朴敦厚的意思，和气是儒雅温和的意思。

【译文】

　　喜欢标榜节义的人，到头来必定会因节义而受人毁谤；喜欢标榜学问道德的人，经常会因为学问道德而招致抨击指责。所以，德才兼备的君子既不去做坏事，也不刻意去树立好名声，而只保留敦厚温和的气质，这才是一个人立身处世的无价之宝。

【评析】

　　做人应该脚踏实地，实事求是，千万不可说七分做三分，学问道德毕竟不是靠吹嘘自夸就能得到，必须在不断的苦修中逐渐累积。

　　如果因为重视虚名而过于浮夸，到头来只会落得欺世盗名的恶名。俗话说：真人不露相，露相非真人。真正的君子是不会自我标榜的。

38. 冷眼冷耳　冷情冷心

【原文】

　　冷眼观人，冷耳听语，冷情当感，冷心思理。

【注释】

　　当：控制，处理。

【译文】

　　用冷静的目光来观察别人，用冷静的耳朵来听人说话，用冷静的情感来感受事物，用冷静的头脑来思考问题。

【评析】

冷眼、冷耳、冷情、冷心其实无非是让人保持冷静的头脑，对人对事都不要感情用事。有了怒气，你就会粗暴简单；过于兴奋，你就会轻率盲动。常言道"万物静观皆自得"，只有情冷才能心静，热情如火可以给人以生命力和无限温暖，但是冷静如水却更有助于思考和判断。一个理智的人待人是冷静的，处世是达观的，这样才不会因感情用事冲昏了头脑，而陷入盲目的境地不知所措，做事才能有条不紊。

39. 恶不可即就　善不可即亲

【原文】

闻恶不可就恶，恐为谗夫泄怒；闻善不可即亲，恐引奸人进身。

【注释】

就恶：立刻表示厌恶。谗夫：用流言来陷害他人的小人。

【译文】

听到别人有了过错，千万不要立刻就起憎恶的心理，这恐怕是颠倒是非的小人为了宣泄心中不满而捏造出来的；听到某人做了善事，也不要立刻就去亲近他，这恐怕是奸佞之徒为了进身所制造出来的。

【评析】

做人应以理智处世，才能避免因一时不察而成为居心不良者利用的工具。一般人在听到别人有过失的时候，通常都会表现出憎恶的样子，而听到某人有善行，就会立刻产生亲近的念头。但在未能进一步了解内情，进行客观判断之前，如果立即产生闻恶厌憎，闻喜即亲的反应，往往会使受冤的当事人遭受极大的痛苦，或让小人得逞。

为此，做人不能只听信片面之词，对任何事都必须多加思考、多加观察，以免使自己犯下识人不察的错误，使小人得意而给无辜的人带来伤害。

40. 退步宽平　清淡悠久

【原文】

争先的径路窄，退后一步，自宽平一步；浓艳的滋味短，清淡一分，自悠长一分。

【注释】

争先：此指好胜逞强。

【译文】

和人争前抢进的道路是狭窄的，如果能够退后一步，道路自然宽广一步；太过浓艳的滋味最容易使人生腻，如果能够清淡一分，滋味反而更历久弥香。

【评析】

积极上进原本是件好事，但如果好胜心太强，事事强求，反而有百害而无一利。因为人与人之间只要存在竞争心理，双方就很难成为朋友，也很难不伤害到彼此，争先的径路自然是窄，因此冲突是必然的，结果不是踩着别人往上爬，就是两败俱伤。

当今商场上，同行业之间经常为了竞争生存空间而相互较劲。而人与人之间的纠纷也常起于彼此相争，如果每个人都能保持着"退步宽平，清淡悠久"的人生观，凡事不强求，那么人与人之间就不会有那么多的纠纷了，这样也容易营造出双赢共赢的良好局面。

41. 出世在涉世　了心在尽心

【原文】

出世之道，即在涉世中，不必绝人以逃世；了心之功，即在尽心内，不必绝欲以灰心。

【注释】

出世：指远离俗世。涉世：指参与社会事务。绝人：断绝与俗世的往来。了心：了当觉悟、明白解。了心意思是懂得心的道理。

【译文】

远离俗世修炼正果的道理，就在经历世事之中，根本无须离群索居、与世隔绝；领悟心性的功夫，就在竭尽自己的心力之内，根本无须断绝一切欲念而使心寂然不动。

【评析】

有些人认为俗世有太多的诱惑，所以修行必须与世隔绝，才能专心致志地修炼正果。殊不知"大隐隐于市"，真正领悟心性的人，内心澄澈如镜，虽照见外在一切事物，但丝毫不受影响，而在经历世事中修得正果。

有一则故事，讲的是一位和尚师父为了不让弟子犯色戒，所以经常对从未见过女人的弟子说"女人都像骷髅般可怕"。弟子对师父的话深信不疑，在他的印象里，"女人"就是丑陋、恐怖的代名词。直到有一天，弟子遇上了一个美丽如花的女子，他很好奇为什么这个人和自己所认识的其他人都不一样，后来弟子在得知那即是"女人"后，便喃喃自问道："为什么她不像骷髅？"

就故事来说，和尚师父是为了断绝弟子可能会对女人产生的遐想，所以刻意丑化女性的形象。然而，这样真的对修行有帮助吗？如果弟子的心性还不坚定，可以让他凡心大动的又岂只是女人而已；反之，如果弟子已彻见心性，就算面对诸多诱惑也仍能保持寂然不动，根本无须刻意去断绝所有的欲念，不是吗？

42. 在世出世　真空不空

【原文】

真空不空，执相非真，破相亦非真。问世尊如何发付？在世出世，徇欲是苦，绝欲亦是苦，听吾侪善自修持！

【注释】

真空：佛家语。真是实在，诸法无实体叫空。真空是不为事物所迷惑但留一纯真。佛教认为，达到涅槃境界时，就离开了一切迷情所见之象，故叫真空。执相：执是执著，相是形象，固执于个别形象。佛教把可以分别认识的一切现象称作相。世尊：释迦牟尼佛。据《佛说十号经》："天、人、凡圣出世间，咸皆尊重，故曰世尊。"发付：打发，排解。徇：拼命追求。

【译文】

能不受任何事物所迷惑而保留一片纯真，并非就能看空一切，执守于外在物相不能得到真理，然而破除物相的迷惑也不能看清事物的本质，请问释迦牟尼佛要如何解释？身在世俗之中要有超俗的修养，舍命以逐物欲固然是一种痛苦，但断绝一切欲念也是一种痛苦，如何应付痛苦只能听凭自己的修为操持。

【评析】

只有领悟真理，才能不再执著于外在的物相。但是一般人为了不执著于外在的物相，往往又坠入了虚无的偏空里，如此又违背了真理。所以，不论是偏于空或有，都是违背真理的偏见，都不能达到真理的高度。

对此，释迦牟尼所给的答案是"在世而出世"，要人在红尘中努力修身养性来领悟真理。这里不要去考究深奥的佛理，单从为人处世的角度来看，出世和入世之间存在着必然联系，不应绝对化，因此做事不要走极端，在入世中出世，以出世之心做入世之人。

43. 勿仇小人　勿媚君子

【原文】

休与小人仇雠，小人自有对头；休向君子谄媚，君子原无私惠。

【注释】

仇雠：仇人，冤家对头。私惠：私人的恩惠。

【译文】

不要和品行低劣的小人结仇，因为小人自有他的冤家对头；不要向品行高尚的君子献殷勤，因为正人君子本来就不会徇私情。

【评析】

多行不义必自毙，对于那些猖狂的势利小人，我们不必理会。更何况恶人自有恶人磨，与小人结仇只会降低自己的身份，同时说明你也高尚不到哪里去。而对于一个真正的君子，谄媚是取悦于他的最蠢办法。因为他根本就不在乎浮名和自身利益，你献上的赞美在他看来无关痛痒，反而会使他觉得你这样做是别有用心，并对你的人品产生怀疑。

因此，勿仇小人，勿媚君子。对小人"敬而远之"，即不与之为敌，也不与之合污；君子面前敬而不媚、不卑不亢，保持独立的人格，才能得到他们的青睐。

44. 清浊并包　善恶兼容

【原文】

持身不可太皎洁，一切污辱垢秽，要茹纳得；与人不可太分明，一切善恶贤愚，要包容得。

【注释】

皎洁：光明，洁白。茹纳：容忍。

【译文】

为人处世不要太清高，对于所有污秽、屈辱、丑陋的东西都要有胸襟去接受；与人相处不要斤斤计较，对于一切善良、凶恶、贤明、愚蠢的人都要理解和包容。

【评析】

做人要有雅量，心胸开阔之人能容纳一切荣辱冷暖，这样的人大能治国经世、小能安身立命。心胸狭窄之人，无论在安邦治国，还是在图谋个人方面的发展上，都不可能成大器。持身太皎洁、与人太分明，只顾自己做谦谦君子，却对别人斤斤计较的人，最终不仅不会得到别人的尊重，也终会因自己的心胸狭隘而郁郁寡欢。

世界是五彩斑斓、气象万千的，一种花再美，如果园子里只开这种花，也会显得很单调，只有各具特色的花朵汇集在一起，才能织出美丽绚烂的春天。做人也是一样，过于要求完美的人，在个性上已经是不完美的了，况且太完美的往往是不真实的。人还是有一点瑕疵才会显得可爱，毕竟瑕不掩瑜嘛！

45. 宁为小人所毁　勿为君子所容

【原文】

宁为小人所忌毁，毋为小人所媚悦；宁为君子所责备，毋为君子所包容。

【注释】

媚悦：本指女性以美色取悦于人，此指用不正当行为博取他人欢心。

【译文】

宁可受到小人的忌恨和毁谤，也不要被小人的谄媚取悦所迷惑；宁可受到君子的苛责和训斥，也不要被君子的宽怀大度所包容。

【评析】

被人赞美是非常令人愉快的事，但要看是什么人的赞美；被人批评是十分让人沮丧的事，但要看是什么人的批评。小人的赞美是色彩斑斓的毒草，一旦吃进嘴里就会腐蚀你的身心；恶人的攻击是最好的赞扬，这证明你正直无私，是他们的敌人。君子责备你，是因为他认为你是个好人，对你的期望值很高；而当他对你评价很低时，就不会对你有任何要求和责难，因为在他们看来你能做到这样已经不错了。对你甜言蜜语的人往往别有所求，来搅是非的人都有是非心。面对小人的媚悦，是否受到迷惑，那就要看你的德行了；面对君子的责难，能否坦然接受也要看你的德行。

46. 闹中取静　冷处热心

【原文】

热闹中着一冷眼，便省许多苦心思；冷落处存一热心，便得许多真趣味。

【注释】

热闹：人多。冷落：寂静冷漠。

【译文】

热闹繁华中如果能保持一种冷静的思考，就可以省去许多无谓的烦恼。失意落寞时如果能拥有一颗火热的进取心，就可以获得许多真正的乐趣。

【评析】

保持清醒的头脑，不失进取的信心，这是一个人能够获取成功的关键。能够懂得这些就可以抛开一些无谓的烦恼，体会生活所带给我们的甜蜜了。

无论身居要职，还是家财万贯，面对上天赐予的一切，保持一分淡然处之的心态是必要的，这样财富和地位才能保持得长久。如果在繁华世界中迷失了心性，失去了冷静的思考，那么数不清的烦心事儿就会随之而来，试问这样的生活还有什么快乐可言呢？

人生难免会身处逆境，但是，逆境不是绝境，绝处也能逢生。成功者的脚步并不会留在平坦的大路上，永不言弃的精神是迈向成功的阶梯。冷落中的拼搏所带来的乐趣是热闹处永远体会不到的。

47. 世界之广狭　皆由于自造

【原文】

岁月本长，而忙者自促；天地本宽，而鄙者自隘；风花雪月本闲，而劳攘者自冗。

【注释】

自促：繁杂，繁忙。风花雪月：本指四季景色的变化，这里引申为无关天下事。劳攘：劳指形体的劳碌，攘指精神的困扰。冗：用，此处指多而无用的意思。

【译文】

岁月本来很漫长，忙碌的人却把自己搞得很紧张；世界本来很宽广，短见的人却把自己弄得很狭隘；风花雪月本来是自然的，是庸碌的人自己想得太复杂。

【评析】

世界并没有遮盖起它本来的面目，然而世人却被各种各样的东西遮住了眼睛。"一叶障目不见南山"，手里举着地位、金钱、名誉这些枝枝叶叶把眼睛遮得密不透风，别说南山看不见，即使悬崖火坑也会无法觉察。这样如何能明心净性，参透大自然的玄机？

若将一颗私心放下，于大千世界无所苛求，自然就会觉得海阔天空了！

48. 守口须密　防意须严

【原文】

口乃心之门，守口不密，泄尽真机；意乃心之足，防意不严，走尽邪蹊。

【注释】

邪蹊：指不正当的小路。

【译文】

口是心灵的门户，假如防守不严，便会把心中的秘密泄露出去。意念是心灵的双脚，假如意志不坚，就会走到邪路上去。

【评析】

"病从口入，祸从口出"，世上有许多事都隐含着机密，做不到守口如瓶，就难免招惹是非；自己心底的秘密不要轻易向别人提起，自道隐私不是坦白、直率，而是一种愚蠢。

一个人如果意志不坚定，就很容易受到诱惑、迷失心性，从而误入歧途，越行越远，失去人生的航向，这样又如何能达到成功的彼岸？

49. 非分之福勿信　无故之获慎取

【原文】

非分之福，无故之获，非造物之钓饵，即人世之机阱。此处著眼不高，鲜不堕彼术中矣。

【注释】

造物：谓天，自然。机阱：心机的陷阱。术中：计略之中，据《史记·张仪》："此在吾术中而不悟。"

【译文】

不是自己应该享有的福气，或者无缘无故的意外收获，这些如果不是造物主故意给人布下的诱饵，就是别人处心积虑设下的陷阱。在这种情况下如果不把眼光放得高远一些，很少有不落入对方圈套中的。

【评析】

天上掉馅饼的事往往不会发生，即使真掉下来了也是陷阱。不是自己的东西不要奢望，面对意外收获需要三思。设陷者都深谙"欲取之先予之"的道理，先给你点甜头，接下来便是毒药了。即使是偶尔获得的意外惊喜，也同样会给你的生活埋下祸根，守株待兔的教训还少吗？明智的人不会受到眼前小利的诱惑，即使真的无意间得到了兔子，也不会整天守在树旁而荒废自己的田地。因为他们明白什么事该做，什么事做了也不会有好处。

眼界越高、视野越宽，越能够从容地躲避各种陷阱。不存非分之想便能泰然处世、安然于世。

50. 须冷眼观物　勿轻动刚肠

【原文】

君子宜净拭冷眼，慎勿轻动刚肠。

【注释】

冷眼：冷眼观察。元曲中有"常将冷眼观螃蟹，看你横行到几时？"的句子。
刚肠：个性耿直。嵇康《绝交书》中说："刚肠疾恶，轻肆直立，遇事便发。"

【译文】

君子应该以冷静的态度来看待事物，切忌感情用事表现出刚直的个性。

【评析】

智慧的人随时都能擦亮双眼，看透事物的因果，以冷静的态度来处理棘手的问题；刚直的人则喜欢直来直去，遇事容易头脑发热，冲动之下往往失去理智，意气用事。当然，人在受到侵犯时最难做到冷静，此时眼易红、头易热，看问题就容易出现偏差，思想就容易偏激，甚至还会与人大动干戈，弄得不可收拾。

然而，净拭冷眼、勿动刚肠并非一朝一夕之功，是需要在生活的磨砺中逐渐培养的。在日常生活、为人处世时要讲究方法，坦诚待人当然是好的，但热情过度，往往造成主观愿望与客观效果相悖。更何况，世事纷纭、人情难辨，说话之前，须先咽回肚里，三思而后言。行动之时，一定要三思而后行。

51. 戒疏于虑　警伤于察

【原文】

害人之心不可有，防人之心不可无，此戒疏于虑也；宁受人之欺，毋逆人之诈，此警惕于察也。二语并存，精明而浑厚矣。

【注释】

疏：疏忽。逆：预先推测。察：本意是观察，此处作偏见解，有自以为是的意思。据《庄子·天下》篇："道德不一，天下多得一察焉以自好。"

【译文】

不可以有伤害他人的念头，也不能缺少提防别人的心思，这是用来告诫那些疏于防范、思虑不周的人的；宁可忍受别人的欺骗，也不要去猜度别人的机诈用心，这是用来提醒那些谨小慎微、过分警觉的人的。与人相处如果能同时把握好这两句话，才算得上是精明而又不失敦厚了。

【评析】

胸无城府、思想过于单纯的人，总是把别人想得太好，这样就会使自己的思想变得迂腐，自身的利益常常会受到损失。而心机太重的人，总是把别人想得太坏，心灵的堤坝筑得太高，就会在挡住欺骗的同时把友情也拒之门外了。什么事情都有一个度，过犹不及说的就是这个道理。

如果能使"害人之心不可有，防人之心不可无"和"宁受人之欺，毋逆人之诈"这两句话合而为一、相辅相成，就可以思虑周到、世事调和了。这才算得上是人情练达又不失敦厚。

52. 却私扶公　修身种德

【原文】

市私恩，不如扶公议；结新知，不如敦旧好；立荣名，不如种阴德；尚奇节，不如谨庸行。

【注释】

市私恩：市，买卖。为了获得个人利益而施恩与人。扶公议：公议是指社会舆论，扶是扶持的意思。扶持公议，就是以光明正大的行为争取社会声誉。敦：厚，加深。阴德：指在人世间所做的而在阴间可以记功的好事。庸行：平常行为。

【译文】

以小恩惠来收买人心，不如服务社会以赢得公众好评；结交许多新朋友，不如加深与老朋友之间的友谊；追求荣誉和虚名，不如暗中行善积德；标新立异去显示名节，不如平时多注意自己的言行。

【评析】

一个想从政济世的人以什么态度立身将是决定他能否有功于国的关键。是怀着天下为公的抱负还是只为追求功名，是实事求是还是标新立异只为一己之私，这和个人的品德修养有关。不具备高尚的品德而从政，没有悬壶济世的本领而为官，结果就变成了名副其实的"悬壶欺世"，最后还会找出一些看似合理、实则根本不合理的理由搪塞民众。这种不知积德的伪君子比真小人更可恨，他们倚仗手里有权，就任意胡来，劳民伤财。所以，选择德与才兼备的人是政治清廉的首要条件，而从政者自身不加强道德修养，是不可能建立真正功业的。

53. 舍己毋处疑　施恩勿望报

【原文】

舍己毋处其疑，处其疑，即所舍之志多愧矣；施人毋责其报，责其报，并所施之心俱非矣。

【注释】

舍己：就是牺牲自己。毋处其疑：不要存犹疑不决之心。

【译文】

既然要舍己为人、自我牺牲，就不要犹豫不决，犹豫不决就会使那份自我牺牲的精神大打折扣；既然给了别人施舍与恩惠，就不要奢求获得回报，奢求回报就会使这份乐善好施的善心变质。

【评析】

舍己为人和乐善好施都是人间的美德，只是如果其中添加了私心的成分就会完全变质了。如果你想舍己为人，但却犹豫不决，那么这就表明你还存有私心。施予别人恩惠可以表明你的乐善好施，但若求人回报，这种施舍正好证明了你的世故和斤斤计较。真正的奉献精神，是要人们不计个人得失，斤斤计较的善举是做作的、矫揉的、打了折扣的。

要真正做到舍己为人和乐善好施并不容易，这些都需要平日的修省做基础，排除私心杂念，忘掉虚名荣誉。以一颗博爱之心默默地去奉献，不需要赞美、不希求回报，自然"桃李不言，下自成蹊"。

54. 隐逸忘荣辱　道义无炎凉

【原文】

隐逸林中无荣辱，道义路上无炎凉。

【译文】

隐逸山林之中，没有荣耀和耻辱之感；讲究仁义道德，就没有人情冷暖之分。

【评析】

隐者无名，正因为他们不争名，才能抛开世间荣辱，落得一身轻松；义士无利，正因为他们不争利，才能忘却世态炎凉，换来两袖清风。道家提倡出世，隐者已经完全摆脱了世俗的是非观念，世俗之人所谓的荣辱于他们而言不过是镜花水月；儒家提倡入世，义士要恩怨分明，既然手持公道、心怀正义，就无需顾及人情冷暖。

面对人生路上的冷暖无常，我们要怀有一颗隐逸之心。存道义之心、无荣辱之感，才能成为一个情操高尚的人。

55. 庸德庸行　平安和顺

【原文】

阴谋怪习，异行奇能，俱是涉世的祸胎。只一个庸德庸行，便可以完混沌而招和平。

【注释】

祸胎：指招致祸患的根源。庸：平凡、普通。混沌：指人性的本来状态。

【译文】

阴谋诡计、怪癖恶习、特立独行、奇能怪技，这些都是涉身处世的祸根；只要谨守一般的道德准则和言行规范，持平常心、做平凡人，就可以保持淳朴自然，从而获得长久的平安和顺。

【评析】

人类是一种群居而排外的动物，行为怪异、个性偏激的人不仅不会得到大家的青睐，甚至还会遭到排斥。为人处世贵在平和，那种无谓的奇谈怪论、阴谋怪习是不足取、惹人厌的；博而不精的人反而更受欢迎，因为"博"能使他们视野开阔，"不精"能使他们更加合群，虽然什么都不精却也什么都不缺。

即使你确有异于常人的非凡才能，也要保持一颗平常心，这样才能与别人和谐共处。

56. 谗毁如寸云　媚阿似隙风

【原文】

谗夫毁士，如寸云蔽日，不久自明；媚子阿人，似隙风侵肌，不觉其损。

【注释】

谗夫：用谗言陷害别人的人。毁士：陷害攻击别人。媚子阿人：媚子是擅长阿谀逢迎的人，阿人是谄媚取巧曲意附和人。隙风：墙壁门窗的小孔叫隙，从这里吹进的风叫邪风，相传这种风容易使人得病。

【译文】

造谣生事、诋毁诽谤他人，就像一片薄云遮住了太阳，不久之后太阳就会重现光芒；逢迎谄媚、阿谀奉承他人，就像从缝隙吹来的邪风侵袭肌骨，人们不会感觉到它的伤害。

【评析】

不必去在意小人对你的诋毁，清者自清，乌云蔽日只是暂时的，而云开雾散后的阳光反而会更加灿烂；一定要小心小人的甜言蜜语，糖吃多了会有蛀牙，最后痛的是自己，而小人的谄媚之辞又岂止是蛀牙的蜜糖？那是妖艳的罂粟花，会让你着迷、沉沦、甚至丧命！别人的恭维会在不知不觉中把你推进骄傲自满的陷阱，让你被偏见和傲慢所侵蚀、淹没。人贵有自知之明，要自知，就必须赶走献媚者，这样正直的朋友才会来到你身边；也只有自知，才能不为诋毁而苦恼，不为谄媚所蛊惑！

57. 过归己任　功让他人

【原文】

当与人同过，不当与人同功，同功则相忌；可与人共患难，不可与人共安乐，安乐则相仇。

【注释】

患难：患是忧愁，患难是指艰难困苦。

【译文】

应该和别人一起承担过失，而不应和别人共同分享功劳，如果共享功劳就会使彼此产生猜忌；可以和别人共同走过艰难岁月，而不应和别人一起享受安逸生活，如果共享安逸就会使彼此互相仇视。

【评析】

　　明智的人,与人分担过错,却不与人争功,因为他们明白"同功则相忌""安乐则相仇"的道理。有难同当,有福礼让,推功及人、明哲保身的做法是高明的,既能流芳千古,又得逍遥自在。否则,就会祸及其身、大难临头了。汉朝开国功臣张良和韩信就是两个典型的代表。张良足智多谋、运筹帷幄、决胜千里,功劳可谓卓著。可是他却并不居功自傲,而是功成身退、称病在家,很少过问朝政,免了刘邦的后顾之忧。而韩信却不那么明智了,自己已经功高震主,却又不肯收敛示弱,成为君王的心腹大患,一代英雄落得个不得善终的下场,可悲可叹!

　　现实生活中也是一样,与人共担责任就能获得别人的好感与信任,而不与人共享成果则会相安无事、免去不必要的烦恼。

58. 路要让一步　味须减三分

【原文】

　　路径窄处,留一步与人行;滋味浓的,减三分让人尝。此是涉世一极安乐法。

【注释】

　　路径:小路。

【译文】

　　在狭窄的小路上行走时,要留一点余地让别人通行;在享用美味可口的食物时,要分一些给别人品尝。这就是一个人立身处世求取安乐的最佳方法。

【评析】

　　做事不留余地的人,看起来虽然占尽了便宜,事实上却是最大的输家。例如在团体之中,如果一味凸显个人才能,不顾团队绩效,结果必然会招致众怒而遭到孤立。享用美味可口的食物时也一样,绝对不能自私地独享美食,如果这么做,日后别人会以其人之道还治其人之身,也以相同的方式对待你。只顾眼前利益的人，必然是短视的。

老子说过："夫唯不争，故天下莫能与之争。"所以，凡事都应该留有余地，还要懂得与人分享，这是获致安乐的不二法门。

59. 侠义交友　真心做人

【原文】

交友须带三分侠气，做人要存一点素心。

【注释】

侠气：指对朋友患难相助的义气、拔刀相助的侠义精神。素心：素本来指纯白细绢，引申为纯洁、朴实的心地。据陶渊明《归田园居》诗："素心正如此，开径望三益。"

【译文】

与朋友相交必须带有三分侠义之气，而做人处世应该保有一颗赤子之心。

【评析】

"讲义气"是与朋友相交所应具备的基本条件，它的具体表现就是患难相助。人在一生当中认识的人很多，有的只是点头之交，有的则成为一辈子的朋友。友谊之所以能够长存，是因为在患难相助中积累了深厚的情谊。"朋友"是除了家人之外，影响自己最深的人，正所谓"近朱者赤，近墨者黑"，择友也是人生大事，不能盲目，更不能滥交。

但现代人讲求速度，就连交朋友也不例外，这点从网络交友大行其道可见一斑，然而如未真诚以待，这种虚拟的情谊又能维持多久呢？

60. 退即是进　与即是得

【原文】

处世让一步为高，退步即进步的张本；待人宽一分是福，利人实利己的根基。

【注释】

处世：即一个人活在茫茫人海中的基本做人态度。张本：扩张、伸展的根本和基础。

【译文】

为人处世懂得谦让容忍才是高明的做法，因为让一步是为日后进一步预留余地；而待人接物态度宽容者就是有福之人，因为与人方便是为日后自己方便打下基础。

【评析】

俗话说"言不说尽，人不做绝"，说的就是留一分余地的道理。人活在世上，除非你选择离群索居，远隔红尘三千里，否则不可避免地要与别人相处共事。为此，如何维系良好人际关系一直都是做人处世的重要课题。人与人之间为什么会结下难解的仇怨，很多的情况都是自绝后路造成的，也就是与人产生摩擦时把话说绝、把事做绝了，如此不留余地，双方关系当然会陷入无法收拾的地步。

其实，人际关系实则是利益关系，为人处世只要懂得谦让容忍、宽大为怀，凡事多为他人设想，就能与他人和谐相处了。

61. 攻人毋太严　教人毋过高

【原文】

攻人之恶，毋太严，要思其堪受；教人以善，毋过高，当使其可从。

【注释】

攻：攻击、指责。毋：不要。恶：指缺点、过错、隐私。堪受：能否接受。

【译文】

责备别人的过错时，不要太过严厉苛刻，要考虑到对方是否能够接受；

而教诲别人行善，也不要期望过高，要顾及到对方是否能做得到。

【评析】

常言道"得饶人处且饶人"，人人都有尊严，任何人都没有权力去践踏别人的尊严。如果仗着自己有理，就严厉地去苛责别人的过错，完全不顾及对方是否可以接受，只会让人觉得你不近人情、得理不饶人，不仅达不到预期效果还会适得其反。至于教人行善，如果期望过高只会让人倍感压力、手足无措，这样一来将使导人向善的美意大打折扣。

总而言之，无论是责人之过还是教人向善，都必须站在对方立场上设想，推己及人，要在其可以接受的范围内去指正过失、教人行善，否则过犹不及，只会白费苦心。

62. 对小人不恶　待君子有礼

【原文】

待小人，不难于严，而难于不恶；待君子，不难于恭，而难于有礼。

【注释】

小人：泛指无知的人，此处指品行不端的人。恶：憎恨。

【译文】

对待品行不端的小人，要做到严厉苛刻并不难，难在不憎恨；对待品格高洁的君子，要做到尊敬他们并不难，难在适当地遵守礼节，没有过与不及的态度。

【评析】

恶小人而重君子，乃是人之常情。当有不法事情发生时，一般人多半会将矛头指向犯有前科或品行不端的人，然而在没有真凭实据之前，这样的假设对人伤害极深。大部分的人都做不到"对事不对人"，所以会因憎恨某人的品行不端，而将过失归罪于他。其实人性向善，谁都不愿意犯错，故不能因为对方曾经犯错，就认定所有恶事均是他所为。

而如果别人确有过失，我们应该就事论事地训诫，不要进行人身攻击。此外，对于有修养的君子，任何人都会予以尊敬，但如果表现得过于谦卑，就会有阿谀谄媚之嫌了。

63. 忘功不忘过　忘怨不忘恩

【原文】

我有功于人不可念，而过则不可不念；人有恩于我不可忘，而怨则不可不忘。

【注释】

功：对他人有恩或帮助的事。过：对他人的伤害或冒犯。

【译文】

我对别人有过恩惠时，不必经常挂在嘴上或记在心头，但如果是做了对不起别人的事，就得时时放在心上反思；别人对我有过帮助时要记在心里不能忘怀，而别人对我有过失则应该立刻忘掉。

【评析】

做人要懂得饮水思源，人的一生，或多或少总会受到别人帮助。受人滴水之恩，当涌泉相报，不可忘记别人对自己的恩惠。

然而一般人总是不善于感恩，往往事过境迁就将一切抛在脑后。但是，当别人做了什么对不起自己的事时，人们却又容易记仇，一辈子挂记心中，时时拿来提醒自己。

所以，人们争吵时，经常提到对方曾经如何对不起自己，而自己又曾给予对方多少好处。其实，做人如果能"忘功不忘过，忘怨不忘恩"，就能减少与人的冲突了。

64. 无求之施斗粟万钟　有求之施百镒无功

【原文】

施恩者，内不见己，外不见人，则斗粟可当万钟之报；利物者，计己之施，责人之报，虽百镒难成一文之功。

【注释】

斗：古时量器名，十升为一斗。粟：古时五谷的总称，凡未去壳的粮食都叫粟。万钟：钟是古时量器名。万钟形容多。镒：古代的重量单位，二十四两为一镒。

【译文】

施加恩惠于人，不可以时常记在心里，更不可以对人张扬，如此即使付出极少，也可以收到极丰的回报；用物品帮助别人，如果计较着自己的付出，还要求别人的回报，这样即使付出很多，也难以成就一点功德。

【评析】

真正发自内心的施舍，绝对不会存有希望对方回报的念头。如果施恩还望回报，便失去了行善的意义。很多所谓的慈善家，每年都捐出为数可观的救济金或物品，并通过媒体大肆宣扬其善行义举，拍下一张又一张与受赠者的合照。如此行善有意义吗？虽然他们的捐赠确实改善了贫困者的生活，但因为行善俨然成为其沽名钓誉的工具，所以毫无意义可言。

真正的行善必须出自一片至诚，是发自内心同情对方的处境。行善而能不张扬，不仅是一种美德，更是对受助者的一种尊重。能够这样，即使是一饭之恩，也能让受助者感到无比温暖。

65. 忠恕待人　养德远害

【原文】

不责人小过，不发人阴私，不念人旧恶，三者可以养德，亦可以远害。

【注释】

过：过失，错误。发：揭发，提及，宣扬。阴私：也作隐私，指个人生活中不可告人或不便告人的隐私。旧恶：指他人以前的过失或旧仇。如《论语》中有"伯夷叔齐，不念旧恶，怨是用希"。

【译文】

不要责备他人所犯下的轻微过错，也不要去揭露他人的隐私，更不要记恨别人以往的过失，能够做到这三点，不但可以培养良好的品德，还能够避免遭受意外的灾祸。

【评析】

俗话说："仙人打鼓有时错，脚步踏错谁人无？"无论是谁都会犯错，当别人犯下轻微过失时，我们要以沟通取代责备，而在提出自己看法的时候，不要妄加任何批评对方做法不当的用语。

如果对方是深交的朋友，对于你的责备或许不会放在心上，如果只是寻常朋友，就很难不引起对方的不满。另外，揭人隐私向来就是最要不得的行为，如果又是刻意为之，就更加不道德。试想，如果是自己的隐私被人揭发，你能不痛苦愤怒吗？

至于不念旧恶，也是做人的基本原则之一，别人曾经犯下的过失既已成为过去，再不断提起又有何益？这么做只会伤及彼此的感情，徒增他人的反感罢了。

66. 德怨两忘　恩仇俱泯

【原文】

怨因德彰，故使人德我，不若德怨之两忘；仇因恩立，故使人知恩，不若恩仇之俱泯。

【注释】

彰：明显，显著，表明。德我：对我感恩怀德，此处"德"当动词用。泯：

消灭，泯灭。

【译文】

　　怨恨往往会因为善行而更加明显，所以与其行善让人感恩于我，不如让人将恩德、仇恨两者都忘记；仇恨往往都是由于恩惠才产生，可见与其施恩而寄望别人感恩，不如让人将恩惠与仇恨两者都彻底遗忘。

【评析】

　　一个人立身处世，很难做到面面俱到，施恩予人固然会让人感念自己的恩德，但也可能由此招致其他人的怨恨。因为人情总是不平、人心也不尽相同，一个人的善举未必能获得大家的肯定，对于批评施恩者沽名钓誉的诽谤往往伴随而来。

　　所以，要不想招致他人的怨恨，又无愧于自己的良心，最好的办法就是即使施恩于人，也不让他人感恩，不希求回报。换言之，不要将毁誉放在心上，为人处世只要仰不愧于天，俯不怍于地，就大可不必理会旁人的议论，从容面对褒贬毁誉。

67. 直躬不畏人忌　无恶不惧人毁

【原文】

　　曲意而使人喜，不若直躬而使人忌；无善而致人誉，不如无恶而致人毁。

【注释】

　　曲意：改变自己的意愿。直躬：刚直不阿的行为。

【译文】

　　一个人与其违背自己的意愿而千方百计去博得别人的欢心，还不如行为正直而遭到小人的嫉恨；一个人与其没有善行而受人称赞，还不如没有恶行而遭受小人的诋毁。

【评析】

人生来平等，所以与人共处时，没有理由对别人颐指气使，更没有必要千方百计去奉承他人。一个人会畏首畏尾地讨人欢心，无非是有求于人——只是自己所求之事，难道无法以正道得之吗？在泛特权化的今天，许多人都认为有关系好办事，在工作场合中，具有影响力的高层管理者身边总是围着一些人，他们费尽心力揣测上司的心思，将奉承上司视为晋升的跳板。

其实，做人做事必须光明磊落，何必为了一点好处或满足虚荣心而践踏自己的尊严与人格呢？即便能如愿得到自己所欲求的权位或虚名，面对别人看待自己的眼神，难道不心虚吗？

68. 爱重反为仇　薄极反成喜

【原文】

千金难结一时之欢，一饭竟致终身之感。盖爱重反为仇，薄极反成喜也。

【注释】

一饭竟致终身之感：据《史记·淮阴侯列传》中记载，韩信穷困的时候，没有人瞧得起他，可有一漂母看他饿，就给他饭吃。韩信当然说些感激的话，这个老太太很生气地回答说："大丈夫不能自食其力，我不过是同情你，谁指望你报答？"韩信显贵发达后始终记得这一饭之恩。

【译文】

即使以千金相结交，有时也难以打动对方的心，而一碗饭的救济，有时却能让人终生感念不忘。所以说，恩爱太重，可能反为人所仇视，倒是一些很小但及时恰当的恩惠，能使受惠者欢喜感激。

【评析】

俗话说"有钱能使鬼推磨"，但钱并非万能的，有很多东西无法用金钱买到。人与人如不投机，即使用千金价值的重赏来笼络，也未必能打动对方；相反，在人穷困的时候雪中送炭，即使仅是一饭之恩，却能让人终生感念不忘，所谓千金难结富人一时之欢，一饭竟致穷人终生之感。

所以，有很多东西并非建立在物质条件上，尤其人与人之间的感情。父母养育子女，子女奉养父母，如果以为提供充裕的物质享受就足够的话，那就大错特错了。

换言之，人与人之间的感情是无法替代的，所以有时候与其给人优厚的物质条件，还不如给予适时的关爱。

69. 毋偏信自任　毋自满嫉人

【原文】

毋偏信而为奸所欺，毋自任而为气所使；毋以己之长而形人之短，毋因己之拙而忌人之能。

【注释】

任：任性、自负。气：发扬于外的精神，此处指一时的意气。自任：自信、自负、刚愎自用。形：对比。

【译文】

人不能只听信片面之词而被一些奸诈小人所欺骗，也不能过度自信而为意气所驱使；更不要拿自己的长处去比他人的短处，也不要因为自己无能就去嫉妒别人的才能。

【评析】

除了立场不同可能造成人与人之间的对立外，原本志同道合的朋友因为误会而渐行渐远者也不在少数。可叹的是，人往往选择相信传言、谗言，却缺乏探究真伪的勇气。再者，一个充满自信的人确实极具吸引力，但如果自信过了头，自以为无所不能，则容易变得目中无人，更会因为输不起而意气用事。还有些人喜欢贬低或嫉妒他人，这种借由否定他人来肯定自己的行为，事实上就是自卑的表现。

上述人性中的偏信、自傲、嫉妒等劣根性，每个人或多或少都具备，而当一个人的劣根性大于人性中的善良面时，则其所思所见的一切都将变得丑陋不堪。

70. 毋以短攻短　毋以顽济顽

【原文】

人之短处，要曲为弥缝，如暴而扬之，是以短攻短；人有顽固，要善为化诲，如忿而疾之，是以顽济顽。

【注释】

曲：含蓄、婉转尽力。弥缝：修补、掩饰。顽：固执愚蠢。暴而扬之：揭发而加以传扬。济：救助。

【译文】

对于别人的短处，要委婉地去为其修补或掩饰，如果故意揭发张扬，就是在用自己的短处来攻击别人的短处；对于别人的泥古不化，要设法进行诱导启发，如果因此生气厌恶是无法改变对方的，这就相当于用自己的固执来强化别人的固执。

【评析】

常言道"说人是非者，便是是非人"，在背后说人是非，无异于暗箭伤人。做人应当本着隐恶扬善的态度，不要妄议他人长短。任何人都不希望自己的短处被人拿去到处宣扬，成为别人茶余饭后的话题，但有人就是不懂得将心比心，完全不顾及流言对当事人的伤害，还得意洋洋于自己的消息灵通。不过，喜欢道人是非者，往往自食恶果，他们会因此遭受别人的轻视与提防，进而变成别人排挤的对象。

所以，做人还是应该厚道些，可以多赞扬别人的长处，至于人家的缺点，就不必大肆宣扬了。

71. 对阴险者勿推心　遇高傲者勿多口

【原文】

遇沉沉不语之士，且莫输心；见悻悻自好之人，应须防口。

【注释】

沉沉：面色阴沉的表情。输心：推心置腹表示真情，对人无戒备。悻悻：生气时忿恨不平的样子。比喻人的傲慢、固执己见。

【译文】

如果遇到一个表情阴沉又不喜欢说话的人，千万不要急着和他坦诚相交；如果遇到态度傲慢又自以为是的人，就要谨言慎行。

【评析】

人立身于社会，不可避免地要与他人接触。但人性有善有恶，谁都无法保证自己终生只遇上好人。所以与人往来，在对对方的为人品行还不甚了解的时候，就必须处处多加提防，以免误将心地险恶的歹徒当成可以坦诚相交的朋友，以致深受其害而悔不当初。作者在此提出"遇沉沉不语之士，且莫输心；见悻悻自好之人，应须防口"的建议，因为一个表情冷酷而沉默寡言的人，其城府深不可测，虽然未必是坏人，但也难保日后他不会拿你说过的话来对付你；而对于高傲且自以为是的人，也必须多存些戒心才是。

72. 亲善防谗　除恶守密

【原文】

善人未能急亲，不宜颂扬，恐来谗谮之奸；恶人未能轻去，不宜先发，恐遭媒孽之祸。

【注释】

急亲：急切与之亲近。预扬：预先赞扬其善行。谗谮：颠倒是非，恶言诽谤。媒孽：借故陷害人而酿成其罪。

【译文】

　　与好人结交，不要急着和他亲近，也不必事先宣扬他的美德，以免招来坏人的嫉妒和诬蔑；要想摆脱一个心地险恶的人，绝对不可以草率地打发他走，以免遭受报复或陷害。

【评析】

　　就像名胜之地吸引人潮一样，美好的事物总是让人无法拒绝。同样，喜欢亲近才德兼备的善人也是人之常情。不过，有时自己认定对方优秀，其他人未必认同；或者当你大肆宣扬结识了某位了不起的人物时，他人就会产生嫉妒之心。所以，与人往来应该本着"君子之交淡如水"的态度，在平淡中建立深厚的友情。此外，有句话说"宁与君子交恶，也不得罪小人"，君子行事磊落，不会暗箭伤人，一旦得罪了小人，对方一定会伺机报复。

　　所以，做人做事除了要问心无愧外，更要考虑周详，以免招致意想不到的灾祸。

73. 穷寇勿追　　投鼠忌器

【原文】

　　锄奸杜倖，要放他一条去路。若使之一无所容，譬如塞鼠穴者，一切去路都塞尽，则一切好物俱咬破矣。

【注释】

　　杜：阻止。倖：泛指以下作手段获取权势的人。

【译文】

　　要想铲除杜绝那些邪恶投机的人，有时候应该留一条改过自新的生路给他们。如果逼得他们走投无路，那就如同阻塞老鼠洞一样，虽然把它的通路全阻断了，但老鼠会咬坏所有妨碍它逃跑的东西。

【评析】

俗话说"狗急跳墙，人急造反"，当一个人被逼到走投无路时，没有什么事是做不出来的。邪恶投机的人大家都厌恶，但人性都有光明的一面，只要循循善诱，一般都能让犯错者迷途知返，又何必要赶尽杀绝，不留余地给别人呢？

74. 警世救人　功德无量

【原文】

士君子，贫不能济物者，遇人痴迷处，出一言提醒之，遇人急难处，出一言解救之，亦是无量功德。

【注释】

济物：用金钱救助人。痴迷：迷惑不清。无量功德：功德是佛家语，通常指功业和德行。功德无量，称颂一个人的功业甚大。

【译文】

一个有才学又有品德的人，虽然贫穷而无法用物资救助他人，可是当别人执迷不悟时，却能够从旁提醒，使其有所领悟，当别人危急困难时，能说句公道话来解救，这也算是积下大德了。

【评析】

帮助人的方式很多，并非只限于有形的金钱和物资。一般人都认为生活贫困的人才需要救助，因为物质乃是人类的基本需求。然而有些人不愁吃穿，但却存在心理层面的障碍，其偏执的想法让他们陷于险境。此时，如果有人从旁点醒，指引他们从迷境中找到出路，这样的功德不比物资的救助作用小。

换言之，提到帮助人，一般人会直觉地考虑自己的经济能力，但并非拥有丰厚物质条件的人才有能力帮助他人。事实上，在很多时候，别人需要的也许不是物质上的资助，而是出于真心的关怀，那种爱与温暖足以鼓舞他人。

75. 伦常本乎天性　不可任德怀恩

【原文】

父慈子孝、兄友弟恭，纵做到极处，俱是合当如此，着不得一丝感激的念头。如施者任德，受者怀恩，便是路人，便成市道矣。

【注释】

合当：应该的。任德：以施恩惠于人而自任，受人感激。市道：市场、买卖关系。

【译文】

父母对子女慈祥、子女对父母孝顺、兄长对弟妹友爱、弟妹对兄长敬重，即使达到最完美的境界，也都是理当如此，彼此之间绝不能存有一丝感激的念头。如果施予的一方自以为有恩于人，接受的一方存着感恩的心理，就等于把骨肉至亲变成了陌生人，而出自于至诚的骨肉之情也变成了一种市井交易。

【评析】

所谓真爱无价，如果父母子女之间的真情至爱可以论斤称两地计较，父母还能成其为父母、子女还能成其为子女吗？事实上，父母教养子女或子女孝敬父母是各尽其本分，履行该当的责任与义务。但有些人却忽略这一点。例如，有的父母会以自己的价值观来决定子女的未来，其出发点固然是为子女着想，但子女毕竟是独立的个体，有决定自己未来的权利，只是许多父母无法接受子女违背自己的心愿，在子女坚持走自己的路的时候，就气急败坏地指责子女不孝；有些子女则会埋怨父母没有能力给予自己优厚的生活条件，甚至以此来衡量父母的关爱。

然而，子女不是物品，父母的辛劳与恩情也无法量化，只能用心去体会。亲子间如果真要斤斤计较付出与回报，那跟买卖交易有什么不同呢？

76. 律己宜严　待人宜宽

【原文】

人之过误宜恕，而在己则不可恕；己之困辱宜忍，而在人则不可忍。

【注释】

过：错误。恕：宽恕、原谅。困辱：困穷、屈辱。

【译文】

别人有过失和错误应该多加宽恕，可是如果是自己有过失就不可以原谅；自己遇到困境和屈辱时应当尽量忍受，但如果是别人遭到屈辱就不要再忍了。

【评析】

所谓"严以律己，宽以待人"，中国人历来讲究恕道，恕是宽容、原谅的意思。之所以要多加宽容别人的过失和错误，为的是给人自新的机会；而待己之所以要严格，为的是不让自己产生苟且的心态而一错再错。人与人之间之所以纷争不断，主要是因为人们不会设身处地为对方设想。换言之，大部分人都对自己采取宽容的态度，对别人却要求严格。如果每个人都能奉行"严以律己，宽以待人"这句格言，相信人与人之间的纷争一定会大为减少，社会也能多点温情。

此外，如果人们能做到"忍人所不能忍"，在遇到困境和屈辱时尽量忍受，而少一点埋怨和责备，这样不仅可以磨炼自己的心性，得来的幸福也会更为长久。

77. 刻则失善人　滥则招恶友

【原文】

用人不宜刻，刻则思效者去；交友不宜滥，滥则贡谀者来。

【注释】

滥：轻率，随便。贡谀：献媚。贡，贡献，谀是阿谀，说好听的话、逢迎讨好的意思。

【译文】

用人不可过于苛刻，否则那些有心效力的人都会纷纷离去；交朋友不可过于浮滥，否则那些善于逢迎谄媚的人都会设法接近你。

【评析】

"刻则失善人，滥则招恶友"是立身处世、成就事业不可不牢记在心的箴言。拿捏好与人相处的分寸的确不容易，只是如果希望别人怎么待你，自己就必须先怎样待人。例如，企业经营者如果希望员工对公司尽心尽力，就必须给予员工合理的报酬，如果员工为公司创造利润却得不到任何奖励，反而缩减员工福利来增加利润，那么员工即使没有纷纷离去，也会以怠工等方式来自行平衡所付出的劳动与薪酬间的差距，得不偿失的终究是企业经营者本身，所以说"刻则失善人"。

此外，结交朋友不可浮滥，要有选择、有取舍，否则结交到恶友，吃亏的始终是自己。

78. 责人宜宽　责己宜苛

【原文】

责人者，原无过于有过之中，则情平；责己者，求有过于无过之内，则德进。

【注释】

原：原谅，宽恕。责：检讨、追究、责备。

【译文】

要求别人的原则是，要像对待没有过错的人般来宽恕有过错的人，这样才会使犯错的人在心平气和当中自我反省；要求自己的原则是，要像有了过失般来责求自己，这样才能使自己的品德进步。

【评析】

常言道："见人之过易，见己之过难。"每个人都难免犯错，只是我们往往对自己采取了宽容的态度，而对别人则过于认真严苛，完全忘记了"严于律己，宽以待人"的做人准则。当我们发现他人犯错时，应设身处地地为他人着想，以宽容之心予以看待、劝导，使之下不再犯即可，切勿责之过严，若使对方心生怨恨，那就有违我们规劝他人的初衷了。

79. 勿逞所长以形人之短 勿恃所有以凌人之贫

【原文】

天贤一人，以诲众人之愚，而世反逞所长，以形人之短；天富一人，以济众人之困，而世反挟所有，以凌人之贫。真天之戮民哉！

【注释】

诲：作动词用，教导的意思。形：作动词用，比拟，表露。凌：欺压，虐待。戮民：戮，此处当形容词，作有罪解。戮民是有罪之人。

【译文】

上天赐予一个人聪明才智，是为了让他来教诲愚昧的众人，可世人却用来卖弄自己的长处以凸显别人的不足；上天赐予一个人财富，是为了让他来救助贫困的众人，可世人却依仗自己的财富以欺凌穷苦的人。这些人真是上天的罪民啊！

【评析】

智者的才华，是用来教化世人，使他们摆脱愚昧的，而不是拿来炫耀的。一个人如果天资聪颖，那是他的幸运，如果他拿自己的幸运去嘲笑别人的不幸，那么从人格上说他就已经变得很低劣了。同样，一个人如果拥有了丰厚的资产，就应该拿出一些出来做点儿善事，这样能得到别人的尊敬，财源也不会枯竭，而那些为富不仁的人却凭借他们的财富趾高气扬、为所欲为。富有应该使人慷慨，但事实上有钱的人反倒比穷人更吝啬。损不足而增有余，这是社会规律的悖逆，不义之财终难长久。

80. 忘恩报怨　刻薄之尤

【原文】

受人之恩，虽深不报，怨则浅亦报之；闻人之恶，虽隐不疑，善则显亦疑之。此刻之极，薄之尤也，宜切戒之。

【注释】

尤：过分。

【译文】

受人恩惠虽然深重，但却不予报答，而一点怨恨却一定报复；听到别人的坏处，尽管没经过查证也深信不疑，而对别人的好处，无论多明显都不愿意相信。这种品性刻薄到了极点，一定要加以戒除。

【评析】

做人要厚道，"受人滴水之恩，当涌泉相报"，"宁教天下人负我，莫教我负天下人"，有如此心胸的人是高尚伟大的。而那些狭隘自私之人的心理是阴暗的，他们看不到别人对自己的好，更看不到别人身上的优点。而对于仇怨他们会睚眦必报，对于别人的小毛病、小错误他们会咬住不放，并且大肆宣扬。所谓"好事不出门，坏事传千里"，喜欢扬恶隐善的人，大抵都是此类自私空虚之人，他们以此来贬低别人，以求在心理上获得满足。"隐恶扬善"需要的是一种坦荡的胸怀，所有的自私狭隘都是不成熟的表现，一定不要放纵、任其发展。

81. 戒高绝之行　忌褊急之衷

【原文】

山之高峻处无木，而溪谷回环则草木丛生；水之湍急处无鱼，而渊潭停蓄则鱼鳖聚集。此高绝之行，偏急之衷，君子重有戒焉。

【注释】

渊潭停蓄：渊潭是指深潭，停蓄指水平静不流动。褊急：气量狭隘，性情急躁。

【译文】

山峰的奇高险峻之处往往不会生长树木，而河谷的蜿蜒回环之处却会草木茂盛；水流湍急的地方没有鱼虾出没，而渊潭水深平静的地方才是鱼鳖的汇集之地。这说明，过度清高孤傲的行为，以及狭隘偏激的心理，对君子而言是应该特别引以为戒的。

【评析】

人不能太孤傲，阳春白雪虽雅，但却曲高和寡。品行太高的人，总是需要人们去仰视，这样实在太累，大多数的人还是希望和与自己才德相仿的人交往。高尚的品德只有与谦和的言行结合才能成为一种力量，如果一个人太过清高，人们只会对其敬而远之。水至清则无鱼，水湍急同样无鱼，容不得瑕疵和过于偏激的人，都不会有容人之量，而无容人之量的人同样不会有高深的造诣和渊博的知识，只有宽广的心胸才能包罗万象。

82. 诚心和气陶冶暴恶　名义气节激砺邪曲

【原文】

遇欺诈之人，以诚心感动之；遇暴戾之人，以和气熏蒸之；遇倾邪私曲之人，以名义节气激励之。天下无不入我陶冶中矣。

【注释】

暴戾：凶暴残忍。倾邪私曲：行为不端，邪恶且自私。熏蒸：此处作沐化、感化之意。

【译文】

遇到狡猾奸诈的人，就用诚挚之心去感动他；遇到残暴凶狠的人，就用平和心态来感染他；遇到奸邪自私的人，就用名节道义来激励他——那么天下的人就没有不被我感化的了。

【评析】

能独善其身、洁身自爱的人是高贵的，而能以诚心感动奸邪，以和气融化暴戾，以气节消散邪曲的人才是高尚的。"人之初，性本善。"恶人并不是生来就恶的，他们的心中不是没有善，只是它已沉睡，需要用别人的善行去唤醒。

世人应该怀有一颗博爱之心，以诚待人、以德服人，能以真诚之心去感化邪恶总比动用冷酷的法律武器更具温情与智慧。因为温暖的阳光要比肆虐的狂风更容易让人微笑，而我们的世界是需要爱和微笑的。

83. 愈旧宜愈新　愈隐当愈显

【原文】

遇故旧之交，意气要愈新；处隐微之事，心迹宜愈显；待衰朽之人，恩礼当愈隆。

【注释】

隐微：别人看不见的地方，隐私的小事。衰朽：年老力衰的人。

【译文】

碰到许久不见的老朋友，情意要更加真诚亲密，气氛要更加热烈洋溢；处理机密细微的事情，态度要更加光明磊落，心怀公正勿使他人误解；对待年老力衰的人，礼节要更加隆重恭敬，照顾要更加热情周到。

【评析】

与人交往需要真诚，也需要准则。对待昔日的老友，因为长时间疏于联络，可能已经变得生疏，但越是这样就越要表现出你的热情和真诚，这样才不会使你们的友情在时间的磨洗下褪色；对待机密不宜与外人道的事，要有一种坦诚的态度，这样才不会引起别人的误解；对待那些衰老或者没落的人，因为他们可能已经饱受了世人的冷遇，越是如此就越应该用最热情周到的礼节和真心去对待他们，使他们知道自己并没有被遗弃。

若我们不论什么事都能做到将心比心，就能拆除人与人之间的心防，使生活中充满脉脉温情。

84. 恩宜自淡而浓　威应自严而宽

【原文】

恩宜自淡而浓，先浓后淡者，人忘其惠；威宜自严而宽，先宽后严者，人怨其酷。

【译文】

施人以恩惠应该从淡薄到浓厚，如果开始浓厚、后来淡薄，受恩者就会忘记你的恩惠。树立威信应该从严厉到宽容，如果开始宽容后来严厉，别人就会埋怨你的冷酷。

【评析】

有一个大家都很熟悉的例子：小的时候去买糖果，售货员在称糖果的时候，如果第一次放的过多，她就会去掉一些再去掉一些，你在她去掉糖果的同时，也一次比一次变得不高兴，总觉得自己吃了很大的亏；而反过来，先是少放一些，再慢慢添上一些，再添上一些，你的心情则会随着糖果增加越来越好，心中暗自得意——原来自己的钱可以买到如此多的糖果。其实糖果的分量没有什么不同，不同的只是人的心理，而会做生意的人总是选择第二种经营方式。人与人的交往也是一样，初时冷淡是自然；日渐熟悉感情日益加深，恩惠渐浓也属常情。

"渐入佳境"是每个人的心理期待，符合人情的思维模式，懂得这一点就能在人际关系和社会生活中左右逢源、游刃有余。

85. 藏才隐智　任重致远

【原文】

鹰立如睡，虎行似病，正是它取人噬人手段处。故君子要聪明不露，才华不逞，才有肩鸿任巨的力量。

【注释】

噬：啃咬吞食。肩鸿任巨：担当大任。

【译文】

老鹰站立的时候像是在沉睡，老虎行走的姿态有如生病，这正是它们准备以利爪扑食吃人的手段。所以，有德的君子要做到不显露聪明、不矜夸才华，方能培养出肩负重大责任的毅力。

【评析】

一个具有真才实学的人，遇事绝对沉着坚忍，不会有丝毫轻慢夸耀的念头。

而那些自我夸耀，生怕别人不赏识自己的人，通常不知天高地厚，对事也只是一知半解，"一瓶水不响，半瓶醋晃荡"说的就是这个道理。事实上，一个有才华的人，最好是深藏不露，否则很容易招致周围人的忌恨，此所谓：木秀于林，风必摧之；堆出于岸，流必湍之。所以先人才有"良贾深藏若虚，君子盛德，容貌若愚"的名言，这是在告诫后人不可夸示才智，要懂得隐藏自己的锋芒。

86. 无过便是功　无怨便是德

【原文】

处世不必邀功，无过便是功；与人不求感德，无怨便是德。

【注释】

邀：求取。与人：帮助别人，施恩于人。感德：感激恩德，据《诗经·小雅》篇："忘我大德，思我小怨"。

【译文】

人生在世不必强求功劳，只要能够做到不犯错就算有功劳；施恩于人不必要求对方感恩戴德，只要没有受人怨恨就是功德。

【评析】

"无过便是功，无怨便是德"所要阐释的是一种舍己为人的精神。在自我意识增强的今天，人们愈来愈懂得如何表现个人优点，尤其在职场打拼的上班族，如果业绩不佳，还可能遭到解雇。积极努力固然值得嘉许，但如果为求表现而不惜邀功诿过就不足取了。

87. 立身要高一步　处世须退一步

【原文】

立身不高一步立，如尘里振衣、泥中濯足，如何超达？处世不退一步处，如飞蛾投烛、羝羊触藩，如何安乐？

【注释】

立身：在社会上立足，接人待物。尘里振衣：振衣是抖掉衣服上沾染的灰尘，故在灰尘中抖衣服，尘土会越抖越多，喻做事没有成效，甚至相反。泥中濯足：在泥巴里洗脚，必然是越洗越脏，喻做事白费力气。超达：超过，达到。飞蛾投烛：当飞蛾接近灯火就会葬身火中，喻自取灭亡。羝羊触藩：羝，是指公羊。藩是指竹篱笆。公羊健壮鲁莽，喜欢用犄角顶撞，往往把犄角卡住不能自拔。世人用羝羊触藩比喻做事进退两难。

【译文】

立身处世如果不能站在更高的境界，就像在尘土里拂拭衣服和在泥水中洗涤双足一样，怎么能出人头地呢？为人处世如果不懂得谦让容忍，就像飞蛾扑火和公羊用角撞竹篱笆一样，怎么能摆脱困境，使自己的身心得到安乐愉快呢？

【评析】

人之所以无法摆脱困境，是由于眼光看得不够远，心胸放得不够宽。一个人立身处世，必须要修身养性，尤其待人接物必须谦让，如此才不会落入陷阱，才能跨越障碍，走向光明坦途。

如果短视近利、只顾眼前，做事不看清楚客观环境就盲目努力，即使费尽心机、竭尽全力，结果也终将如作者所说"如尘里振衣、泥中濯足"，"如飞蛾投烛、羝羊触藩"，终将白费心力，使自己陷于进退两难的境地，又如何有一番作为呢？

88. 虚圆立业　偾事失机

【原文】

建功立业者，多虚圆之士；偾事失机者，必执拗之人。

【注释】

虚圆：谦虚圆通。偾事：败事。偾，毁坏、败坏。《礼记·大学》中有："此谓一言偾事"。执拗：坚持己见，固执任性。

【译文】

能够建立功勋成就大业的人，大都是处世谦虚圆通的人；而那些丧失机会导致失败的人，必定是固执任性的人。

【评析】

　　虚圆之士，指的是那些谦虚、圆融的人。谦虚能结交朋友，开拓交往层面；圆融能应变世事，抓住转瞬即逝的机会。执拗之人，指的是那些固执、刚愎的人。固执己见、走路不知转弯，结局一定是头撞南墙；刚愎自用不知变通，结果只能一败涂地。项羽就是一个典型，如果刚愎自用、固执己见，盖世英雄同样回天无力，英雄末路、四面楚歌岂是"天要亡我"？

　　成功并不是只靠运气和匹夫之勇的。儒家主张的内仁外和、从善如流，就是要人既在内心深处坚持道德原则，绝不让步，外在又要灵活机动、处世随和，这样人与人的关系才可能融洽，成功才能离你越来越近。

89. 人能诚心和气　胜于调息观心

【原文】

　　家庭有个真佛，日用有种真道，人能诚心和气、愉色婉言，使父母兄弟间，形骸两释，意气交流，胜于调息观心万倍矣。

【注释】

　　真佛：真正的佛，真诚的信仰，慈善的心地。真道：符合天理道德的处事待人原则。愉色：脸上所出现的快乐的面色，据《礼记·祭义》篇："有和气者必有愉色，有愉色者必有婉言。"形骸两释：形骸指肉体，释，消失。形骸两释指人我之间没有身体外形的对立，也就是人与人之间和睦相处。调息观心：佛道两教都把静坐和坐禅称为调息，是取静坐和坐禅调理呼吸，保持内部机体运转自如的意思。观心指观察自己的行为，也就是反省自己。

【译文】

　　家庭中应该有一种真正的信仰，日常生活中应该有正确的原则。人与人之间如能保有纯真的心性，彼此以愉快的态度和温和的言辞相待，就能跟父母兄弟融洽相处、意气相投，这比坐禅调息、观心内省还要好上千万倍。

【评析】

　　一般人坐禅调息、观心内省无非是为了求得一个"静"字。现代人的生活节奏快，精神压力也大，许多人在工作上受了委屈之后，回到家里就对家人发泄，结果不但无法让压抑的情绪获得疏解，还导致和家人之间的关系紧张。

其实，化解不满情绪的最佳方式就是去控制情绪，也就是要作好情绪管理，越是情绪不好就越要心平气和。万事和为贵，家和万事兴，不妨用倾诉代替发怒，这样家人或朋友才能了解你的感受而给予支持和帮助，否则即使坐禅调息也无法让内心真正获得平静。

90. 种田地须除草艾　教弟子严谨交游

【原文】

教弟子如养闺女，最要严出入，谨交游。若一接近匪人，是清净田中下一不净的种子，便终身难植嘉禾矣。

【注释】

弟子：此处同子弟。交游：结交朋友。匪人：泛指行为不正的人。嘉禾：指长得特别茂盛的稻谷。

【译文】

教育弟子，要像养育一个深闺女子般谨慎，应当严格约束其出入，注意他和朋友的往来。因为一旦结交行为不正之友，就如同在良田之中播下坏种子，可能永远都种不出好的庄稼了。

【评析】

所谓"近朱者赤，近墨者黑"，为人父母者千万不可忽略子女的交友情况。随着时代的发展，现代父母给予子女的空间极大，亲子的关系已从绝对权威发展到犹如朋友的关系。然而，父母仍应对子女严加管教，尤其应该留意子女的交友情况，这是责任与义务，也是对子女关爱的表现。

如果家庭本身没有问题，子女却出现偏差行为，就要考虑到是否结交了品行不端正的朋友，果真如此的话，绝不可掉以轻心。倘若因溺爱子女而放任不管，等将来子女误入歧途后就为时已晚了。为人师者教书育人也是同样的道理。

91. 春风解冻　和气消冰

【原文】

家人有过，不宜暴怒，不宜轻弃。此事难言，借他事隐讽之；今日不悟，俟来日再警之。如春风解冻，如和气消冰，才是家庭的型范。

【注释】

隐讽：借用其他事物来暗示，婉转劝人改过。俟：等待。型范：模式，典型模范。

【译文】

家里有人犯了错，不可以随便大发脾气，但也不可以轻易纵容。如果这件事不好直说，就借由其他事物来暗示他改正；如果他一时还难以悔悟，就要拿出耐心，等待时机再提醒劝告。这就好比温暖的春风化解大地冻土，暖和的气候消融寒冰一样，只有充满和气的家庭才称得上是模范家庭。

【评析】

人都是好面子的，没有人希望别人对自己大呼小喝，即使错在自己，也总希望别人能温柔规劝，给自己台阶下。但很多人在与外人相处时会留意自己的态度，回到家里面对最亲近的家人时，反而失去了爱心和耐心，毫无保留地发泄自己的负面情绪。或许有人会说，家人与外人最大的不同就是，对家人不必掩饰自己的喜怒。但如果对家人没有爱心和耐心，那么家人岂不是还不如外人了吗？

古人说"齐家治国平天下"，一个人的事业再有成就，对外的人际关系再好，倘若家庭气氛不和乐，同样谈不上圆满成功。

92. 从容处家族之变　剀切规朋友之失

【原文】

处父兄骨肉之变，宜从容，不宜激烈；遇朋友交游之失，宜剀切，不宜优游。

【注释】

从容：镇静不慌乱。剀切：切实、直截了当。优游：悠然处之，含糊对待，漫不经心。

【译文】

面对父兄或骨肉至亲之间发生的家庭变故，应该保持镇静，绝不可以过于冲动而把事情弄得更糟；遇到朋友有过失，应该诚恳地规劝，绝不可以害怕得罪友人而含糊对待。

【评析】

人总有一天会面临亲人的意外变故，父母尊长的辞世最让人难以接受与面对。死亡一直是人们的禁忌话题，长一辈的人尤其介意，所以用了许多含蓄的词语来替代，诸如"百年""往生"等。然而，由于忌讳谈生论死，加上预立遗嘱的风气不盛，因此父母骤逝后，手足间为家产分配不公而闹上法庭或为安葬事宜而产生意见分歧之事屡见不鲜。试想，如果逝者有知，看见因为自己的身后事让亲人争吵不休，能走得安心吗？

所以作者告诉我们，在面对家庭变故时，绝不可过于冲动。另外，朋友有规过之义，如果自己的朋友犯了错，应该诚恳规劝，不能一味袒护朋友。

93. 谨言慎行　君子之道

【原文】

十语九中，未必称奇，一语不中，则愆尤骈集；十谋九成，未必归功，一谋不成，则訾议丛兴。君子所以宁默毋躁、宁拙毋巧。

【注释】

愆尤：愆，过失。尤，责怪。愆尤是指责归咎的意思。骈集：骈，与并同，骈集就是接连而至。訾议：非议、责难、诋毁的意思。

【译文】

十句话说对了九句也未必有人称赞你，但如果说错了一句，众多的指责就会接连而至；十次计谋有九次成功也未必归功于你，但只要有一次计划失败，责难之声就会纷纷到来。所以君子宁可保持沉默，也不要急躁多言，宁可韬光养晦，也绝不自作聪明。

【评析】

俗话说"好事不出门，坏事传千里"，有些人喜欢借着贬损他人来抬高自己，这与妒忌、害怕他人胜过自己的心态有关，同时还具有浓厚的自我炫耀的意味。

换言之，人们常会在不知不觉之中与他人较劲，所以，当别人有了不错的表现，就很难真诚地去夸赞对方，还认为如果换成自己可能做得更好。而一旦别人失策了，幸灾乐祸并落井下石者大有人在，攻诘责难的声浪此起彼落，原本小小的错误都会被渲染成严重失误。上述的情节，随时在我们生活中上演，尤其在工作中更是屡见不鲜。

所以，劝诫有才德的君子要"宁默毋躁、宁拙毋巧"。

94. 先达笑弹冠　相知犹按剑

【原文】

先达笑弹冠，休向侯门轻曳裾；相知犹按剑，莫从世路暗投珠。

【译文】

朋友发达升官了，你很高兴，弹去帽子上的灰土等着朋友提拔，结果却被他耻笑了一通，所以不要轻易地投靠权贵；知己也要时刻提防着，不要迫于世道艰难就明珠暗投。

【评析】

当朋友的地位变高了的时候，我们应该更加自重，免得自取其辱。对待朋友虽要坦诚相见，但是也要有所提防。常言道："害人之心不可有，防人之心不可无。"人心难测，不得不防。

95. 大量能容　不动声色

【原文】

觉人之诈，不形于言；受人之侮，不动于色。此中有无穷意味，亦有无穷受用。

【注释】

觉：发觉、察觉。诈：欺骗、假装。形：表露。

【译文】

当察觉到别人欺骗我们的时候，不要马上在言谈之间表现出来；当我们遭受别人的侮辱时，不要立刻在神色情态上表现出来，这当中含有无穷的深意，让人一生受用不尽。

【评析】

每个人都不喜欢被人欺骗，所以一旦发现别人欺骗了自己，大部分人往往因满腔的怒火难抑，而冲动地揭穿对方的谎言。但是，冲动行事很有可能招来意外之祸，电视新闻就曾报导过这样一则事件：一男子向一住户借用厕所后，顺手偷了该住户的东西，结果被这家小女孩发现，小女孩当场揭穿男子恶行，并大声怒骂他，男子在恼羞成怒之下，竟将女孩杀害。或许有人要质疑，难道明知对方恶意行骗也不能揭穿，就只能胆怯地自认倒霉吗？并非如此，只是人人都有自尊心，当骗局被人当场揭穿时，骗子即使不立即报复，也会处心积虑地另谋诡计。

所以，在发觉对方用心不正时，千万要沉着应变，不要急于当场揭发对方，以免使自己受到伤害。同样，当受到别人攻击、侮辱时，也不要立刻怒形于色，而要以容忍来取代愤怒，否则"相骂无好话"，许多憾事往往由此而发生。

96. 信人示己之诚　疑人显己之诈

【原文】

信人者，人未必尽诚，己则独诚矣；疑人者，人未必皆诈，己则先诈矣。

【注释】

信人：信任别人。疑人：怀疑别人。

【译文】

信任别人的人，别人未必都会以诚相待，但至少表明你自己是诚实的；猜忌别人的人，别人未必都对你狡诈虚伪，但至少说明你自己是狡诈的。

【评析】

对别人以诚相待，不一定得到别人同等的回报，但是起码自己问心无愧。对任何人都持怀疑的态度，即使别人很真诚也不领情，此等人与小人无异。所谓"君子坦荡荡，小人常戚戚"就是如此吧！疑人不用，用人不疑。疑神疑鬼，不信任别人的人是做不成大事的。尤其是一个有雄心的人，在待人接物时必须出自真诚，这样才能使大家精诚合作。诚信是传统的美德之一，真诚待人终究会感动别人。

克己警示篇

1. 贪得者虽富亦贫　知足者虽贫亦富

【原文】

贪得者分金恨不得玉，封公怨不授侯，权豪自甘乞丐；知足者藜羹旨于膏粱，布袍暖于狐貉，编民不让王公。

【注释】

公：爵位名，古代把爵位分为公、侯、伯、子、男五等。藜：一种可食用的野菜。膏粱：形容菜肴的珍美。狐貉：用狐貉缝制的衣服。编民：指列于户籍的人民，也就是一般平民。

【译文】

贪得无厌的人，有了金银却还怨恨得不到珠宝，封了公爵却还怨恨未拜侯爵，这种权豪无异于自甘沦为乞丐；知足的人，即使吃野菜汤也觉得比山珍美味香甜，穿布袍也觉得比华贵的衣服还要温暖，这种平民实际上比王公贵族还要富足。

【评析】

常言道"人心不足蛇吞相"，贪乃人性之一大痼疾，源于人对物质的强烈占有欲。人的欲望有如无底洞，诚如文中所说"分金恨不得玉，封公怨不受侯"，这似乎是人的通性，只有少数胸襟豁达的人才能懂得知足常乐之理。

其实，吃山珍海味和粗茶淡饭一样都能让人吃饱，穿粗布棉袍和狐袄貂裘也同样能让人保暖，只要基本的生活需求可以满足就已足够，又何苦得寸进尺，为满足物欲而费心伤神呢？必须明白，人的能力有限，而欲望无穷，欲望过多，不加控制，终会招致灾祸。

2. 事事实处着脚　念念虚处立基

【原文】

立业建功，事事要从实处着脚，若稍慕虚名，便成伪果；讲道修德，念念要从虚处立基，若稍计功效，便落尘俗。

【注释】

功效：功利、效用。

【译文】

建功立业，事事要脚踏实地，如果稍稍贪慕虚荣，就不会取得真正的成功；学道修德，每个念头都要建立在不图功名的基础上，如果稍稍计较功利得失，便会变成庸俗的事情。

【评析】

虚名在现实生活中，可以给人们带来许多好处，但是也让人们尝尽了苦头。虽然如此，但许多人还在拼尽全力去争取那虚无缥缈的虚名，不过这样的人即使拥有了较大的声望，早晚也是要付出代价的。

3. 常时念念守得定　生时事事看得轻

【原文】

欲遇变而不仓忙，须向常时念念守得定；欲临死而无贪恋，须向生时事事看得轻。

【注释】

遇变：遇到变故的时候。仓忙：慌张、忙乱。

【译文】

如果想在遇到变故的时候不慌张失措，平时就要多多思虑，培养沉着镇定的性格；如果想在临死的时候没有留恋、牵挂，就要在活着的时候把所有事都看轻，要拥有超脱的情怀。

【评析】

想要处变不惊，我们就要经常审视自己的生活状态，思考各种问题，预想一下可能遇到的麻烦，并想出应对方法，做好心理准备。胸有成竹，才能"遇变而不仓忙"。

人在活着的时候如果能把事事都看淡，怀有一颗超然之心，临死时就会从容安详，无牵无挂。

4. 立处世之事业　怀出世之襟期

【原文】

宇宙内事要力担当，又要善摆脱。不担当，则无处世之事业；不摆脱，则无出世之襟期。

【注释】

担当：担负，承担。经世：长留人世。出世：指置身于世外。襟期：指胸怀、胸襟。

【译文】

天地间的事情既要奋力担当，又要善于摆脱。如果不担当，就干不成惊天动地的事业，如果不摆脱，就没有置身世外、脱离世俗的胸怀。

【评析】

我们在世上总要承担一些责任，做一些事情，但是要懂得如何洒脱地放下牵绊，得到休闲与安宁。

5. 弄权一时　凄凉万古

【原文】

栖守道德者，寂寞一时；依阿权势者，凄凉万古。达人观物外之物，思身后之身，宁受一时之寂寞，毋取万古之凄凉。

【注释】

栖守：指坚持奉行。依阿：违背自己的意愿曲意顺从依附于别人。阿与依同义，都是依附、迎合的意思。达人：乐观、豁达的人。物外之物：现实以外的事物，即超脱于现实物质世界的精神世界。身后之身：死后的身份、名誉。

【译文】

一个固守道德礼法的人，只不过会有一时的寂寞；依附权势的人，却会招致永远的凄凉与孤独。心胸豁达的人，重视物质以外的精神价值，考虑到死后的千古声誉。所以，他们宁愿承受一时的寂寞，也不愿意遭受永久的凄凉。

【评析】

文天祥在《过零丁洋》中写道："人生自古谁无死，留取丹心照汗青。"忍受一时的寂寞凄凉，好过永久的寂寞凄凉。历史上的奸臣与佞臣们，虽然荣耀显赫于一时，却在青史之中留下千古骂名，为后人所唾弃。杀害抗金英雄岳飞的秦桧，在当时权倾朝野、显赫荣耀。但是当他死后，后人们按照他的形象铸造出铜像来，让他永远跪在岳飞墓前谢罪。奸臣的下场果真是万古凄凉。

有这样一句话："卑鄙是卑鄙者的通行证，高尚是高尚者的墓志铭。"若真为君子，就会有所为，有所不为，而小人却为达到目的，不择手段。只有清高豁达之人，才能看破得失成败，恪守自己的操守，坚持自己的原则，以正直淡泊之心处世。

6. 陶铸不纯　难成令器

【原文】

赤子者，大人之胚胎；秀才者，宰相之基础。此时若火力不到，陶铸不纯，他日涉世立朝，终难成个令器。

【注释】

赤子：刚出生的婴儿。涉世：参与社会实践。令器：可用之才。

【译文】

刚出生的婴儿，是成人的胚胎；考取秀才是做宰相的基础。如果这个时候磨炼不够，就好比烧陶时因火候欠缺会出现次品，将来参与到社会实践或入朝做官的时候，就难以成为可用之才。

【评析】

孩子是一个国家，一个民族，甚至整个世界的未来。要想培养有用之才，从小就需要进行良好的教育。要想让一棵小树成为栋梁，就要勤加栽培、浇水、施肥、松土、修剪，最终小树苗才能成为参天大树。

玉不琢不成器，人不学不知义。不经过雕琢的玉只能称其为顽石，不经陶冶与锻炼的人也难成大器。做好教育工作是每一个家长和老师应尽的责任与义务。

7. 一念慈祥立百福　寸心挹损启万善

【原文】

立百福之基，只在一念之慈祥；开万善之门，无如寸心之挹损。

【注释】

挹损：挹指给予，损指谦和。

【译文】

奠定幸福的基础,只在于一个慈祥的念头或一颗慈祥的心;开启万善之门,做许多好事,不如内心的无私与谦和。

【评析】

尽管为人善良并非就能得到幸福,但一个心地善良的人,总是会受到大家的喜爱,当他遇到困难时,也会有人来帮助他,因此,他能够交到许多朋友,获得真诚的感谢与回报,这不也是幸福的来源吗?而且,心地善良的人,心态是平和安然的,无论处在顺境还是逆境,都能泰然处之,这样就已经很幸福了。

一个人可以做许多好事,但从根本上讲,不如内心的无私与谦和,因为有了无私谦和的心地,他的一言一行就会散发出一种善良的光芒,让他人感到温暖幸福。

8. 济人利物宜居其实　忧国为民当有其心

【原文】

士君子济人利物,宜居其实,不宜居其名,居其名则德损;士大夫忧国为民,当有其心,不当有其语,有其语则毁来。

【注释】

济人利物:帮助别人。

【译文】

君子帮助别人的时候,应该注重实际的行为,而不是注重名声,注重名声会有损自己的品德;官员们忧国忧民,应该是用心去做,而不是挂在嘴上,总挂在嘴上会招来别人的诋毁。

【评析】

我们经常会帮助别人,也经常接受别人的帮助。帮助别人的时候,应该注重实际行动,而不能注重自己的名声,否则就会有损自己的品德。

忧国忧民不仅是官员们的事，每个人都有这样的责任，但这要发自内心，而不是挂在嘴上四处标榜自己，那样不但不会得到别人的尊重，反而会引起别人的反感。

9. 君子不能灭情　唯事平情而已

【原文】

情之同处即为性，舍情则性不可见；欲之公处即为理，舍欲则理不可明。故君子不能灭情，唯事平情而已；不能绝欲，唯期寡欲而已。

【注释】

平情：收敛感情。寡欲：控制欲望，使欲望变少。

【译文】

人们共同拥有的感情就是人的天性，如果舍弃人的感情，那么人的天性就消失了；人们共同的欲望就是天理，如果消除了欲望，那么天理也就不存在了。所以，君子不能完全舍弃自己的感情，只要控制一下就可以了；也不能完全清除欲望，只要控制欲望，有所节制就可以了。

【评析】

一个有血有肉的人是不可能消除所有欲望的，这是人之常情。所以，本文提倡"君子不能灭情，唯事平情而已；不能绝欲，唯期寡欲而已"。如果不考虑这些真实情况，一味地要求人们绝情绝欲，是不会有任何意义的。但是，一个理智的人不应该放纵自己的欲望，应该尽量消除不合理的欲望，否则人就会失去原有的本性，并铸成大错。

10. 名为招祸之本　欲乃丧志之媒

【原文】

钟鼓体虚，为声闻而招击撞；麋鹿性逸，因豢养而受羁縻。可见名为招祸之本，欲乃丧志之媒。学者不可不力为扫除也。

【注释】

钟鼓：钟和鼓，古代的乐器。击撞：敲打。麋鹿：麋与鹿，或单指麋鹿。古人常用麋鹿比喻隐逸之志。据李白《山人欢酒》诗："各守麋鹿志，耻随龙虎争。"豢养：饲养，喂养。羁縻：约束，控制。

【译文】

钟和鼓是中空的，因为被撞击能发出声音而为自己招来棒槌的打击；麋鹿喜欢无拘无束，因为被驯养而受到约束，失去了自由。由此可见，名声是招惹祸事的根源，欲望是使人心志涣散的媒介，学者不可以不全力清除欲望和名声的束缚啊。

【评析】

"名为招祸之本，欲乃丧志之媒。"这句话不仅仅适用于做学问，对于任何一个人来说，都具有很强的警示意义。

11. 常虚则义理来居　常实则物欲不入

【原文】

躯壳的我要看得破，则万有皆空而其心常虚，虚则义理来居；性命的我要认得真，则万理皆备而其心常实，实则物欲不入。

【注释】

义理：真理。实：充实。

【译文】

作为躯体要弄清自身的意义何在，就会感到万物都是空的，内心也会和万物一样空灵，这样内心就会装满真理；作为生命要弄清自身的意义何存，就会发现自身也具备了万物之理，内心很充实，充实了物欲就无法侵入。

【评析】

　　修身养性是为了提高自己的道德修养，磨炼自己的意志，以能控制自己的物欲情欲，排除自己的私心杂念。但在修身之前，需要先看破躯体，弄清自身的意义，将内心腾空，虚心求真知。虚心才能不断地学习和接受新知识，就像已经装满水的杯子再也容不下一滴水一样，人如果自满，也同样无法再容纳真正的学问和真理。这样一来，就等于阻断了自我超越之路，很难再有发展。

　　海纳百川，有容乃大。做人也应该敞开胸怀，虚心接受别人的建议，然后择其善者而从之。

12. 勿恕以适己　勿忍以制人

【原文】

　　己之情欲不可纵，当用逆之之法以制之，其道只在一忍字；人之情欲不可拂，当顺之之法以调之，其道只在一恕字。今人皆恕以适己，而忍以制人，毋乃不可乎！

【注释】

　　情欲：指情绪，欲望。恕：宽恕，宽容。

【译文】

　　自己的欲望不可以放纵，应当用克制的态度来控制自己的欲望，其方法就是一个"忍"字；别人的欲望不可以反对，应当用疏导的方法来调节，其方法就是一个"恕"字。可是如今人们都用宽容的态度对待自己的欲望，却要求别人克制欲望，这样恐怕不行吧。

【评析】

　　对待自己要严格，对待别人要宽容。如果不这样做，对自己对别人都没有好处。

　　对自己要求不高，总是以宽容的态度对待自己，自己就无法取得进步，最终受害的还是自己；对别人要求很高，丝毫不能容忍他人的过失，这样不利于形成融洽的人际关系。

13. 福从灭处观究竟　贫从起处究由来

【原文】

功名富贵，直从灭处观究竟，则贪恋自轻；横逆困穷，须从起处究由来，则怨尤自息。

【注释】

灭：毁灭，灭亡。横逆：不顺利。怨尤：怨恨，责怪。

【译文】

功名富贵，应该从它最终消失灭亡的结局来看它的本质，这样贪恋它的心思就会减轻了；遇到艰难困苦，应该从它产生的源头来思考它的原因，这样怨恨之情也就会消散了。

【评析】

功名富贵不易得到，即使得到了也很容易失去，因此要用一颗平常心去对待。

遇到艰难困苦的时候，不要过于伤悲，也不要一味地怨天尤人，要知道所有的事情都是有原因的。如果明白了自己遭遇不堪境遇的原因，不再怨天尤人，而是就此奋进，改变现状，说不定能够因祸得福。

14. 根拔草不生　膻存蚋仍集

【原文】

了心自了事，犹根拔而草不生；逃世不逃名，似膻存而蚋仍集。

【注释】

了心：消除心中的杂念。蚋：蚊虫。

【译文】

如果将心中的杂念与欲望消除掉，那么烦恼的事情自然也就消失了，就好像拔去草根，草就不会生长了一样；如果逃避俗世，但却不能舍弃对名声的热衷，就好像膻味存在就能吸引蚊虫聚集过来一样。

【评析】

如果想消除生活中的烦恼，关键消除内心的欲望。如果心里总是不清静，那么麻烦也就不会少。因为欲望的根仍在心里，那么由欲望所带来的问题当然会像野草那样层出不穷，无法清除。

脱离了尘世，但却总是贪恋名声，这样的人从骨子里就没有真正脱离凡俗，一旦有机会，恋俗之心就会再起。

15. 扫除浓淡之见　灭却欣厌之情

【原文】

谈纷华而厌者，或见纷华而喜；语淡泊而欣者，或处淡泊而厌。须扫除浓淡之见，灭却欣厌之情，才可以忘纷华而甘淡泊也。

【注释】

纷华：指人世间的荣华富贵。淡泊：不重视名利。

【译文】

谈到荣华富贵而面露厌烦的人，也许当置身于荣华富贵之中就会喜形于色；说到淡泊而面露欣喜的人，也许一旦置身于清苦之中就会心生厌烦。所以必须要除去对荣华富贵与淡泊的见解，消灭喜欢与厌烦的情感，这样才可以真正地忘却荣华富贵而甘愿过淡泊的生活。

【评析】

真正修行的人必须从内心去除对繁华、淡泊的成见，才可以在繁华中忘掉繁华，不贪恋，不沉迷；才可以在淡泊的生活中甘于淡泊，苦中作乐。古德讲：素富贵安于富贵，素贫贱安于贫贱，如果私心杂念没有去除，是很难真正达到这样的境界的。

16. 急回贪恋之首　猛舒愁苦之眉

【原文】

　　富贵的，一世宠荣，到死时反增了一个恋字，如负重担；贫贱的，一世清苦，到死时反脱了一个厌字，如释重枷。人诚想念到此，当急回贪恋之首，而猛舒愁苦之眉矣。

【注释】

　　重枷：沉重的枷锁、负担。

【译文】

　　富贵的人，一辈子享受荣华富贵，到了临死的时候反而添了贪恋尘世的念头，如同背负着重担；贫贱的人，一辈子都在清苦中度过，到了临死的时候反而脱离了尘世的厌弃之感，如同卸下了沉重的枷锁。如果人都能够这样想，就应该蓦然回首，不再贪恋荣华富贵，而舒展愁苦的容颜。

【评析】

　　如果人们都想到荣华富贵不过是过眼云烟，得到了也早晚会失去，死的时候也不会带走，那样也许就不会为了荣华富贵而拼尽一生了。当然贫穷的生活也并不是人们要追求的，生活只要有滋有味就好，对于金钱富贵不要看得太重，尽情享受眼前的生活就可以了。

17. 常思林下的风味　常念泉下的光景

【原文】

　　仕途虽赫奕，常思林下的风味，则权势之念自轻；仕途虽纷华，常念泉下的光景，则利欲之心自淡。

【注释】

赫奕：显赫生辉。林下：比喻退隐的幽僻之所。泉下：黄泉之下。

【译文】

做官的道路虽然显赫生辉，但常常想一想退隐山林的悠闲生活，那么对权势的向往自然会变轻；人世间虽然缤纷多彩，但常常想一想黄泉下的惨淡光景，那么利欲之心自然就变淡了。

【评析】

中国古代知识分子一直有归隐情结，入世则辅佐帝王造福天下，功成则身退，退隐山林领悟天地之机趣。若生逢乱世，高洁的君子选择归隐，既可以远离祸害保全自身，又可以远离世俗，保全名节。

18. 何必引来侧目　何必招致弯弓

【原文】

廉所以戒贪，我果不贪，又何必标一廉名以来贪夫之侧目；让所以息争，我果不争，又何必立一让誉以致暴客之弯弓。

【注释】

贪夫：贪婪的人。暴客：好争斗、残暴的人。

【译文】

廉洁是用来戒除贪念的，如果我不贪心，又何必标榜自己的廉洁之名引来贪婪之人的憎恨呢？谦让是用来平息纷争的，如果我不争斗，又何必树立谦让的美誉让好争斗的人迁怒于我呢？

【评析】

如果不贪就不要总是向众人表白一番，标榜自己很廉洁，标榜的结果不但会降低你的声望，还会让人对你的品行大加猜疑。群众的眼睛是雪亮的，如果你没有贪心，大家心里自然会明白。

19. 勿贪黄雀而坠深井　勿舍隋珠而弹飞禽

【原文】

　　讨了人事的便宜，必受天道的亏；贪了世味的滋益，必招性分的损。涉世者宜审择之，慎毋贪黄雀而坠深井，舍隋珠而弹飞禽也。

【注释】

　　世味：指尘世的滋味。滋益：好处。性分：人的天性本分。隋珠：古代传说中的一种宝珠。

【译文】

　　在与他人交往中占了便宜，最后一定要吃天道的亏；贪了尘世名利的好处，肯定会有损自己的天性。世人应当多多权衡其利弊以作抉择，千万不要贪图黄雀而跌入后面的深井之中，不要舍弃了明珠去打一只小鸟。

【评析】

　　有得必有失，无论什么事，即使是占到便宜，到最后也要付出代价。我们应该权衡利弊，慎重行事。

　　"贪黄雀而坠深井"的典故，说的是春秋战国时期，吴王昏庸，杀了伍子胥之后又要起兵征伐齐国。他怕群臣反对，就下令说："寡人伐齐，有敢谏者，死！"于是，群臣就都不敢劝阻了。而太子友认为，伐齐于国不利，想劝阻又怕违反君命，所以就想了个办法。一天清晨，吴王与群臣齐聚朝堂商讨政务，太子友进来，从头到脚都是湿淋淋的。吴王不悦，就问："你为什么衣帽都是湿的？"太子友就回答说："我刚才在后宫的花园里，听到蝉的悲鸣，就停下来看，原来在那个蝉的背后有一只螳螂正准备吃它，而那螳螂的背后有一只黄雀要吃螳螂，臣见状就拿出弹弓去打黄雀，可我光顾盯着黄雀了，忘了身后的深井，结果掉进了井里。"吴王大笑，明白了太子友的意思，但他仍旧坚持伐齐，结果大伤国力，无功而返。

其实,"螳螂捕蝉,黄雀在后",我们切不可只图眼前之利,不顾身后之患。

20. 费千金结纳贤豪　孰若济饥饿之人

【原文】

费千金而结纳贤豪,孰若倾半瓢之粟以济饥饿之人;构千楹而招徕宾客,孰若葺数椽之屋以庇孤寒之士。

【注释】

贤豪:指有名望、有地位的人。千楹:比喻很大的房子。葺:修葺。数椽之屋:简陋的房子。

【译文】

花费很多金钱去结交有地位的人,哪里比得上拿出半瓢粮食去救济那些在饥饿中挣扎的人呢?建造豪华的大房子来招待宾客,哪里比得上修葺一些简陋的房子来给贫寒的人遮风避雨呢?

【评析】

对人不必锦上添花,应当雪中送炭。天天吃山珍海味的人,你送给他一碗小白菜,他心里会想:我家肉多得天天喂狗,送我白菜干什么?但是,如果是一个三日没有进食的乞丐,送他一碗白饭,他都会终生难忘这一饭之恩。所以,帮助人应在别人所需之处,如果能做到急他人之所急,供他人所之需,才是恰当之举。

21. 以威助斗怒气自平　以欲济贪利心反淡

【原文】

解斗者,助之以威则怒气自平;惩贪者,济之以欲则利心反淡。所谓因其势而利导之,亦救时应变一权宜法也。

【注释】

解斗：劝阻争斗。助之以威：加油助威。权宜法：暂时适宜的措施、方法。

【译文】

劝阻争斗的人时，如果为他们加油助威反而会使其怒气自动平息下来；克制贪婪的人，如果用更多的欲望来教唆他们反而会使其利欲之心平淡下来。这就是所谓的因势利导，也是拯救危局、应对变化的一个权宜之计。

【评析】

所谓物极必反，任何事情的发展都会有极端，到达极限之后就会反转过来发展。在这个过程中，如果你想阻止它的发展，就可以因势利导，那么事态自然会向反方向发展。

22. 大烈鸿猷　常出悠闲镇定之士

【原文】

大烈鸿猷，常出悠闲镇定之士，不必忙忙；休征景福，多集宽宏长厚之家，何须琐琐。

【注释】

鸿猷：宏伟的功业。忙忙：事务繁多，不得空闲。休征：吉利的征兆。琐琐：琐屑，吝啬。

【译文】

伟大的事业，常常出自从容镇定的人之手，所以平时不要总是忙忙碌碌，焦急不安；吉祥与福气，大多聚集在宽厚善良的人家，因此，不要心胸狭窄，过分琐屑，吝啬。

【评析】

回顾历史的长河，有许多面对突如其来的灾难临危不乱、面对千军万马依然气定神闲的风云人物,让我们佩服不已。凡事稳重、镇定,那么就算不能成就丰功伟业,也可以做一个受人尊敬的人。

23. 心与竹俱空　念同山共静

【原文】

心与竹俱空,问是非何处着脚?念同山共静,知忧喜无由上眉。

【注释】

着脚:落脚。念:心思。

【译文】

如果人的内心与竹子一样空灵,试问那些是是非非怎么在你心中存留呢?如果心思与青山一样安静,那么喜怒哀乐也就从心里生出而挂在眉梢了。

【评析】

如果内心没有那么多的欲望,就不会有那么多的是是非非扰乱我们了。所以,我们若能合理控制自己的欲望,就可以减少很多烦恼。

24. 好名严责君子　不当过求小人

【原文】

君子好名,使起欺人之念;小人好名,犹怀畏人之心。故人而皆好名,则开诈善之门,使人而不好名,则绝为善之路。此讥好名者当严责夫君子,不当过求于小人也。

【注释】

诈善:伪善。

【译文】

　　君子贪图名声，就会起欺骗他人的念头；小人贪图名声，却怀有畏惧的心思。如果人们都喜好名声，则开了伪善之门，如果人们都不喜好名声，就绝了向善的道路。因此，指责贪图名声的人，应当严责君子，而不应该过分地严格要求小人。

【评析】

　　其实无论是君子还是小人，贪图虚名都是应该受到责备的。况且在现实生活中，对于一个贪图虚名的人，我们凭什么确定他是小人还是君子呢？

25. 爱当知割舍　识要力扫除

【原文】

　　爱是万缘之根，当知割舍；识是众欲之本，要力扫除。

【注释】

　　识：认识，知道，潜意识。

【译文】

　　爱是人生聚散离合的根源所在，应当知道割舍；识是产生所有欲望的原因，要努力地扫除。

【评析】

　　"爱是万缘之根，当知割舍"，并不是要我们不去爱，而是提醒我们爱该爱的，不该有的爱，就要及时割舍放弃。

　　"识是众欲之本，要力扫除"的意思是说，所有的欲望都产生于对事物的了解和认识，比如，我们了解了肉，就知道肉有营养而且很香，于是就产生了吃肉的欲望。而作为人，并不是所有的欲望都对我们有益，也不是所有的欲望都应该去满足，所以，对这些由于认识而产生的欲望，应该尽力加以甄别，清除不应有的欲望，留下合理的欲望。

26. 荣与辱共蒂　生与死同根

【原文】

荣与辱共蒂，厌辱何须求荣；生与死同根，贪生不必畏死。

【注释】

蒂：花或瓜果跟枝茎相连的部位。

【译文】

荣耀与耻辱本是紧密相连的，所以厌弃耻辱又何须追求荣耀；生与死本是同根一体，因此贪恋生命就不必畏惧死亡。

【评析】

荣辱、生死本是一体，我们不能把它们分开对待，这样我们或许会轻松很多。太过重视荣誉的人大多活得很累，只有悟出"荣与辱共蒂，厌辱何须求荣"的道理，才能以平常心来面对这个世界。

27. 英雄欺世　全无真心

【原文】

贫贱骄人，虽则虚假，还有几分侠气；英雄欺世，纵似挥霍，全无半点真心。

【注释】

挥霍：随意浪费财物，这里是奔放洒脱的意思。

【译文】

贫穷而没有地位的人很骄傲，虽然看着有几分虚假，但总还有几分侠气；而一个人人敬仰的英雄却欺骗世人，看似洒脱豪放，而实际上没有一点真诚的心意。

【评析】

　　无论是富人还是穷人，均不可丧失做人应具有的气节与品德。有的人在贫穷的时候，还能够做到正直善良、乐善好施，而一旦生活富裕起来，便人性大变，仿佛忘了自己的根本。他们自恃高贵，看不起他人，甚至蛮横无理，把自己的气节与品性都抛到了九霄云外。而有的人却能始终如一，无论是贫穷还是富有，都固守自己的道德，保持自己的气节，这样的人才能赢得人们的尊重。

28. 读书穷理　识趣为先

【原文】

　　琴书诗画，达士以之养性灵，而庸夫徒赏其迹象；山川云物，高人以之助学识，而俗子徒玩其光华。可见事物无定品，随人识见为高下。故读书穷理，要以识趣为先。

【注释】

　　达士：明智达理的人。

【译文】

　　琴书诗画，高雅的人用来培养性灵，而平庸之辈只能欣赏一下其形式；山河美景，睿智的人用它来拓展胸襟、增长学识，而凡夫俗子只能赏玩其风景。可见事物的品性不是一成不变的，而是随着人们见识的高低而改变。所以，读书求知要以提高自己的志趣为第一要务。

【评析】

　　读一本好书，如饮醇酒，所以"好读书，读好书"很重要。开卷有益，但读书不能没有选择，没有益处的书就不要读了，还是省下精力来读几本真正的好书吧。

29. 美女不尚铅华　禅师不落空寂

【原文】

美女不尚铅华，似疏梅之映淡月；禅师不落空寂，若碧沼之吐青莲。

【注释】

铅华：用来化妆的铅粉。碧沼：清澈的水池。

【译文】

美丽的女子不喜欢浓妆艳抹，就好像疏梅与淡月相映；禅师不落于空寂，就好像碧绿的池塘中生出了清新的莲花。

【评析】

有人讨厌浓妆艳抹的女人，因为浓妆艳抹太过媚俗。一个女人若"似疏梅之映淡月"般含蓄而清雅，一定会受到人们的喜爱。

30. 浓艳损志　淡泊全真

【原文】

簪缨之士，常不及孤寒之子，可以抗节致忠；庙堂之士，常不及山野之夫，可以料事烛理。何也？彼以浓艳损志，此以淡泊全真也。

【注释】

簪缨：指高官显贵。抗节：刚正的气节。庙堂：朝廷。浓艳：指荣华富贵。

【译文】

高官显贵通常不及贫穷的人更能忠君报国，而朝廷中的官员们常常不如民间的山野村夫更能明察事理，妥当地料理政务。这是为什么呢？权贵官员因为富贵的生活损伤了心志，而贫寒村夫因为平淡的生活保全了天性睿智。

【评析】

　　山野村夫往往比朝廷官员更有眼光，这确是事实，山野村夫诸葛亮就是如此。他虽为山野村夫，却引得刘备"三顾茅庐"，问以统一天下之大计。而诸葛亮精辟地分析了当时的形势，并出山辅佐刘备，最终形成三国鼎足之势。

31. 荣宠不必扬扬　困穷何须戚戚

【原文】

　　荣宠旁边辱等待，不必扬扬；困穷背后福跟随，何须戚戚？

【注释】

　　扬扬：满足，洋洋得意。戚戚：忧伤的样子。

【译文】

　　荣华恩宠的旁边有耻辱在等待，所以人生得意时不必洋洋自得；苦难贫穷的后面总有福气跟随，因此失意的人又何必忧伤呢？

【评析】

　　老子说："祸兮福之所倚，福兮祸之所伏"，任何困苦后面总有福气跟随，因此，身在困苦中的人不要放弃对幸福的追求，而要保持积极向上的斗志，勇敢地争取自己的幸福。

32. 始以势利害人　终以势利自毙

【原文】

　　附势者，如寄生依木，木伐而寄生亦枯；窃利者，如蟛虮盗人，人死而蟛虮亦灭。始以势利害人，终以势利自毙，势利之为害也，如是夫！

【注释】

窃利：指依附权贵苟且得利。

【译文】

依附权贵的人，就好像藤萝依附在大树上，树被砍倒后寄生的植物也会随之枯亡；依附权贵苟且得利的人，就像寄生在人身上的寄生虫一样，人死了它们也随之死亡。开始就因为权势和利益坑害别人，最后也以权势和利益害死自己。权势和利益对人的害处就是这样的啊！

【评析】

许多人都依附权贵，这样虽可显耀一时，但是不久就会随着物是人非而寂寂无闻。依附权贵的人，终日钻营，追求荣华富贵，以为吃山珍海味，住高楼大厦，穿绫罗绸缎，使物欲得到满足就是最大的快乐。其实，这种人所追求的东西就像"空心果"一般，外表好看，内心空虚，在享乐过后他们内心没有寄托，精神世界一片荒芜。

现实中，的确有一些人为了获取某种利益而去攀附权贵，趋炎附势。"附势者，如寄生依木，木伐而寄生亦枯；窃利者，如蜡虮盗人，人死而蜡虮亦灭。"这句话警告那些依权附势者，他们与权势者所建立起的依附关系，不可能长期地维持下去。荣宠与羞辱共蒂同根，又何必如此呢？厌辱是人之常情，我们又何必自降人格去卖身求荣呢？

修行心法有言："名望及物质上的享受，犹如好吃的毒药，令人慢性中毒，失去灵气，成为欲望的奴隶。"所以，我们还是要凭自己的能力立足于社会，而不能靠依附权势来提高自己的身价。

33. 失血于杯中，笑猩猩嗜酒

【原文】

失血于杯中，堪笑猩猩之嗜酒；为巢于幕上，可怜燕燕之偷安。

【注释】

猩猩之嗜酒：比喻贪图一时享乐，使自己陷入危险之中。为巢于幕上：在幕帘上筑造窝巢，比喻陷入危险的境地而不自知。据《左传》："夫子之在此也，犹燕之巢于幕上。"

【译文】

把自己的鲜血流在了酒杯中，猩猩嗜酒真令人可笑；为贪一时安逸把自己的窝搭在人的帐幔之上，燕子的苟且偷安真是可怜。

【评析】

明朝刘元卿的《贤奕编·警喻》中有这样一则寓言，读来颇耐人寻味：

一个山民想捕捉猩猩，而猩猩机智聪明，很难捕获。后来这个山民知道猩猩是一种喜欢喝酒的野兽，就在山脚下摆上装满甜酒的酒壶，旁边放着大大小小的酒杯。同时他还编了许多草鞋，把它们勾连编缀在一起，放在道路旁边。

猩猩一看，就知道这都是引诱自己上当的，便骂了起来："你们这些奴才想诱捕我吗？我看见就跑，偏偏不上当。"可是骂完以后，猩猩就自言自语道："为什么不去尝一尝呢？不过要小心，千万不要喝多了！"

于是猩猩就拿起一个小杯倒了一杯，喝完后，还一边骂一边把酒杯扔掉。可是过了一会儿，它又拿起了一个大一点儿的酒杯，又倒了一杯。喝完后，又骂着把酒杯扔掉。这样重复多次，喝得嘴唇边甜蜜蜜的，它再也克制不住了，干脆拿起最大的酒杯大喝起来，根本忘了会喝醉的事。喝醉以后，它还把草鞋拿来穿上了。这时山民就出来追捕，结果毫不费力就把猩猩捉住了。

这则寓言故事警示我们：贪则智昏，不计后果；贪则心狂，胆大妄为；贪则难分祸福。我们除了嘲笑猩猩的贪婪外，更应该思考其中的深意。

34. 贪心胜者　逐兽不见泰山在前

【原文】

贪心胜者，逐兽而不见泰山在前，弹雀而不知深井在后；疑心盛者，见弓影而惊杯内之蛇，听人言而信市上之虎。人心一偏，遂视有为无，造无作有。如此心可妄动乎？

【注释】

杯内之蛇：语出成语"杯弓蛇影"。市上之虎：语出成语"三人成虎"。

【译文】

太过贪心的人，只顾追逐猎物而不能看到泰山就在眼前，只想用弓弹打树上的小鸟而不知道深井就在身后；疑心太重的人，看到倒映在酒杯中的弓影就以为杯子中有蛇，听到别人说闹市中有虎就相信了。可见人心一偏执，就会视而不见，无中生有。从上面这几种情况可以看出，心不能妄动浮躁。

【评析】

贪心的人自古就有，他们往往因为一时的贪念而受到伤害，然而却很少有人觉醒。

《战国策·魏策二》记载，庞葱陪魏国太子去赵国作人质。行前他问魏王："一个人对您说街上有虎，大王相信吗？"魏王说："不信。"庞葱又问："那两个人说街上有虎，大王相信吗？"魏王说："会感到疑惑。"庞葱又问："那么三个人说街上有虎，大王相信吗？"魏王说："那我就会相信。"庞葱说："街上本来没有虎，这是明摆着的事实，然而，三个人都说有虎，人们就相信有虎了。今天我和太子去邯郸，与魏国距离遥远，如果有人说我和太子的坏话，希望大王能够明察。"后来，人们就用三人成虎来形容谣言重复多次，就能使人信以为真。

35. 车争险道　败处噬脐

【原文】

车争险道，马骋先鞭，到败处未免噬脐；粟喜堆山，金夸过斗，临行时还是空手。

【注释】

噬脐：语出"噬脐何及"，意思是后悔就像用嘴咬不到自己的肚脐那样，是没有用的。临行：指临死。

【译文】

车辆总要在险道争路，马总要跑到最前面，到了翻车失蹄的时候未免后悔莫及；因粮米成山而沾沾自喜，因黄金过斗而四处炫耀，到临死时不过依旧是两手空空。

【评析】

对于我们的生活来说，金钱的确很重要，但我们必须明白，金钱并不是万能的。金钱并不是生活的全部，生活中有比金钱重要千万倍的东西，比如亲情、友情、爱情，等等。挣钱的目的是为了让自己的生活过得更好，所以我们必须做金钱的主人，而不是金钱的奴隶。

36. 富贵是无情之物　贫贱是耐久之交

【原文】

富贵是无情之物，看得它重，它害你越大；贫贱是耐久之交，处得它好，它益你反深。故贪商旅而恋金谷者，终被一时之显祸；乐箪瓢而甘敝缊者，永享千载之令名。

【注释】

商旅：指四处做买卖的商人。箪瓢：比喻家境贫寒，生活清苦。敝缊：衣被破旧。

【译文】

荣华富贵是无情的东西，你越看重它，它就越会害你；贫穷低贱是可靠永久的朋友，和它相处得越好，它对你的帮助就越多。所以说四处谋财，贪恋金银财货的人，最终会被一时的显赫所害；而甘于过粗茶淡饭的贫穷生活的人，会永远享有美好的名声。

【评析】

人的一生中有痛苦也有快乐，只有在苦与乐交替的磨炼中得来的幸福才能长久。

37. 欲字所累　听人羁络

【原文】

人生只为欲字所累，便如马如牛，听人羁络；为鹰为犬，任物鞭笞。若果一念清明，淡然无欲，天地也不能转动我，鬼神也不能役使我，况一切区区事物乎！

【注释】

羁络：戴上龙套，拴上绳子。鞭笞：用鞭子抽打。

【译文】

人生只因为被欲望所牵累，才会当牛做马，受到人家的役使，充当鹰犬奴才，被人用鞭子抽打。如果一念清净，淡然无欲，那么就算天地也不能驾驭我，鬼神也不能役使我，又何况这些区区小事呢？

【评析】

淡泊，是一种人生态度，是一种超脱与豁达。淡泊的人不为眼前功名利禄而劳神，宁静从容，以静养心。

淡泊不是不思进取，不是无所作为，不是没有追求，而是以一颗纯美的心灵对待生活。淡泊不是没有欲望，属于我的当仁不让，不属于我的千斤难动其心，这就是一种淡泊。

38. 龙可豢非真龙　虎可搏非真虎

【原文】

龙可豢非真龙，虎可搏非真虎。故爵禄可饵荣名之辈，必不可笼淡然无欲之人；鼎镬可及宠利之流，必不可加飘然远引之士。

【注释】

豢：泛指喂养，饲养。笼：笼络。鼎镬：古代食具，象征权势。

【译文】

龙如果可以被饲养就不是真龙，虎可以与人对打就不是真虎。所以，高官厚禄可以引诱贪图荣华富贵的人，一定不能笼络淡泊无欲之人；权势可以抓住追求名利的人，一定不能控制飘逸淡然、崇拜自由的人。

【评析】

从古至今，有多少人挣扎在名利场上，正所谓："天下熙熙，皆为利来，天下攘攘，皆为利往。"有多少人能真正做到淡泊名利、笑看人生呢？

凡是把名利看得很重的人，必将被名缰利锁所困扰。要是能明白功名乃瓦上之霜，利禄如花尖之露，人生无千年之寿，花开无百日之红的道理，那些烦恼也许顷刻间就会烟消云散了。

39. 争来闲富贵　虽得还是失

【原文】

一场闲富贵，狠狠争来，虽得还是失；百岁好光阴，忙忙过了，纵寿亦为夭。

【注释】

闲：没使用。夭：多指短命，未成年而死。

【译文】

　　一场根本无法享受的荣华富贵，拼尽全力争来了，虽然有得到的但失去的东西更多；百年的美好光阴，就这样忙忙碌碌地度过了，纵然长寿，其实也是短命。

【评析】

　　如果富贵是费尽心机拼命挣来的，那么虽然得到了想要的财富，失去的却可能更多，实际上是得不偿失的。如果为名为利忙忙碌碌，即便是长寿也跟短命没有什么两样。人如果欲望太多，压力和烦恼就会接踵而至。

40. 高居嫌地僻　驷马喜门高

【原文】

　　高居嫌地僻，不如鱼鸟解亲人；驷马喜门高，怎似莺花能避俗？

【注释】

　　高居：高楼豪宅，指豪门显贵。

【译文】

　　豪门显贵嫌弃偏远地方的人，还不如小鱼小鸟可以与人亲近；豪门的马都喜欢走高大的门，哪里像黄莺鲜花知道躲避世俗。

【评析】

　　现实生活中，如果我们能够突破名利观念，自然就能做到富贵不淫、贫贱不移、威武不屈，自然懂得当功名、富贵、财货到来时，应该思考一下是否该得，在关键时刻，必须考虑是否应该离开。不该得的时候，就是一丝也不能取；不该离开的时候，就是饿着肚子、面对绝境也不能离开。这是一种风范，更是一种气节。

41. 麦饭豆羹淡滋味　放箸处齿颊犹香

【原文】

土床石枕冷家风,拥衾时梦魂亦爽;麦饭豆羹淡滋味,放箸处齿颊犹香。

【译文】

木床石枕,家虽清贫,但睡觉时会觉得做梦也清爽;粗茶淡饭,甘于平淡滋味,放下筷子后还会感到齿颊留香。

【评析】

看起来平淡的生活,却往往充满着不凡,我们要善于从生活的点滴中发现幸福,要善于从幸福中获得感动,这样,才能更好地享受人生。

42. 鹬蚌相持　兔犬共毙

【原文】

鹬蚌相持,兔犬共毙,冷觑来令人猛气全消;鸥凫共浴,鹿豕同眠,闲观去使我机心顿息。

【注释】

冷觑:冷静地观察。凫:野鸭。豕:猪。机心:防范之心,算计之心。

【译文】

鹬蚌相争而让渔翁得到好处,捕到兔子后的猎狗也被主人一起宰杀,冷眼观看这一切,人追求功名的热情也就全部消失了;善于高飞的海鸥与平凡的野鸭一同在水中嬉戏,美丽的野鹿与丑陋的猪睡在一起,闲观动物的这种情谊,人的防范之心、算计之心也就没有了。

【评析】

有头脑的人不论干什么事情,都要全面、周密地思考一下,权衡利弊得失后再行动。否则，为了一点点恩怨、矛盾而互相争斗，必定会做出蠢事来。

战国时，赵国、燕国都不是实力很强的国家，然而赵惠文王无视对赵、燕两国虎视眈眈的强大的秦国，打算出兵攻打燕国。

为了避免一场国破家亡的战乱，燕国的苏代跑到赵国去求见赵惠文王，游说赵与燕两相和好、共同抗秦。苏代对惠文王说："大王您先别谈打仗的事，我且讲个故事给您听：一只河蚌好久没上岸了。有一天出了太阳，河岸上十分暖和，于是河蚌爬到岸上，张开蚌壳晒太阳。河蚌只觉得浑身舒服极了，它懒洋洋地打起瞌睡来。这时，一只鹬鸟飞过来，悄悄落在河蚌的身边，用长长的尖嘴伸过去啄河蚌的肉。河蚌猛地惊醒，迅速用力把蚌壳一合，将鹬的尖嘴紧紧地夹住了。

鹬鸟对河蚌说：'我看你能在岸上待多久！如果今天不下雨明天不下雨，你就会被干死、晒死，到时候，这岸上就会有一只死蚌了。'

河蚌也十分强硬地说：'我看你能饿多长时间！我今天不松开你的嘴，明天也不松开你的嘴，你就会在这里被饿死，到时候这岸上就会有一只死鹬了。'

鹬蚌就这样对抗着，谁也不肯相让，真有要拼个同归于尽的架势。

这时，一位渔人走过来，十分轻易地就捡了个便宜，把蚌和鹬都捉住，满心高兴地回家去了。"

苏代的故事刚一讲完，赵惠文王幡然醒悟。他拍着自己的脑袋说："多谢先生的启发，如果我们小国间自相残杀，让秦国从中得利，那我们跟这个故事里刚愎自用的鹬和蚌又有什么区别呢？"

于是，赵王取消了攻打燕国的念头。

43. 空拳握古今　握住当放手

【原文】

两个空拳握古今，握住了还当放手；一条竹杖担风月，担到时也要歇肩。

【译文】

两个空拳头紧紧握住想去获取，人的这种欲望自古而然，只是得到之后该放手时也要放手；担一条竹杖去修行，追求一种超然的理想境界，达到了也要把竹杖卸下，不要一味挑着。

【评析】

人活在世上，不能过于执著，面对喜怒哀乐、成败得失，我们都不必太放在心上。荣华富贵哪怕费尽千辛万苦得到了，最后也会失去，又何必那么执著呢？

人必有一死。不管你是穷苦之人还是达官显贵，也无论你身上有钱还是没有钱，都是一样的。所以，做人还是要看开一些，豁达一些。

44. 醉倒落花前　天地为衾枕

【原文】

兴来醉倒落花前，天地即为衾枕；机息坐忘盘石上，古今尽属蜉蝣。

【注释】

衾：被子。

【译文】

兴致来时，畅饮大醉在落花前，把天地当作枕被；入定息心坐在岩石上，历史上那么多丰功伟业看起来也十分渺小。

【评析】

这是多么悠闲自在的生活啊，就算是神仙也会羡慕吧！让我们活得潇洒一些、快乐一些，撇开世间的喧嚣，忘却无谓的烦恼，感受幸福的所在。

45. 静处观人事　闲中玩物情

【原文】

静处观人事，即伊吕之勋庸，夷齐之节义，无非大海浮沤；闲中玩物情，虽木石之偏枯，鹿豕之顽蠢，总是吾性真如。

【注释】

勋庸：功劳，业绩。

【译文】

静下心来看世间的人与事，就算是像伊尹、姜太公那样的开国伟业，伯夷叔齐那样的节义，也无非是大海中漂浮的水泡而已；在悠闲时玩赏自然景物，即使树木山石偏斜枯竭，鹿猪顽劣愚蠢，都无一例外是宇宙万物的本性。

【评析】

作者的这番议论，无非是劝人要熄灭追名逐利的热情。但是身处竞争激烈的时代，我们尚未有所建树就把一切看开看淡，就显得不合时宜了。不过，若是功利之心太盛，这样的议论还是值得深思的。

46. 闲看扑纸蝇　笑自生障碍

【原文】

闲看扑纸蝇，笑痴人自生障碍；静观竞巢鸟，叹杰士空逞英雄。

【译文】

闲时看苍蝇不断地扑向粘蝇纸，不禁笑痴人自生障碍遮蔽了自己；静时看小鸟不停地争抢巢穴，便感叹豪杰为权名而厮杀一生只是空逞英雄。

【评析】

古往今来，很多人就像那不断扑向粘蝇纸的苍蝇，把生命都耗费在追名逐利上，到头来只是一场空。其实，荣华富贵只不过是人生中的肥皂泡与灰尘，我们何必抵死相争呢？

47. 观山中古木方信闲是福

【原文】

忽睹天际彩云，常疑好事皆虚事；再观山中古木，方信闲人是福人。

【译文】

忽然看到天边美丽绚烂的彩云，就开始怀疑世间所有美好的事情都如这彩云一般转瞬即逝；再来看看山中自由生长的树木，才相信与世无争的人才是真正的有福之人。

【评析】

与世无争，可以造就一颗纯净如水的心灵，不患得患失，才能让快乐越来越多，烦恼越来越少。

48. 烹白雪清冰　熬天上液髓

【原文】

席拥飞花落絮，坐林中锦缛团裀；炉烹白雪清冰，熬天上玲珑液髓。

【注释】

裀：褥子，床垫。

【译文】

座席被飞花落絮笼罩，好像坐在林中的一床锦缛绣被上一样；炉子上煮白雪清冰为水，好像在熬制天上才有的美好精华。

【评析】

选择与世无争的归隐生活，就不用再为了争权夺利而绞尽脑汁。人生不过七十余年，除了十年懵懂，十年老弱，就只剩下了五十年。这五十年又要除去一半的黑夜，便只留二十五年。吃饭饮茶，沐浴更衣，做工生病，东奔西跑，又耗费了多少时日？真正留下来属于我们的日子又有几天，何必再为了那一时的权与利而争得头破血流呢？不如放弃世间尘俗，归隐山林去享受"席拥飞花落絮，炉烹白雪清冰"的生活。

49. 炎凉不涉　甘苦俱忘

【原文】

趋炎虽暖，暖后更觉寒威；食蔗能甘，甘余更生苦趣。何似养志于清修而炎凉不涉，栖心于淡泊而甘苦俱忘，其自得为更多也。

【注释】

趋炎：靠近火苗。栖：居住，寄托。

【译文】

虽然靠近火苗可以感到片刻温暖，但暖后就会感到加倍的严寒；吃甘蔗能品味到甘甜，但甘甜过后更觉得苦涩。还不如在清修中明心养志，远离尘世，在平淡中栖止心灵，甘苦俱忘，这样自己得到的幸福反而会更多。

【评析】

人，生在天地间，注定逃不脱世俗的牵绊，与其为外境所困，不如用一颗宁静淡泊的心来对待一切世俗纷扰。"尽管外在的花花世界虚虚假假、争权夺名，但只要我们内心的世界无风无浪、无花亦无香，自然会有韩愈所说'与其有乐于身，孰若无忧于心'的知足与自在。"若能得星云大师的这般智慧，定能够成为驾驭生活的熟练舵手，驾驶生命之舟纵情畅游人世间。

50. 雪霜大夫愤　春暖处士醉

【原文】

鹤唳雪月霜天，想见屈大夫醒时之激烈；鸥眠春风暖日，会知陶处士醉里之风流。

【注释】

屈大夫：屈原。陶处士：陶渊明。

【译文】

在大雪纷飞、浓霜铺地的天气里听到仙鹤悲鸣，便会想到当年屈原在众人皆醉他独醒时的慷慨激烈；在春风荡漾、阳光普照的日子里见到海鸥安眠，便会领悟到当年陶渊明辞官归隐后的潇洒与超脱。

【评析】

有的时候发现自己活在这个世界上其实很累，可以说竞争带给我们的是心灵的疲惫，是烦恼的增加，有的时候静下心来想一想，做一个像陶渊明那样与世无争的人又有何不可呢？

51. 黄鸟情多　白云意懒

【原文】

黄鸟情多，常向梦中呼醉客；白云意懒，偏来僻处媚幽人。

【注释】

幽人：隐士。

【译文】

黄鸟情多，常在树上啼叫，唤醒梦中的醉客；白云意懒，随风飘浮，偏要到边远的地方来讨好幽居的隐士。

【评析】

面对世俗的争端，要保持一颗平静的心是难能可贵的，特别是在某些方面有了成绩的时候，很多诱惑就会随之而来，坚持自己的德行和操守更是难上加难。

52. 炮凤烹龙　与齑蔬无异

【原文】

炮凤烹龙，放箸时与齑蔬无异；悬金佩玉，成灰处共瓦砾何殊？

【注释】

齑：捣碎的姜、蒜、韭菜等。瓦砾：破碎的砖瓦。

【译文】

把龙凤这些高贵的动物做成菜，吃完后放下筷子，其味道与一般饭菜并无太大的区别；悬金佩玉，但是百年之后骨肉成灰，这些东西与破碎的砖瓦又有什么区别呢？

【评析】

人生的荣华富贵不过是过眼云烟，因此，实在不必将其看得太重，要懂得享受现在的生活。

53. 想到白骨黄泉　壮士肝肠自冷

【原文】

想到白骨黄泉，壮士之肝肠自冷；坐老清溪碧嶂，俗流之胸次亦开。

【注释】

嶂：高险的山。胸次：心胸。

【译文】

想到白骨累累的地下黄泉，豪杰壮士的争强好斗之心自然会冷却；在碧绿的山中，在清澈的小溪边慢慢老去，被尘俗所迷的心胸也就都敞开了。

【评析】

在现实里，多数人常常为了名利而弄得焦头烂额，身心疲惫，从年少到老死，都放不下自己的个人私利。这无疑是一种悲哀。其实功名利禄乃身外之物，生不能带来，死亦不能带去，就算家财万贯，又能如何呢？到死的时候还不是两手空空而去吗？

人生虽然时光不长，但如果我们能够把握得好，开开心心地活着，也是不错的。

54. 夜眠八尺　何须计较

【原文】

夜眠八尺，日唉二升，何须百般计较；书读五车，才分八斗，未闻一日清闲。

【注释】

唉：吃。

【译文】

人晚上睡觉只需要八尺大的地方，每天吃饭只需要两升白米，又何必为生活百般计较；尽管学富五车、才高八斗，但也是终年劳碌，不得一日清闲。

【评析】

"夜眠八尺，日唉二升，何须百般计较"，细细想来，此话不假。当人们为了追求更奢华的生活而你争我夺、拼尽全力时，不妨想一想这句话，如果能明白其中的道理，就不会再陷入痛苦中了。

55. 脱俗成名　超凡入圣

【原文】

作人无甚高远事业，摆脱得俗情，便入名流；为学无甚增益工夫，减除得物累，便臻圣境。

【注释】

俗情：世俗之人追逐利欲的意念。名流：有名望有影响的人。物累：心为外物所牵累，也就是思想受到物欲等杂念干扰。臻：达到，进入。圣境：是指至高无上的境界。

【译文】

做人不一定非要成就一番伟大事业，只要能摆脱世俗的功名利禄，就能跻身于名流；做学问也没有什么特别的诀窍，只要能摒除外物的诱惑，便可以达到至高无上的境界。

【评析】

人生百态，法无定法，理无定理，究竟什么是高远圣境，怎样才算名流达士，大抵每个人都有自己的一套标准。但一个人若能修身养性，摆脱名利的束缚，不拘于外物，不以物喜，不以物悲，进退升迁皆安然处之，这便是人生的至高境界。

56. 欲路上勿染指　理路上勿退步

【原文】

欲路上事，毋乐其便而姑为染指，一染指便深入万仞；理路上事，毋惮其难而稍为退步，一退步便远隔千山。

【注释】

欲路：泛称各种欲念、情欲、欲望，也就是佛家所说的"五欲烦恼"。染指：喻巧取不应得的利益。万仞：古时以八尺为一仞。理路：泛称各种义理、真理、道理。惮：害怕、畏惧。

【译文】

对于物欲享乐方面的事，绝对不要贪图得来容易便轻易尝试，一旦放纵自己沾染非分的逸乐，就会坠入万丈深渊；对于义理方面的事，绝对不要因为畏惧困难而退缩，因为一旦退缩，就将和正义真理远隔千山。

【评析】

世人往往无法抵挡诱惑，贪图非分的享乐，结果使自己坠入痛苦的深渊。例如朋友之间邀约打牌消遣原本无可厚非，但如果过于沉迷，熬夜豪赌，不仅伤身，还可能因此欠下巨额赌债。在现实生活里，为偿还赌债而作奸犯科、抛家弃子者大有人在。

至于义理方面的事，要有"虽千夫所指，吾往矣"的气概，绝对不可以因循苟且、畏首畏尾。然而很多人都缺乏仗义执言的勇气，在遇到不合乎义理的事情时，持观望态度，不愿出手相助，害怕遭受池鱼之殃。就此来看，那些不畏强权、勇于伸张正义的人，实在令人敬佩！

57. 大智若愚　大巧若拙

【原文】

真廉无廉名，立名者正所以为贪；大巧无巧，用术者乃所以为拙。

【注释】

大巧：聪明绝顶。术：技能，心机。

【译文】

一个真正廉洁的人不会树立廉洁之名，那些到处显露功名的人，正是为了贪图虚名才这样做；一个真正聪明的人不会炫耀自己的才华，那些卖弄聪明智慧的人，正是为了掩饰自己的愚蠢才这样做。

【评析】

要区分实心木板和空心夹板，只要叩敲板面，就能立见分晓——空心夹板音高而杂，实心木板音低而笃实。同理，有真才实学的人行事通常比较低调，不会轻易显露自己的能力，没多大本事的人则喜欢虚张声势，到处卖弄自己。浅水是喧哗的，深水是沉默的。能够让人一眼见底的，只能是浅水。

所以，真正廉洁的人不与人争名，真正聪明的人不向人炫耀，他们但求尽其本分，而不愿将精力耗费在无谓的争名逞能上。

58. 轩冕客志在林泉　山林士胸怀廊庙

【原文】

居轩冕之中，不可无山林的气味；处林泉之下，须要怀廊庙的经纶。

【注释】

轩冕：古代大夫以上的官吏，出门时都要穿礼服、坐马车，马车就是轩，礼服就是冕，比喻高官。山林：泛指田园风光或闲居山野之间，比喻隐退。廊庙：比喻在朝从政做官。经纶：整理过的蚕丝，借指抱负与才干，即胸中要有供朝廷采用的谋略。

【译文】

享受高官厚禄的人，要保有一种隐居山林淡泊名利的情操；而隐居在田园山林之中的人，必须要有治理国家的才能。

【评析】

从政为官之人要保持几分山林雅趣，培养淡泊名利的情操，身居仕途不忘自然；而过着闲云野鹤般自由自在生活的隐士，也不可以忘记国家，要时时刻刻关心国事，身在世外心怀天下。

59. 多种功德　勿贪权位

【原文】

平民肯种德施惠，便是无位的卿相；仕夫徒贪权市宠，竟成有爵的乞人。

【注释】

种德：行善积德。苏轼有"种德如农之种植"的句子。无位：没有名分。卿相：公卿将相。仕夫：士大夫的简称。贪权市宠：贪恋权势，祈求宠信。市是买卖的意思。

【译文】

一个平民百姓如果愿意行善积德、广施恩惠，就等于一个没有官位的公卿将相；反之，拥有高官厚禄的士大夫如果贪恋权势、祈求宠信，他的行径就卑鄙得如同一个有爵禄的乞丐一样。

【评析】

一个乐善好施的人，即使不居官，其受人尊敬的程度也不亚于公卿将相；反之，一个身居要职的人，如果不思造福百姓，对地方建设也毫无建树，成天只知讨好上司，那么他的行径连乞丐都不如。

60. 勿犯公论　勿陷权门

【原文】

公平正论，不可犯手，一犯，则贻羞万世；权门私窦，不可着脚，一着，则玷污终身。

【注释】

公平正论：经实践证明为正确，而又被公众认同的观点和规范。犯手：触犯、违犯。贻：赠与、遗留。私窦：窦，储藏粮食的窖，壁间的小门也叫窦。私窦就是私门，暗行请托之门，即走后门。着脚：着脚就是踏进去，指参与。玷污：指美誉受污损。

【译文】

凡是大众所共同遵守的道德规范和法律，都不可以轻易去触犯，一旦触犯了就会遗臭万年；权贵之家营私舞弊，切不可以轻易参与，一旦参与了就会玷污一生清白。

【评析】

既是大众所共同遵守的道德规范和法律，就表示它能维护大多数人的权益，也是保障社会稳定的必要法则，当然不可以轻易去触犯，一旦触犯了，必将伤害到大多数人的利益。那些讲气节有操守的人，往往光明磊落，绝对不会屈节去做奉承达官贵人的事。

换言之，君子爱财，取之有道，名利固然是人之所欲，但如果要借由阿谀奉承、讨好权贵的方式来得到，那就成了小人行径，宁可不要，省得玷污了一世清白！

61. 淡泊名利　自适其性

【原文】

峨冠大带之士，一旦睹轻蓑小笠，飘飘然逸也，未必不动其咨嗟；长筵广席之豪，一旦遇疏帘净几，悠悠焉静也，未必不增其绻恋。人奈何驱以火牛，诱以风马，而不思自适其性哉？

【注释】

峨冠大带：峨是高，冠是帽，大带是宽幅之带，峨冠大带是古代高官所穿的朝服。轻蓑小笠：蓑，用草或蓑叶编制的雨衣。笠是用竹皮或竹叶编成用来遮日遮雨的用具，比喻平民百姓的衣着。逸：闲适安逸。咨嗟：赞叹、感叹。长筵广席：形容宴客场面的奢侈豪华。火牛：尾巴着火的牛，比喻放纵欲望，追逐富贵。典出《史记·田单列传》："单收城中牛千余，被五彩龙文，角束兵刃，尾束灌脂薪刍，夜半凿城数十穴，驱牛出城，壮士五千余随牛后，而焚其尾，牛被痛，直冲燕军，燕军大溃。"风马：发情的马，此处比喻欲望。

【译文】

头戴高冠腰系宽带的达官显贵，若偶尔看见身穿蓑衣头戴斗笠者的洒脱飘逸，未必不会产生感慨嗟叹。家居排场奢华的贵族豪门，若偶尔看到窗明几净的小户人家的清静悠闲，未必不会多一份眷恋之情。既然这样，人们为什么还要为了名利互相争斗，为了欲望不能自拔，而不去思考如何使自己恢复本性，安然自适地生活呢？

【评析】

人总是没有满足的时候，一无所有的时候天天梦想着锦衣华盖的贵族生活；一旦拥有了这一切，却又不时回味平淡生活中的点滴快乐，富有的人永远缺少的是那种平常人的欢乐。到底什么才是自己想要的？快乐还是财富？我们不分昼夜地忙碌所得到的，难道就只能是慨叹和后悔吗？其实快乐与财富并不矛盾，没有财富的日子我们就去体会粗茶淡饭和讨价还价所带来的乐趣；拥有财富后我们也可以去体会乐善好施和衣食无忧所带来的安逸。

62. 不希荣达　不畏权势

【原文】

我不希荣，何忧乎利禄之香饵？我不竞进，何畏乎仕宦之危机？

【注释】

希荣：希图荣华富贵。香饵：饵是指可以达到诱惑人目的的东西。竞进：与人竞争、争夺。

【译文】

我如果不期望荣华富贵，又何必担心他人用名利为饵来诱惑我呢？我如果不竞相追逐功名，又何须忧虑官场中所潜伏的各种危机呢？

【评析】

常言道"祸福无常，唯人自招"，荣辱祸福并不会无缘无故加诸在任何人身上，大多都是世人自己招致的。

有一则童话故事，讲的是在木偶村里，木偶们以白点和灰点来分别彼此的优劣，表现良好的会被贴上白点，表现不佳的则被贴上灰点。其中有一个老旧不堪的木偶，身上早被其他木偶贴满了灰点，因此他总是垂头丧气。有一天，他发现一个女木偶的身上没有任何一个点，他大感讶异，因为木偶村的每个木偶身上至少都会有一个白点或灰点。他好奇地问女木偶原因，女木偶告诉他自己身上贴不住任何点，并将他带到木匠跟前。他向木匠倾诉自己的苦恼，木匠听完后和蔼地告诉他，如果不期待被贴上白点，那灰点也不会为自己带来烦恼了。经木匠一番开导后，被贴满灰点的木偶终于放下对白点所象征之荣誉的向往，此时，他身上的灰点竟也开始掉落了。

63. 贪得者身富而心贫　知足者身贫而心富

【原文】

贪得者身富而心贫，知足者身贫而心富；居高者形逸而神劳，处下者形劳而神逸。孰得孰失，孰幻孰真，达人当自辨之。

【注释】

逸：闲适、安乐。孰：谁，哪个。

【译文】

贪得无厌的人，往往拥有很多钱财但是内心空虚，知足常乐的人，虽然没有钱却内心充实；身居高位的人看起来好像很轻松，但是心里很累，而地位低下的人看起来很辛苦，但心里很轻松。哪个是得哪个是失，哪个是真哪个是假，聪明的人自然能够分辨出来。

【评析】

"贪得者身富而心贫，知足者身贫而心富"，知足常乐的人通常是内心充实而且快乐的。许多人认为"知足"就是对生活无所要求，毫无欲望，是一种消极的生活态度，它使人安于现状，不思进取。事实不是这样的，"知足"绝不是对生活无欲无求，也不是盲目乐观，更不是苟且不求进步。

懂得知足，欲望不多，人自然便活得更轻松，更愉快。若是过分贪求，那不就等于是自寻烦恼吗？

64. 勿羡名位　勿忧饥寒

【原文】

人知名位为乐，不知无名无位之乐为最真；人知饥寒为忧，不知不饥不寒之忧为更甚。

【注释】

名位：泛指名誉和官位，也就是功名利禄。

【译文】

世人只知道拥有名声和地位是人生的一大乐事，却不知道不受名声地位所累的快乐才是真正的快乐；世人只知道挨饿受冻令人忧虑，却不知道那些不愁衣食的人在精神上的空虚更为痛苦。

【评析】

拥有名位就等于拥有快乐人生吗？衣食无忧的人在精神上也同样不虞匮乏吗？只要想象那些受人瞩目的政商名流或影视红星，连逛夜市、吃路边摊都可能上报，就不难体会平凡的自由与幸福。

一个人如果连生活的基本需求都无法满足，当然是苦不堪言，但生活上的任何痛苦，都不及心灵空虚让人感到无助。

65. 浓不胜淡　俗不如雅

【原文】

衮冕行中，著一藜杖的山人，便增一段高风；渔樵路上，著一衮衣的朝士，转添许多俗气。固知浓不胜淡，俗不如雅也。

【注释】

衮冕：衮，古代皇帝所穿的绣有卷龙的衣服。冕，古代天子、诸侯、卿大夫等所戴的礼帽。衮冕此处是官位的代称。山人：泛指隐士。藜杖：指手杖。朝士：指在朝做官的人。

【译文】

在达官显贵行列之中，如果增加一个执着藜杖的隐逸之人，就会平添一段高雅风韵；在渔父樵夫行走的路上，如果站着一个锦衣华服的为官之人，反倒会添许多庸俗之气。由此可知，浓艳胜不过素淡，庸俗比不上高雅。

【评析】

为官之人若想保存一份纯真，不受世风侵染，多与清客高士共处自然能够受益良多；而若想怡情山水或亲近百姓就应当除去象征身份的乌纱、放下那副官架子，同时还要拥有一颗诚挚之心。

66. 明世相之本体　负天下之重任

【原文】

以幻迹言，无论功名富贵，即肢体亦属委形；以真境言，无论父母兄弟，即万物皆吾一体。人能看得破、认得真，才可以任天下之负担，亦可脱世间之缰锁。

【注释】

幻迹：虚假境界。委形：上天赋予我们的形体。委，赋予。如《列子·天瑞》篇："吾身非吾有，孰有之哉？曰：是天地之委形也"。真境：超越一切物相的境界，这种境界是物我合一、永恒不变的。缰锁：套在马脖子上控制马行动的绳索，比喻人世间的种种牵绊。

【译文】

从虚幻的现象来看，不只功名利禄变化无常，就连自己的身体也是上天赐给的；从真实的境界来看，不只父母兄弟不是外人，就连天地间的万事万物也和我同为一体。所以，人要能洞察现象的虚幻变化，又必须认得真切，才可以担负起重大使命，唯有如此才能摆脱人世间的种种枷锁。

【评析】

人生是一大苦海，人们在其间载沉载浮，要想获得解脱，除返璞归真别无他法。

换言之，人之所以无法脱离苦海，是因为被物欲所役使。在物质文明发达的现代，人们的精神反而益显空虚。为什么会如此呢？因为人先天本具的纯朴本性，已完全为欲望所吞噬。

67. 位盛危至　德高谤兴

【原文】

爵位不宜太盛，太盛则危；能事不宜尽毕，尽毕则衰；行谊不宜过高，过高则谤兴而毁来。

【注释】

爵位：君主时代把官位分公、侯、伯、子、男等五位，指官位。行谊：合乎道义的品行。

【译文】

一个人的爵禄官位不可以太过隆盛，如果过于隆盛就会使自己陷入险境；一个人不可以一下子就将才干本事完全发挥显露出来，如果完全发挥就会使自己陷于江郎才尽的困境；一个人也不可以过度标榜自己的品行清高，如果标榜过度，中伤和毁谤就会随之而来。

【评析】

天下已定，英雄当烹，中外古今，概莫能外。许多开国功臣不是因为功高震主而招来不测之祸，就是因为"树大招风"惹人嫉妒而身陷险境。例如，为刘邦立下汗马功劳的韩信，就是因为功高震主，毫无自我保护意识，最终死于吕后之手。

同样，一个人不能将自己的本事一下子全都发挥出来，也不可以过度标榜自己的品行清高。诚如作者所说："能事不宜尽毕，尽毕则衰；行谊不宜过高，过高则谤兴而毁来。"所以，无论何时，我们都要谨慎行事。

68. 操持严明　守正不阿

【原文】

士君子处权门要路，操履要严明，心气要和易，毋少随而近腥膻之党，亦毋过激而犯蜂虿之毒。

【注释】

操履：操守和行事。腥膻：鱼臭叫腥，羊臭叫膻，比喻操守不好的人。蜂虿之毒：比喻人心恶毒。虿，蛇、蝎类的毒虫的古称。

【译文】

一个有才学和品德的人在身居要位时，必须严谨正直，必须平易随和，绝对不可以接近或附和营私舞弊的奸党，但也不要过度偏激地去触怒那些阴险狠毒的小人。

【评析】

身居要职者，绝对不可与不法集团勾结，而罔顾群众利益。一个为官者如果只着眼于名位利禄而忘了肩负的责任，并利用职权之便营私舞弊，实在不是民众之福，更非国家之福。天不藏奸，祸国殃民的人迟早会受到法律的制裁。

69. 正气路广　欲情道狭

【原文】

天理路上甚宽，稍游心，胸中便觉广大宏朗；人欲路上甚窄，才寄迹，眼前俱是荆棘泥涂。

【注释】

天理：天道，佛家语。人欲：人的欲望。寄迹：留下痕迹、足迹。荆棘泥涂：荆棘多刺，用于比喻坎坷难行的路或繁琐不好办的事，又引申为艰难困苦的处境。泥涂指污浊之路。

【译文】

大自然中的道理就像一条宽广的道路，只要略微用心去追求，就会感觉豁然开朗；而人世间的欲望就像一条狭窄的小路，才踏一步，就觉得眼前遍布荆棘与泥泞，让人寸步难行。

【评析】

真理的道路会越走越宽，是一条光明大道；相反欲望之路则会越走越窄，到最后就会寸步难行。因为人的欲望是无穷无尽的，有了金想得银，有了绸缎衣服又想要貂裘，鸡鸭鱼肉吃厌又想着鱼翅燕窝……不控制自己的各种欲望，一味放纵自己，这样只会使自己的人生道路越走越窄，甚至会走上绝路。

70. 富贵多炎凉　骨肉多妒忌

【原文】

炎凉之态，富贵更甚于贫贱；妒忌之心，骨肉尤狠于外人。此处若不当以冷肠，御以平气，鲜不日坐烦恼障中矣。

【注释】

炎凉：比喻对待贫富地位不同的人或者亲热，或者冷淡的不同态度。冷肠：本指缺乏热情，此处是冷静的意思。鲜：小，少。烦恼障：佛家语，例如贪、嗔、痴、慢、疑、邪见等都能扰乱人的情绪而让人产生烦恼，就佛家来说这些是涅槃之障，故名"烦恼障"。

【译文】

人情冷暖的变化，富贵之家比穷苦人家更明显；猜忌怀恨的心理，骨肉至亲之间比外人更厉害。在这种情况下，如果不能用冷静平和的态度来处理，那就很少有人不陷于烦恼中了。

【评析】

骨肉亲情血浓于水,但自古以来骨肉相残、兄弟阋墙之事时有所闻,尤其多见于权贵之家,例如魏武帝曹丕对其弟曹植的迫害、李世民与其兄建成太子的玄武门决战,帝王之家为权势而战的事例数不胜数。

媒体就曾经报导过,一位性命垂危的父亲住院,前来探视的子女却为了争夺家产吵闹不休,一旁的医护人员在忙于劝阻之余,也只能为那名正与死神搏斗的父亲感到悲哀。这些事例都足以说明"富贵多炎凉,骨肉多妒忌"的状况。

71. 山林息尘心　诗书消俗气

【原文】

徜徉于山林泉石之间,而尘心渐息;夷犹于诗书图画之内,而俗气潜消。故君子虽不玩物丧志,亦常借境调心。

【注释】

徜徉:自由自在地来回走。夷犹:徘徊,流连不进的意思。

【译文】

悠然漫步于山林泉石之间,世俗的杂念就会渐渐平息。留恋陶醉于诗词书画之中,世俗的气息就会慢慢消散。所以说君子虽然不能玩物丧志,但也要常借助一些高雅的事物来调和心绪。

【评析】

爱好能够给生活带来无限情趣,更可以提高我们的生活质量,使我们能够忙里偷闲品味生活。寄情山水可以滋养人们的心灵;怡情书画可以平添人们的气质。柴米油盐酱醋茶的世俗生活与琴棋书画诗酒花的文人雅趣并不存在本质的冲突。

只要不玩物丧志,高雅的情趣与爱好不仅能赶走身心的疲惫和烦躁,更能使人在生活的乐趣中怡然自得。

72. 留正气还天地　遗清名在乾坤

【原文】

宁守浑噩而黜聪明，留些正气还天地；宁谢纷华而甘淡泊，遗个清名在乾坤。

【注释】

浑噩：同浑浑噩噩，混沌无知，泛指人类天真朴实的本性。黜：摒除，放弃。纷华：繁华富丽。淡泊：不看重名利，心思清净。乾坤：象征天地、阴阳等。

【译文】

做人宁可保持质朴毫无机诈的本性，摒弃后天巧诈的聪明，以便保留些许浩然正气还给大自然；做人宁可摒弃世俗的荣华富贵，过着淡泊恬静的生活，以便留一个纯洁高尚的美名在世间。

【评析】

对许多人来说，生活的好坏在一定程度上取决于人际关系的好坏，尤其在现代社会，拥有好人缘是有好处的。为此，人们竞相经营人际关系，为了扩展自己的人脉不遗余力。然而，如果太过刻意经营，则不免流于机诈，甚至处处曲意迎合。与其如此，不如保持质朴的本性，谨守心中的那股浩然正气，这样才能问心无愧。

其实做人可以不必太忙碌，只要基本生活不成问题，何不淡泊一些，腾出时间和精力把心思用在精神修养上，细细品尝人生况味呢？

73. 天地之趣　闲静者得

【原文】

风花之潇洒，雪月之空清，唯静者为之主；水木之荣枯，竹石之消长，独闲者操其权。

【注释】

潇洒：飘然自在、无拘无束。权：秤锤，引申为计量得失。

【译文】

花舞轻风的摇曳之姿，月映皓雪的空明皎洁，只有内心宁静的人才能成为这美妙境界的主宰；河水涨落、树木荣枯，竹之青瘦、石之消长，只有有闲情逸致的人才能领略掌握。

【评析】

"风花之潇洒，雪月之空清"，需要有一颗清静的心才能体会，唯有虚怀若谷才能聆听到自然界的动听语言，也只有心灵通透的人才能品味出自然界的真味。"水木之荣枯，竹石之消长"，需要有一双悠闲的双眼才能发现，身心忙碌的人连自己都顾不过来，哪里有时间去关注与生存无多大关联的水木竹石的变化呢？

其实，清静悠闲与否只在你的内心，只要不为了生存而生活，日子就会过得轻松许多。不必非得置身山林，也无须远离红尘，只一颗闲淡之心与一双善睐双眸足矣。

74. 山居清洒　入尘赘旒

【原文】

山居清洒，触物皆有佳思；见孤云野鹤，而起超绝之想；遇石涧流泉，而动澡雪之思；抚老桧寒梅，而劲节挺立；侣沙鸥麋鹿，而机心顿忘。若一走入尘寰，无论物不相关，即此身亦属赘旒矣！

【注释】

尘寰：人世间、俗世。

【译文】

隐居在深山中心胸清新洒脱，接触任何事物都会产生美好的遐想；看见闲云缥缈、野鹤高飞，就会生出超越凡俗的念头。遇到山谷间的涧水和清泉，就会产生洗涤心灵的想法；抚摸苍老的松树和傲寒的梅花，会增添坚韧不拔傲然挺立的节操；与沙鸥麋鹿为伴，所有的心机就会立刻被遗忘。一旦再回到尘世，无论任何事物都不再和我有关，即使自己的身体也会觉得是多余的。

【评析】

　　大自然能带给我们心灵的安宁，因为山水万物是人们无言的老师。在山林之中穿行，在泉野之间出没，结庐在翠崖之上，放吟于幽谷之中，可以摆脱杂念烦恼，何等的逍遥自在。

　　环境能够造就人心，在现代社会，嘈杂喧嚣的都市生活使人们迷失了自我，在人际之间争斗久了难免会沾染上许多不好的习气。现代人若能经常接触大自然，和自然万物朝夕相处，自有一派道骨仙风的气度，即使重返世俗生活，也会多了一分超然物外的心境。

75. 闲行芳草　兀坐落花

【原文】

　　兴逐时来，芳草中撒履闲行，野鸟忘机时作伴；景与心会，落花下披襟兀坐，白云无语漫相留。

【注释】

　　忘机：忘记了应有的警惕。兀：不动。

【译文】

　　兴致不期而至的时候，脱了鞋在草地上闲行漫步，野鸟也忘了被捕捉的危险飞到身边作伴；当景色与心灵互相融合，在落红飞花之下披着衣裳独自静坐，白云也会静静地停留在头上不忍飘去。

【评析】

　　闲行芳草间，有野鸟为伴；兀坐落花下，听白云无语。自然界中的一山一水、一草一木、一鸟一鱼都蕴含着至理奥妙、无限玄机。当你厌倦了争斗，厌倦了功名利禄，看透了世情冷暖，就到大自然中去吧，这里有滋养你生命的一切。大自然是宽怀伟大的，它能包容你的一切缺点，不会嫌恶你身上的世俗之气，更不会像世人一样将你遗弃。

身处大自然中，心性跟天地之气相通，天人合一，云鸟相伴，身心和万物浑然一体，这样就能达到忘我的境界。只有身处自然之中，才能放松自我、心旷神怡，获得心灵的安宁。

76. 超越天地之外　不入名利之中

【原文】

彼富我仁，彼爵我义，君子故不为君相所牢笼；人定胜天，志一动气，君子亦不受造化之陶铸。

【注释】

彼富我仁：出自《孟子》一书："晋、楚之富不可及也。彼以其富，我以吾仁；彼以其爵，我以吾义，吾何谦乎哉？"牢笼：牢的本义是指养牛马的地方，此含有限制、束缚等意。据《淮南子·本经》篇："牢笼天地，弹压山川。"天：指命运。志一动气：志指一个人心中对人生的一种理想愿望；一是指专一或集中；动是统御、控制发动的意思；气是指情绪、气质、禀赋。据《孟子·公孙丑》："志一则动气，气一则动志。"造化：福分、运气；大自然、上天。

【译文】

当别人富贵时，我仍坚守仁德之心，当别人拥有高官厚禄时，我仍坚守节义之道，一个品格高尚的君子本来就不会为富贵名利所束缚。人只要艰苦奋斗就一定能战胜命运，思想意志若专注于某一方面，意气感情必为之转移，所以有才德的君子绝不会受制于命运。

【评析】

《宋元学案》说："大丈夫行为，论是非，不论利害；论顺逆，不论成败；论万世，不论一生。"君子立身于社会，之所以有别于常人，不仅仅是因为有才德，更重要的是能安贫乐道，不贪不义之财，不慕高官厚禄——正如孔子的门生颜回，生活清苦，却能乐在其中，虽然"一箪食，一瓢饮"，但是"回也不改其乐"。"超越天地之外，不入名利之中"的境界又怎能不令人刮目相看呢？

由此可见，一个人但求修养心性，不为外物所诱惑，则无论处境如何都能身心安乐。

77. 天全欲淡　方为直境

【原文】

田父野叟，语以黄鸡白酒则欣然喜，问以鼎食则不知；语以缊袍短褐则油然乐，问以衮服则不识。其天全，故其欲淡，此是人生第一个境界。

【注释】

鼎食：古代贵族用鼎烹调和盛装食物，后多用"鼎食"形容美味珍馐的美食。缊袍：新棉加上旧絮所做成的棉絮叫缊，《论语·子罕》篇："衣敝缊袍"。衮服：官服。天全：即完全天然的本性。短褐：粗糙的衣服。

【译文】

乡野的农人村夫，跟他们谈论黄鸡白酒这些粗茶淡饭时，他们会显得欣喜愉快，而如果问到山珍海味就不知道了；跟他们谈论棉袍布衣这些保暖之物时，他们会显得开心快乐，而如果问到一些锦衣华服就不明白了。因为他们保全了自己的天性，所以欲望淡泊，这是人生中的第一个境界。

【评析】

"莫嫌田家腊酒浑，丰年留客足鸡豚。"农家生活的清淡纯朴，使他们始终保持着一颗真诚天然的心。他们虽不能以鼎食衮服之礼来招待你，却能倾其所有把最好的留给你享用。这份真诚是生活在锦衣玉食中的人们体会不到的。

也正是因为纯朴惯了，见的少、知道的少，所以欲望就少。鸡食谷而弃珠,是出于天性,因为它们知道自己需要什么。生活简单的人,天性纯朴自然,他们也同样知道自己需要什么。

78. 人欲初起要剪除　天理乍明宜充拓

【原文】

人欲从初起处剪除,似新萌遽斩,其功夫极易;天理自乍明时充拓,如尘镜复磨,其光彩更新。

【注释】

遽:立刻,马上。充拓:填充,开辟,扩展。

【译文】

人的欲望如果从刚刚萌发的时候就剪除掉,就好像小草刚露头就马上除掉,会非常容易;各种道理在刚刚接触时就加以扩展充实,就好像一面蒙上灰尘的镜子被不断擦拭,会更加明亮。

【评析】

在欲望膨胀的现代社会,要人们清除自己的欲望似乎很难,若先仔细审查一下这些欲望是否合理,不合理的再去剪除,这样或许会容易一些。

79. 艳是幻境　枯见真吾

【原文】

莺花茂而山浓谷艳,总是乾坤之幻境;水木落而石瘦崖枯,才见天地之真吾。

【注释】

乾坤:天地。幻境:虚空之境,比喻世事。水木落:水指泉水,秋天时节,天气干燥,山水干涸,树叶凋落。真吾:我本来的面目。朱熹在《四时读书乐》

中说："木落水尽千崖枯，迥然我亦见真吾。"

【译文】

　　鸟语花香使山谷绚烂浓艳，但终究是天地间的虚幻景象；溪枯水干、草木凋零使崖石上一片寥落萧瑟，这才是大自然的本来面目。

【评析】

　　世间繁华如山浓谷艳，满眼绚烂春光，不禁让人眼花缭乱、迷失本心。然而，一切繁华都如过眼云烟、稍纵即逝。人生终要面对的是石瘦崖枯，萧索荒凉的境遇，难免使人倍感凄凉，然而也只有在这种冷落的环境中，世人才能回复冷静，静观本心、寻回真我。梅花香自苦寒来，不要沉醉于春风，它只是匆匆的过客，必须接受风雪的洗礼才能香彻骨髓。

　　因此，冷落萧索中往往蕴含无限的生机，人生的低谷逆境中同样充满无穷希望。只有在冷静中找回本真，才能重获新生。

80. 文华不如简素　谈今不如述古

【原文】

　　交市人不如友山翁，谒朱门不如亲白屋；听街谈巷语，不如闻樵歌牧咏；谈今人失德过举，不如述古人嘉言懿行。

【注释】

　　市人：市井之人。山翁：此指隐居山林的老人。朱门：本指红色大门，比喻富贵人家。白屋：平民百姓穷苦人家的房屋，用简陋的材料搭建，因此用"白屋"来代称。

【译文】

　　与其和市井商人结交往来，不如和隐居山野的老人相交来得快乐；与其攀结富贵豪族，不如亲近布衣百姓更为真切。与其谈论街头巷尾的是非，不如多听一些樵夫的民谣和牧童的山歌；与其批评现代人不守理法等过失，不如传述古圣先贤有教育意义的好言语和好行为。

【评析】

　　人们在相处交谈时，大多脱离不了与自己生活密切相关的话题，例如老师们谈教育、政治人物谈政策、家庭主妇谈家庭琐事，而名利场中的人，谈论的便是现实利益。所以，如果结交以得利为目的的市井之徒，所听到的就大多是逐利的俗事，与其如此，倒不如结交无算计之心的山中隐士，听他们笑谈人间仙境。同样，富贵豪族所谈的多是有关功名利禄、竞逐权势之事，当然不如只求生活安定的平民百姓真切；而街头巷尾的是非议论，也不如樵歌牧咏来得悦耳。

　　更何况，论人是非者即为是非人，随时都有招惹祸端的可能，与其如此，不如讲述古人的嘉言懿行，将其作为待人处世的座右铭，不仅可以远祸，还能提高自己的修养。

81. 恬淡适己　身心自在

【原文】

　　竞逐听人，而不嫌尽醉，恬淡适己，而不夸独醒。此释氏所谓"不为法缠，不为空缠，身心两自在者"。

【注释】

　　竞逐：竞争和追求。释氏：佛教始祖释迦牟尼的简称。法缠：法即一切法，禅语，指一切事物和道理。缠是束缚、困扰。空缠：为虚无之理所困扰。

【译文】

　　听任他人去争名逐利，但不因为别人醉心名利就疏远他们；恬静闲适是为了顺应自己的本性，但不因此而夸耀自己清高，不沉迷于名利的竞逐。这就是佛家所说的"不为一切的事物和道理所羁绊，也不为虚无的道理所困扰，能做到这样就能使身心自由自在了"。

【评析】

　　不为外物所迷、淡泊名利的高洁之士向来为人敬重，其实恬静淡泊乃是顺应自己的本性，并没有什么值得标榜的，只是许多人并非真正安于恬淡，历来就有不少人靠博取清高的美名，进而致仕，恬淡成了他们仕途上的阶梯，那么恬淡也就变得失去意义了。人生存于现实社会之中，不可能离开外物，许多引导人们摆脱外物羁绊的道理，事实上都是虚无的道理，目的是使人免于外物的诱惑，而能保住本性。

人要领悟真性，就必须摆脱包括指导人如何修行的虚无的道理等一切障碍，这样身心才能真正自由自在。

82. 卧云弄月　绝俗超尘

【原文】

芦花被下，卧雪眠云，保全得一窝夜气；竹叶杯中，吟风弄月，躲离了万丈红尘。

【注释】

芦花被：用芦苇花作棉絮而制成的被子。卧雪眠云：指睡在山野之中。竹叶杯：酒杯。竹叶，此指竹叶青，一种酒的名称。吟风弄月：面对清风明月，吟咏诗歌。红尘：飞扬的尘土，代指人世。

【译文】

身盖芦花被，以白雪为床、浮云为帐，可以吸收天地间的自然精气，保全一分宁静；手持竹叶酒杯，一边吟啸清风、玩赏明月，可以摆脱红尘俗世的繁华喧闹。

【评析】

作者在此勾勒出一种神仙般的隐居生活，那种充满雅趣的生活，是忙碌的现代人可望而不可及的。人们花费大半辈子的时间和精力打拼，为的就是将来能享清福，很多人都说"将来退休后要远离尘嚣"。其实只要你愿意，平时就可以接受大自然的陶冶，来荡涤自己一身的世俗之气。再者，你也可以用"心"去贴近大自然，不一定非得拘泥于形式。

换言之，如果心灵保有一分宁静的气息，即使置身在纷扰的尘世，也能心旷神怡，陶渊明"结庐在人境，而无车马喧；问君何能尔，心远地自偏"的诗句最能体现这种雅趣。

83. 心地能平稳安静　触处皆青山绿水

【原文】

心地上无风涛，随在皆青山绿树；性天中有化育，触处见鱼跃鸢飞。

【注释】

性天：本性、天性。化育：本指自然界生成万物，此指先天善良的德性。鱼跃鸢飞：鸢：老鹰。比喻自由自在的乐趣。

【译文】

只要心中没有烦恼，所到之处就都是青山绿水的祥和景致；而只要本性中保有化育万物的爱心，则举目所见无不是鱼跳鸟飞的悠然景观。

【评析】

犹如佛家所说，升往天堂或堕入地狱，全在一念之间。当人思虑澄明，心中没有烦恼，不为欲念所惑的时候，便升往天堂。反之，为物欲所惑而心生烦恼之际，便堕入地狱。天堂或地狱只不过在人的一念之间，痛苦与快乐只在乎人心，贪欲是将人拉入地狱的恶魔。

由此来看，人如果想不被烦恼所困扰，就必先去除欲望。如何能办到呢？凡事知足随缘、不强求，不受外物的束缚与牵绊，就可以令人免于烦恼、消除烦躁，并使人获得真正的人生乐趣。

84. 福祸苦乐　一念之差

【原文】

人生福境祸区，皆念想造成。故释氏云："利欲炽然即是火坑，贪爱沉溺便为苦海。一念清净，烈焰成池；一念警觉，航登彼岸。"念头稍异，境界顿殊。可不慎哉！

【注释】

释氏：指释迦牟尼。火坑：佛家语，指极苦的境地。贪爱：指贪着爱恋五欲之境而不能离舍。烈焰成池：烈焰和火坑的意思相同。彼岸：佛家语，即成正果的意思。

【译文】

人生幸福的境遇和灾祸的局面，都是由自己的欲念所造成的。所以释迦牟尼说："对名利的欲望太过炽热就会掉入火坑，贪婪之心太过强烈就会陷入苦海；只要有一丝清净的念头便可使火坑变成水池，有一点觉醒的念头便能脱离苦海到达彼岸。"可见念头略有不同，人生的境界就大不一样，不能够不谨慎啊！

【评析】

一个人表现在外的言行举止，和对事物的看法等，全都起于一念之间。换言之，人生的祸福苦乐全是自己招致的，所以人要随时保持平和的心境，这就必须在平时养心。古人说"养心莫如寡欲"，一般人常有的欲念，都是养心的最大障碍，而贪婪不满足是陷自己于苦海的罪魁祸首。要想摆脱这种煎熬，就要减少、控制自己的欲望。

所以，要想拥有幸福的生活，就先从控制自己的欲望做起吧！

85. 乐苦者苦日深　苦乐者乐日化

【原文】

恣口体，极耳目，与物镞铄，人谓乐而苦莫大焉；瘵形骸，泯心智，不与物伍，人谓苦而乐莫大焉。是以乐苦者苦日深，苦乐者乐日化。

【注释】

恣：放纵，任意。镞铄：销毁。

【译文】

　　任意地享受美味、放纵自己，尽享耳目之快，沉迷于物质享受，人们都说这样是快乐，然而实质上却是一种巨大的痛苦；隐去自己的躯体与容貌，收起自己的心机与欲念，人们都说这样是痛苦，然而实质上却是一种巨大的快乐。所以，看似快乐其实痛苦的人，他的痛苦会越来越深，而看似痛苦其实快乐的人，他的快乐将会越来越多。

【评析】

　　想达到"隳形骸，泯心智，不与物伍"的境界很难，也很不现实，所以，作为凡夫俗子的我们，也无需非要到达这种境界。该有的物欲还是要有的，只是物质享受不要过分就可以了。

86. 栽花种竹　心境无我

【原文】

　　损之又损，栽花种竹，尽交还乌有先生；忘无可忘，焚香煮茗，总不问白衣童子。

【注释】

　　损之又损：不断减少。老子《道德经》中有："为学日益，为道日损，损之又损，以至于无为。"乌有先生：虚幻，不存在。典出《史记·司马相如列传》中的"相如以子虚，虚言也，为楚称；乌有先生者，乌有此事也，为齐难；无是公者，无是人也。"司马相如的《子虚赋》以子虚、乌有先生、无是公三个虚构人物为主角，这就是通常人们所说的"子虚乌有"。不问白衣童子：是说不问送酒的白衣人是何许人，比喻已经进入完全忘我的状态。据《续晋阳秋》载："陶潜尝于九月九日无酒于宅东篱笆之下，菊丛之中摘菊盈把，坐于其侧，未几，望见白衣人至，乃为王弘送酒，即便就酌，醉而后归。"

【译文】

　　生活中的物质欲望要减少到最低程度，每天种些花草、栽些竹子培养生活情趣，把世间的一切烦恼都交还给乌有先生抛到九霄云外；脑海中已经了无烦恼，没有什么可以忘记的东西，每天就面对着佛坛烧香、提着水壶烹茶，自然会使自己进入完全忘我的境界。

【评析】

无为、修省并不是要和世事绝缘。做事不宜提倡形式主义，关键是思想上要达到忘我之境。栽花种竹、焚香煮茗、闲云野鹤的生活可以忘我，可以除去人世间的许多烦恼；谈书论道潜心研究学问，可以使一个人完全进入忘我的状态。

元顺帝天顺年间，有一名进士叫陈音，他倾心经术，不问世事，终于学有所成。他专心致志、不为俗事所扰的故事，流传至今。

相传有一天，陈音在整理书籍时，发现一张请帖，就如期赴宴。来到朋友家，坐了很久也不说走，朋友问他有什么事，陈音说自己是前来赴宴的。

那个朋友莫名其妙，又不便详问，只得备酒款待。事后，那个朋友才想起，去年的今天自己的确曾宴请过他。

还有一次，陈音上朝归来，途中说要拜访一位同僚。侍从没有听到，仍驾着马车把他送回家中。可陈音却以为到了同僚的家，他步入客厅，环顾四周，说道："这里的格局与我家的完全相同啊。"接着，他又看见壁画，顿生疑窦："我家的画怎么会挂在这里呢？"这时，恰好家童出来，陈音呵斥道："你怎么在这里？"家童回答说："这本是您的家啊！"陈音这才恍然大悟。

孔子说："发愤忘食，乐以忘忧，不知老之将至。"人之忘我境界，不能以形式而论，要从本质上来看。荀子也说：一个人没有精诚专一的志向，不可能通达事理；没有忘我修炼的行为，不可能有显赫的成果。

87. 若为驵侩　生不如死

【原文】

山林之士，清苦而逸趣自饶；农野之人，鄙略而天真浑具。若一失身市井驵侩，不若转死沟壑神骨犹清。

【注释】

饶：富有、丰足。鄙略：鄙是浅鄙，略是粗疏。鄙略是指才华低劣粗浅。驵侩：从中介绍买卖之人，古代称市郎。

【译文】

山林之中的隐士，生活虽然清苦却充盈着雅逸的情趣；乡野之中的农夫，为人虽然粗鄙却不乏天真纯朴的本性。如果在市井中一不小心沦为市侩，还不如死在沟壑荒谷以保持精神肉体的清白。

【评析】

品德高尚的人不会去在意生活的清苦，那些外在的物质的东西不会为他们的生活带来困扰。如果占有了一所房子，却失去了行走的自由，如果占有了金钱，却出卖了自己，如果拥有了舒适，却丧失了本心，如果拥有了名誉，却出卖了灵魂，那便是对人最大的亵渎与侮辱。

88. 动失真心　静得真机

【原文】

人心多从动处失真，若一念不生，澄然静坐，云兴而悠然共逝，雨滴而泠然俱清，鸟啼而欣然有会，花落而潇然自得。何地非真境，何物无真机？

【注释】

澄然：清澈，也就是心无杂念。潇然：豁达开朗，无拘无束。真机：接触真理的妙机。

【译文】

人多在内心浮躁的时候失去自然的本性，如果能不产生一点杂念，心灵明澈，让欲念随着飘过的云朵一起消逝在天边，就着清冷的雨滴洗净心中的尘埃，从鸟鸣声中欣然领会大自然的奥妙，看到落花依然能够潇洒自得，那么什么地方不是人间仙境呢？什么东西不蕴含着玄妙的道理呢？

【评析】

　　人生在世，俗事缠身，为生活而忙碌，为名利而奔逐，在滚滚红尘的喧嚣之中，宁静似乎成了一种难得的享受。

　　其实，有些人并不富有，可他们却懂得顺其自然、顺乎性情，不贪婪、不苛求。于是，他们心中便无欲无求。无欲则心静，心静则体闲。说到底，这些人终是因为心态好，才没有失去本真。

　　人心一动，物欲就会产生；产生了物欲，心就很难静下来，心不静，就会杂念丛生。如果心能静下来，自然万物都能成为佳景。望白云，则白云悠悠，心亦悠悠；观新雨，则新雨冷然，一派清爽；看花落，则花落潇然，一派豁达。

　　钱钟书，博闻强记，聪颖明慧。他一生都沉浸在书山文海之中，爬梳剔抉，聚沙成塔，终成皇皇巨著《管锥集》。这部著作博雅通洽，包罗万象，渊深似海。陈垣评价清人笔记曰："清人笔记像奶粉一样，现代人拿水一冲，冲出一大碗，就是一篇论文。"余英时则拿陈垣的这番话，比之钱钟书的《管锥集》，诚不虚也。若不是拥有一颗安静的心，他怎会下得如此功夫？又怎会有如此辉煌的成就？

　　晚年的孙犁，深居简出，粗茶淡饭，以一颗淡定平静的心来面对世俗的喧嚣。看看孙犁晚年的那些作品吧，无论是《芸斋小说》，还是《乡里旧闻》，都散淡得不得了，也真诚得不得了。

　　人生难得一份"静"，谁守住了心中的那份宁静，谁就心中无碍，处世坦然；谁守住了心中的那份宁静，谁就生命如水，清澈明净；谁守住了心中的那份宁静，谁就光风霁月，万古清芬；谁守住了心中的那份宁静，谁就能成为君子，就能成为贤哲。

89. 云去而本觉之月现　尘拂而真如之镜明

【原文】

　　水不波则自定，鉴不翳则自明。故心无可清，去其混之者，而清自现；乐不必寻，去其苦之者，而乐自存。

【注释】

鉴：古代用铜制成的镜子。翳：遮蔽，遮盖。

【译文】

水如果不扬起波浪自然就会平静，镜子如果不被灰尘遮蔽自然就会明亮。因此人的心灵根本没有必要去刻意清洁，只要去除心中的杂念和私欲，清澈明净就会自然呈现；快乐无需要刻意去寻找，只要排除心中的痛苦和烦恼，快乐自然就会长存。

【评析】

水不波则自定，心无波则自静；鉴不翳则自明，心无尘则自清。所谓淡泊明志，宁静致远。人如果能清心寡欲，心中的是非少了，自然能够专心致志、心无旁骛，达到出神入化的精神境界，也只有驱除了那些杂念才能减少痛苦和烦恼，快乐自然能回到你的生活中。

人生其实并不复杂，世上本无事，庸人自扰之。若因琐事之争、微利之诱、果腹之欲，就无端丢弃快乐心情、平和心境、健康心态，终究得不偿失。让一切变得简单些，喜欢了就争取，得到了就珍惜，错过了就遗忘。历经了人生的悲欢离合，我们总会懂得，没有抓不住，皆是放不下，你容得下世界，世界才能接纳你。

一个云游的高僧送给至诚禅师一个紫砂茶壶，至诚禅师视若珍宝，每天都要亲自擦拭，打坐之余，便用紫砂茶壶泡壶好茶，品茶参禅，静心修佛。

有一天，至诚禅师与远道而来的高僧交流佛法，留下一个小和尚打扫他的禅房。小和尚拿着师父珍爱的紫砂茶壶仔细端详，一时失手，竟将紫砂茶壶摔碎。小和尚自知闯了大祸，于是战战兢兢地捧着碎了的紫砂茶壶，背着藤条，跪在佛堂面前请求处罚。

至诚禅师扶起小和尚，淡淡地说道："碎了就碎了。"

小和尚不明白："师父不是很珍爱这个茶壶吗？为何茶壶碎了您却是满不在乎的样子？"

至诚禅师说："茶壶已经碎了，悔恨有什么用呢？悔恨能让茶壶复原吗？既然不能，何苦沉浸在悔恨中呢？"说罢依旧闭目参禅。

最钟爱的紫砂茶壶被打碎了，的确是件让人懊恼的事情，但懊恼是无济于事的。至诚禅师说得很透彻："茶壶已经碎了，悔恨有什么用呢？悔恨能让茶壶复原吗？与其悔恨，不如想想今天怎么喝茶吧。"

至诚禅师不愧是开悟的高僧，深知后悔埋怨于事无补，倒不如不再计较已有的损失，坦然地面对既定的事实，干脆利落地把悔恨抛在身后，只管向前！

这个故事给了我们一个重要的启示：在人生的道路上，我们也应该学会权衡利弊，抛开无谓的悔恨，不要自寻烦恼。

人生一世，花开一季，谁都想让此生了无遗憾，谁都想让自己所做的每一件事都永远正确，从而达到自己预期的目的。

可这只能是一种美好的愿望，人不可能不做错事，不可能不走弯路。做了错事，走了弯路之后，会后悔是人之常情，这是自我反省，是自我解剖的前奏曲，正因为有了这种"积极的后悔"，我们才会在以后的人生之路上走得更好、更稳。但若一味地埋头后悔，无异于自寻烦恼，这是人生最大的痛苦。

月亮即使有缺，也依然皎洁；人生即使有憾，也依然美丽。智慧的人从不为失去的东西而悔恨，有些东西是你的就是你的，但有些东西不是你的，你再烦恼也没有用。抛却这些对身心毫无用处的烦恼，快乐起来，才能成为生活的智者。

90. 机息风月到　心达远凡尘

【原文】

机息时，便有月到风来，不必苦海人世；心达处，自无车尘马迹，何须痼疾丘山。

【注释】

机息：机，心机。息是停止的意思。心远：指思想超越尘世。痼疾丘山：痼疾形容特殊的喜好，丘是小山。痼疾丘山指对山等有特殊的爱好。

【译文】

当内心复杂的念头停止时，就能感受明月清风的到来，不会再觉得人间是个苦海；当心胸豁达时，自然就会看到车马的喧嚣，哪里还需要找一个僻静的山林呢？

【评析】

"结庐在人境，而无车马喧。问君何能尔，心远地自偏。"陶渊明用他的实际行动告诉人们，世外桃源是存在于人心深处的。人生的真正境界就像一幅开阔的山水画，宁静、安详，丝毫不见峥嵘气象，云遮雾障，那毕竟都是表面的东西。只要放下机心，放开心胸，自然能够拨云见日，眼前即是世外桃源。一个心中有清风明月的人，车马喧嚣自然充耳不闻。

所以，处世为人不必枉费心机，凡事只要本心无邪，顺其自然，便能脱离人世苦海，只要心地纯净，又何必求诸一种隐居山林的形式呢？人境即是桃源。

91. 拔除名根　驱散客气

【原文】

名根未拔者，纵轻千乘甘一瓢，总堕尘情；客气未融者，虽泽四海利万世，终为剩技。

【注释】

名根：名利的念头，即热衷功名利禄的思想。千乘：古时把一辆用四马拉的车叫一乘。一瓢：瓢是用葫芦做的盛水器，一瓢是说用瓢来饮水吃饭的清苦生活。尘情：俗世之情。剩技：多余、无用之技。

【译文】

名利之心没有彻底拔除的人，纵然能够轻视富贵荣华，甘于贫寒清苦，最终也还是会陷于世俗名利之中。虚浮之气没有消散的人，其功德即使能够恩泽四海、造福万世，最终也只不过是一些小伎俩。

【评析】

世人都道神仙好，只有名利忘不了。争名夺利累人累心人所共知，而名利诱惑之大却是令人难以抗拒。名利之心是一条开满鲜花的长藤，它可以把你从天国拉下地狱。有了它，你就会变得虚伪，做一些夸张的事表现自己，有了错误也不再坦白，而是急于隐藏。虚妄之气同样时刻侵蚀着人心。只有凛然正气才能长存人间，只有宏功伟业才能泽被万世，为人类造福。

因此，只有消除"名根客气"，才能成为一个纯粹的人，一个道德高尚的人。

92. 人生无望　必堕顽空

【原文】

寒灯无焰，敝裘无温，总是播弄光景；身如槁木，心似死灰，不免堕在顽空。

【注释】

敝裘：破旧的皮裘。播弄：摆布，玩弄。《元曲·梧桐雨》中有："如今明皇已昏眊，杨国忠、李林甫播弄朝政。"

【译文】

一盏微弱的孤灯燃不起火焰，一件破旧的大衣穿在身上不会感觉温暖，这是造化在玩弄世人；衰弱的身体像枯槁的树木，空洞的心灵如燃尽的死灰，这样就难免使生命陷入萎靡不振的境地。

【评析】

寒灯无焰，敝裘无温，一片穷困孤寒的衰败景象，如果说这是自然的玩弄，自然未免显得无情。身如槁木，心似死灰，多么令人心寒的画面，如果这是世人追寻的空境，世人便显得太过痴顽了。

我们要学会放空自己。空，不是无，不是一无所有，而是放空心灵，心无杂念。一个人要做到空，不必有意地点上一盏残灯，披上几件寒衣，故作姿态，也不必故意熄灭自己心中的热情，搞得一副身如槁木的活死人模样。真正的空是看透世事的洞明，是一种超脱的心态。

93. 独立云生处　高卧月华中

【原文】

松涧边，携杖独行，立处云生破衲；竹窗下，枕书高卧，觉时月浸寒毡。

【注释】

衲：和尚穿的衣服，此处指宽大的衣服。

【译文】

在松间溪旁，挂着手杖独自散步，立足之处云气缭绕在破衣服周围；在竹窗底下，枕着书本酣然入梦，醒来之时月光似水已浸透了旧毛毡。

【评析】

自然的山水能怡人性情，书本的知识能增人智慧。与自然为伴，就能忘却人世烦恼，体味"荡胸生层云"的开阔心境与潇洒气度；以诗书为枕，就能抛开荣辱得失，体验高枕无忧、月浸寒毡的怡然自得与从容不迫。

94. 有浮云风　无耽酒嗜

【原文】

有浮云富贵之风，而不必岩栖穴处；无膏肓泉石之癖，而常自醉酒耽诗。

【注释】

浮云富贵之风：视富贵有如浮云般的高尚品格。岩栖穴处：指居住在深山洞穴之中。膏肓：指心灵深处。泉石：指泉水山石。耽：入迷。

【译文】

有能视富贵如浮云的高洁风骨，就没有必要刻意隐居到深山幽谷；没有对山川景色的迷恋热衷，常常饮酒赋诗也是一种乐趣。

【评析】

　　大隐隐于市曹，真正清心寡欲的人并不苛求环境的清静，繁华的市井中依然能保持内心自然，平静淡泊。而那些心中本无自然之趣的人，却偏偏要附庸风雅，这样做又有什么真正的价值和意义呢？

95. 和衷共济　谦德防妒

【原文】

　　节义之人济以和衷，才不启忿争之路；功名之士承以谦德，方不开嫉妒之门。

【注释】

　　济：增补、调节。忿争：意气之争。

【译文】

　　有节操重道义的人要用平和大度之心来加以调和，才不会和别人发生意气之争；功成名就的人要培养谦虚礼让的美德，才不会招来别人的嫉妒之心。

【评析】

　　一个功成名就的人，如果不能够持谦虚谨慎的态度，不注意保持良好的德行，那么很容易招来别人的嫉妒与仇恨。

　　清朝雍正年间，年羹尧功高盖世，一时之间很受雍正皇帝的器重。他受到雍正的极大恩宠，高官厚禄自不必说，雍正还时时赏赐他美味珍馐、奇珍异宝物。受到雍正的器重，年羹尧没有想到要谦虚礼让，收敛自己的言行举止，相反他嚣张跋扈、不可一世。即使在雍正皇帝面前，有时也会失礼，惹得雍正心里非常不痛快。种种原因加到一起，最终使得年羹尧落得被赐死的结局。由此可见，功劳越大，越需要谦虚谨慎。

96. 心体莹然　不失本真

【原文】

夸耀功业，炫耀文章，皆是靠外物做人。不知心体莹然，本来不失，即无寸功只字，亦自有堂堂正正做人处。

【注释】

莹然：莹指玉的颜色洁白纯净。形容光洁明亮的样子。本来：原来，根本。

【译文】

夸耀自己建立的功业、炫耀自己所写的文章，这些都是靠身外之物来美化自身。只要内心是纯洁的，不失本性，即使没立一点功勋、没写只字片言，也一样可以堂堂正正做人。

【评析】

以貌取人是不足取的。服饰艳丽不及容貌俊美，才华横溢不如品德出众。拥有一切而缺乏道德，终会感到空虚。心地善良即使一无所有，也可以堂堂正正做人。

学会了做人，有道德做坚强的后盾，即使我们不能做一个成功的人，也能做一个问心无愧、顶天立地的人。

97. 淡泊明志　肥甘丧节

【原文】

藜口苋肠者，多冰清玉洁；衮衣玉食者，甘婢膝奴颜。盖志以淡泊明，而节从肥甘丧也。

【注释】

藜口苋肠：藜，藜科一年生草本植物，苗可蒸煮着吃。苋，苋科一年生草本植物，茎叶可以食用。此处指总吃野菜的人，穷苦的人。冰清玉洁：形容人的品质像冰一样清明透澈，像玉一样纯洁无瑕。衮衣玉食：代指权贵。衮衣是古代帝王所穿的衣服，比喻华服，玉食比喻山珍海味等美食，衮衣玉食是华服美食的意思。婢膝奴颜：比喻没有人格尊严，处处讨好上级。奴和婢都是古代的罪人、下等人，没有自由和独立人格，比喻自甘堕落而没有骨气的人。肥甘：美味，比喻物质享受。

【译文】

能够忍受粗茶淡饭的人，其节操通常像冰玉般纯洁无瑕，而讲求华服美食的人，多半甘于向人屈膝奉承。因为人的志气可以在淡泊名利中表现出来，而人的节操可以在贪图物质享受中丧失殆尽。

【评析】

一个人如果贪图物质享受，他的心志必将为物欲所役使，精神生活也将空虚不堪。为了满足私欲，有人不择手段去钻营，有人甘愿卑躬屈膝去奉承权贵，有人不惜作奸犯科——不管是哪一种，其背后的动机都是为了追求享乐。虽然衮衣玉食者，未必个个是卑膝奴颜，但人一富，脸就变，却是不争的事实。所以，一个过度追求物质享受的人不会有高尚的节操，因为他的价值观已经被物化了。

98. 富者应多施舍　智者宜不炫耀

【原文】

富贵家宜宽厚，而反忌刻，是富贵而贫贱其行矣！如何能享？聪明人宜敛藏，而反炫耀，是聪明而愚懵其病矣！如何不败？

【注释】

忌刻：忌是猜忌或嫉妒的意思，刻是刻薄寡恩的意思。敛藏：敛含有收、聚、敛束等意，敛藏是深藏不露。懵：比喻对事物缺乏正确判断，不明事理。

【译文】

富贵的家庭待人接物应该宽容、仁厚，如果猜忌刻薄，担心别人超过自己，那么虽是富贵之家，其行为即和贫贱之人并无两样，这样如何能享受长久的幸福生活呢？聪明的人应该谦虚有礼，掩藏自己的聪明才智，如果到处张扬夸耀，那么他的言行就跟愚蠢无知的人一样，他的事业又如何能不失败呢？

【评析】

　　一个身处富贵之中的人，需要宽厚待人，敛藏自己的锋芒，不然很可能会因为自己的富贵而招来祸患。如果处在富贵之中，不知道收敛锋芒，恐怕不能使富贵保持长久。聪明人懂得敛藏自己的才华，如果时时把自己的聪明拿出来炫耀，这种聪明终究流于浅薄，很可能会为自己招来别人的忌恨。

99. 欲沸寒潭　虚凉酷暑

【原文】

　　欲其中者，波沸寒潭，山林不见其寂；虚其中者，凉生酷暑，朝市不知其喧。

【注释】

　　朝市：指热闹的地方。

【译文】

　　心中充满欲望的人，即使是寒冷的深潭也会掀起沸腾的波涛，即使身居山林也体会不到宁静。心中没有杂念的人，即使在酷热的夏天也能感觉到丝丝清凉，即使身处闹市也不会感到喧闹。

【评析】

　　心中充满欲望的人，即使隐逸山野也会使山野失去宁静，心头的欲火不除，世界上就不存在清静的乐土。内心空灵无欲的人，早已放下世事繁华，心如止水，即使闹市酷暑依然波澜不惊。身处山林还是闹市都无关紧要，山林中也不免趋炎附势之人，而市井中也不乏品行高尚之人。能放下的人不必隐逸山林已是高士，放不下的即使矫揉造作也终究是个俗胎。雅生俗中，俗世自是净土；俗生雅中，雅士皆为俗人。

100. 雨余山秀　夜静钟清

【原文】

雨余观山色，景象便觉新妍；夜静听钟声，音响尤为清越。

【注释】

雨余：雨过天晴。清越：声音清脆悠扬。

【译文】

雨过天晴之后观赏山峦的秀色，就会觉得景致更加清新美丽；夜深人静之时聆听远处的钟声，就会觉得声音更加清晰悠扬。

【评析】

"空山新雨后，天气晚来秋。明月松间照，清泉石上流。"雨后的山色别具一翻风味，比风和日丽时，更显清新透彻，连空气都是新鲜的。那是因为雨水冲去了山间的微尘，使它显出了自己的本色，正如人在经历了人生风雨洗礼之后的那份淡定与从容。"姑苏城外寒山寺，夜半钟声到客船。"夜深人静时的钟声是否更贴近你的耳膜？钟声因夜静而远播，夜因钟声而更显静谧。

101. 崇俭养廉　守拙全真

【原文】

奢者富而不足，何如俭者贫而有余？能者劳而府怨，何如拙者逸而全真？

【译文】

生活奢侈的人无论有多少财富都不会感到满足，还不如生活俭朴的人虽贫穷却心里充实；有才干的人辛劳谋事，却又怨谤集身，还不如生性愚鲁的人生活安闲又能保全纯真本性。

【评析】

　　一个人如果挥霍无度，再多的财富也无法满足他；反之，一个生活节俭的人，平日都能量入为出，虽平平淡淡却内心充实，所谓"奢者心常贫，俭者心常富"最能说明这个道理。由此可见，人的欲望有如无底深渊，富而非不足，乃富而不知足是也！如果为图享受不惜散尽千金，这样无止境挥霍的结果，就算金山银山也有用光的一天。

　　与其如此，还不如生活俭约的人，虽然不富有，但因为欲望不多，所以能够细水长流，从不会感到不足。从这点来看，究竟谁富谁贫，答案已是昭然若揭。

102. 尘世苦海　心自尘苦

【原文】

　　世人为荣利缠缚，动曰："尘世苦海。"不知云白山青，川行石立，花迎鸟笑，谷答樵讴，世亦不尘，海亦不苦，彼自尘苦其心尔。

【注释】

　　谷答樵讴：是指樵夫一边砍柴一边唱歌，山谷回荡樵夫的歌声。

【译文】

　　世俗的人因为被荣华利禄所束缚，所以动不动就说滚滚红尘是茫茫苦海，从来不知道这个世界有白云笼罩下的青山翠谷，屹立在奔流河水中的奇岩怪石、迎风招展的美丽花卉、呢喃歌唱的小鸟，以及樵夫一边砍柴一边唱歌时的山鸣谷应。尘世其实并非都是尘俗之地，人间也并非处处苦海，只是世人把自己的心灵陷在尘俗和苦海中罢了。

【评析】

　　"苦海无边，回头是岸"，所谓的"尘世苦海"通常都是世人自找的，既知是苦海却不肯回头，那就更是执迷不悟了。世人因为耽于名利，而不肯苦海抽身，那只是因为他们害怕一旦上岸便会一无所有。

其实山川依旧，景色依然。假如人不为物欲情欲所困扰，能放下自己对名利的追逐，又怎能不见山川，不见美景呢？世间本来就没什么苦乐可言，一切皆由人心所产生。逐名之人必为虚名所苦，重利之人必为贪利所困。

所以，世人不要太执著于名利，以免作茧自缚。所谓的苦海固然有物累，但人心不足、贪图不止是堕入苦海的主要原因。

103. 冷眼视之　冷情当之

【原文】

权贵龙骧，英雄虎战，以冷眼视之，如蚁聚膻，如蝇竞血；是非蜂起，得失猬兴，以冷情当之，如冶化金，如汤消雪。

【注释】

龙骧：骧，昂着头飞腾。龙骧指气概威武。膻：有腥味的腐肉。猬：刺猬，全身长满硬刺，遇敌毛刺勃起。

【译文】

豪权贵胄如腾龙飞舞一般显示自己的威风，英雄豪杰像猛虎恶斗一样显示自己的勇猛，用冷静的眼光看待这些，就如同蚂蚁聚集在腥肉上争食、苍蝇们争着吸血一样；是是非非好像群蜂乱舞一般纷繁，成败得失像刺猬毛一样密集，用冷静的头脑来看待这些，一切就像炼炉冶炼金属，热水融化冰雪一样，化为乌有。

【评析】

如果人类知道自己争名逐利的行为，如同"蚁聚膻""蝇竞血"那样令人恶心与不齿，还会不会像现在一般争执不休？

人类总是认为自己很伟大，是有智慧的生物，不可与那些茹毛饮血的禽兽相提并论，但是却并没有反省一下自己是否真正摆脱了那些兽性。狼的凶狠、鳄鱼的虚伪、狐狸的狡猾、猪的愚蠢、熊的蛮横，在人的身上都不难发现。眼花缭乱的名利是非、成败得失，哪一样不使人牵肠挂肚？

说到底，还是世人看不穿，若能看穿，心头早已冰雪消融、阳光灿烂了！

104. 人有贵贱　心无二致

【原文】

烈士让千乘，贪夫争一文，人品星渊也，而好名不殊好利；天子营家国，乞人号饔飧，位分霄壤也，而焦思何异焦声。

【注释】

烈士：有抱负、志向高远的人。千乘：古时以一车四马为一乘。星渊：星星和深渊的距离。饔飧：饔，早餐。飧，晚餐。饔飧泛指食物。霄壤：天与地，比喻相差极远。焦：着急，烦躁。

【译文】

壮怀豪放之士可以把一个千乘之国拱手让人，贪婪吝啬之徒却为蝇头小利争夺不休，二者在人格上有天壤之别，但烈士好名与贪夫好利的心理没有什么不同。天子治理国家，乞丐哭号要饭，二者的地位有天壤之别，但天子的苦思之苦与乞人的苦号之苦，并没有什么本质的差别。

【评析】

人们往往尊烈士卑贪夫，只因为烈士能让千乘之国而眉头不皱，贪夫为争蝇头小利而头破血流。乍看之下，二者在品质上有天壤之别，只是在烈士耀眼的光环下人们忽略了隐藏其中的贪名的本心。所谓"欲有尊卑，贪无二致"。每个人的地位不同，面临的境况就不一样。一个为一日三餐而忙碌的乞丐，是无暇去考虑也想象不到一个皇帝每顿饭的菜谱；而一个皇帝整日处心积虑，日理万机，同样没有时间去体会一个乞丐的贫苦感受。贫富有差距，但忙碌和痛苦都是一样的。

人各有志，人各有欲，人各有忧，只有去掉心中杂念、保持心态的平衡才能无忧无虑。

105. 有识有力　魔鬼无踪

【原文】

胜私制欲之功，有曰：识不早、力不易者，有曰：识得破、忍不过者。盖识是一颗照魔的明珠，力是一把斩魔的慧剑，两不可少也。

【注释】

明珠：价值昂贵的宝珠。慧剑：智慧之剑，此为佛家语，用利剑比喻智慧，认为利剑能斩断烦恼与魔障。

【译文】

对于战胜私情和克制欲望的功夫，有些人说：是没有及时发现其害处，而且欠缺坚定的意志去控制；有些人则说：虽然能看清它的害处，却又抵挡不住诱惑。所以，人的智慧是一颗能照出邪恶的明珠，而意志力是一把能斩除邪魔的利剑，要想克制自己的欲念，智慧和意志力两者缺一不可。

【评析】

自私自利是人类与生俱来的劣根性之一，其往往蒙蔽人的良知，让人一再做出损人利己的事，例如某些西方国家在选举期间，有的候选人为了赢得选战，不惜抹黑中伤对手。人们总是很难克制私情私欲，特别是在利益当前之际，多数人都很难不为所动，所以俗谚说"人不为己，天诛地灭"，这句话贴切地表达了人性中自私贪婪的一面。当人着眼于利害关系时，就很容易产生计较心，并由此产生诸多纷争。一个人如果过于自私或欲望太强，小则遭人排斥，大则自毁前程。

要如何才能战胜私情、克制私欲呢？诚如作者所言，就只能凭借个人的智慧和坚定的意志力了。

106. 存道心　消幻业

【原文】

　　色欲火炽，而一念及病时，便兴似寒灰；名利饴甘，而一想到死地，便味如嚼蜡。故人常忧死虑病，亦可消幻业而长道心。

【注释】

　　幻业：为佛家术语，是梵语的意译，本指造作，凡造作的行为，不论善恶皆称业，但是一般都以恶因为业。道心：指发于义理之心。

【译文】

　　当色欲像火一般炽热之际，如果一想到疾病时的痛苦，兴致便会像已经冷却的灰炉一样；当名利的享受甜美如饴时，如果一想到死亡的结果，就会有如嚼蜡似的毫无滋味。所以，人们如果常常忧虑疾病和死亡，就可以消除罪恶而增长义理之心。

【评析】

　　孔子说："君子有三戒：少之时血气未定，戒之在色；及其壮也，血气方刚，戒之在斗；及其老也，血气既衰，戒之在得。"当欲念正盛之际，如果能三思而后行，就可以消除罪恶，提高修养。在诱人的事物背后，往往潜藏着很大的危机。

　　例如"先享受后付款"的消费形态，虽然信用卡的使用是时代趋势，然而许多持卡人却不知节制，结果刷得痛快，付得痛苦，直到被循环利息压得喘不过气来了，才后悔莫及。如果持卡人在尽情享受不必付现的刷卡乐趣之前，能先想想这般毫无节制的可怕后果，就能克制购物的冲动了。

107. 百折不回　万变不穷

【原文】

　　士人有百折不回之真心，才有万变不穷之妙用。

【注释】

妙用：奇妙的用处。

【译文】

人对待事情有百折不挠的真诚决心，才会有无穷无尽的才智应对变化无穷的世界。

【评析】

只有执著才会成功。开创事业的过程就是不断战胜困难的过程，如果一个人对待他的事业没有百折不回的执著精神，就不可能坚持下去，不可能从中学到许多解决问题的本事，当然也就不可能取得成功。

一个执著于某项事业，并渴望取得成功的人，必须具有坚定的信念。如果没有坚定的信念，一遇到困难就会摇摆不定、犹犹豫豫，最终退却。成功属于坚韧的人，我国古代"愚公移山"的故事，说明了坚定的信念对于取得事业成功的重要意义。

108. 形骸为桎梏　情识是戈矛

【原文】

云烟影里现真身，始悟形骸为桎梏；禽鸟声中闻自性，方知情识是戈矛。

【注释】

桎梏：手铐脚镣。

【译文】

在云烟缥渺的地方显示出自己的真身，才感悟到躯体原本就是束缚我们自身的镣铐；在鸟儿的鸣唱中，倾听本性的声音，这才知道我的情欲原本就是伤人的武器。

【评析】

人的种种欲望既可引领人们体验幸福，也可使人们陷入灾祸，不加节制的欲望只能使人迷失沉沦，难以自拔。因此，欲望本身就是伤人的戈矛。

一个理智的人，不应该放纵自己的欲望，应该合理地控制自己的欲望。否则，人就会丧失本性，甚至铸成大错。

109. 猛兽易伏　人心难制

【原文】

眼看西晋之荆榛，犹矜白刃；身属北邙之狐兔，尚惜黄金。语云："猛兽易伏，人心难降；谿壑易填，人心难满。"信哉！

【注释】

荆榛：草木丛生。矜：夸，自夸。北邙：洛阳以北有墓地曰北邙，从汉代起即是有名的墓地。《邙山》诗中曰："北邙山上列坟茔，万古千秋对洛城。"

【译文】

眼看西晋就要灭亡了，却还有一些达官贵人仍不知觉悟地在那里自夸武器精良。人死后身体就要变成北邙山狐兔的食物了，又何必那样爱惜财物呢？古语说："野兽容易制服，而人心难以降伏；沟壑容易填平，而人心难以满足。"这真是至理名言啊。

【评析】

作者在文中引用古语指出人心难以满足，事实上人性的无知和贪婪往往为人类自己带来苦难。

史书昭昭，记载着西晋亡国之际，当时的一些达官贵人还不知觉悟，依然争权夺利、自相残杀，致死不悟。每每在危急存亡之秋，人性中的善与恶都会被激发出来——抗日期间，多少热血青年为了捍卫国土，响应号召，前仆后继地投入到抗日战场，为祖国的存亡抛头颅、洒热血，以自己的生命换来人民的解放。但同时也有不少人恬不知耻，大发国难财，完全泯灭了良知，不知国破家亡的道理，真是可悲之至。

110. 言者多不顾行　谈者未必真知

【原文】

谈山林之乐者，未必真得山林之趣；厌名利之谈者，未必尽忘名利之情。

【注释】

山林：指隐士所居之处。

【译文】

喜欢谈论山林隐居之乐的人，未必真正领略到了山林的乐趣。讨厌谈论功名利禄的人，未必完全忘却了对名利的贪恋。

【评析】

喜谈归隐者，未必真为清高之士。谈名利而色变的人，未必真是淡泊之人，淡泊之人无视名利存在，谈与不谈都与己无关。至于那些把钱财称为"阿堵物""孔方兄"的人就更加可笑了。

因此，文未必真如其人，口是心非，心与口远隔千里者比比皆是。若真爱慕名利，说出来又何妨，反而让人觉得坦诚；虚伪的人瞒得过一时，瞒不过一世，原形毕露反倒尴尬，何苦呢？

111. 生于自然　勿为世染

【原文】

山肴不经世间灌溉，野兽不受世间豢养，其味皆香而且冽。吾人能不为世法所点染，其臭味不迥然别乎！

【注释】

山肴：指山间野生的食物，如竹笋、菌类等。豢：饲养。冽：醇厚浓烈。

世法：佛教把世间一切生灭无常的事物都叫作世法。这里指尘世的世俗习惯和规则。迥：相异，不同。

【译文】

长于山间的植物不受世人的灌溉，生在野外的鸟兽不受世人的饲养，但它们的味道却都香醇鲜美。如果我们能不受世间世俗礼法的污染，那么气质就会和庸俗的人有很大的不同。

【评析】

自然造化出来的东西总是带着扑鼻的芳香，没有了斧凿之功，它们显得那么纯粹与清新，让人不得不爱。纯朴的人也是一样，在他们面前我们会放下许多顾虑，感到放松与亲切。因为他们没有受到世俗的污染，保持着一颗纯净的心灵。就好像大人们喜欢和小孩子一起玩耍，因为他们质朴、天真，想哭就哭、想笑就笑，喜欢就说喜欢、不喜欢也毫不掩饰。后天的教育与社会的历练往往会使人们失去童真与质朴。但只要我们能够抵制住诱惑，不受世俗的侵蚀，同样可以做一个纯粹的高品质的人。

112. 好利者害显而浅　好名者害隐而深

【原文】

好利者，逸出于道义之外，其害显而浅；好名者，窜入于道义之中，其害隐而深。

【注释】

好利：贪图钱财和世俗利益。逸出：超出范围。窜入：隐匿。

【译文】

一个贪图钱财的人，其所作所为超出道义之外，所造成的危害虽然明显但不深远；而一个贪图名誉的人，其所作所为往往隐藏在道义之中，所造成的危害虽然不明显却都很深远。

【评析】

　　贪财好利之人，往往为达目的不择手段，道义于他们而言只是形同虚设。虽然这种人会做一些损人利己的事情，但给世人带来的伤害却是有限的。而欺世盗名、沽名钓誉的伪君子却用美德作面具，他们表面上是道义的典范，事实上却在道义的外衣下做着见不得人的事情，道义的掩护使人们难辨真伪，常常难以防范，而且好名之人为恶比好利之人更大胆，其所造成的危害是可想而知的。

113. 见外境而迷者卑　见内境而悟者高

【原文】

　　见外境而迷者，继踵竞进，居怨府，蹈畏途，触祸机，懵然不知；见内境而悟者，拂衣独往，跻寿域，栖天真，养太和，怡然自得。高卑绝，何啻霄壤。

【注释】

　　怨府：众人怨恨集中的地方。跻寿域：登上长寿之路。

【译文】

　　被外面的花花世界所迷惑的人，步他人后尘，处在众人怨恨集中的地方，走艰险的道路，种下灾难的祸根，自己却全然不知；能时时自我警醒的人，拂袖独行，登上长寿之路，处在天然之所，养和顺之心，怡然自得。这两者的高低上下之分，何止天地之别。

【评析】

　　被物欲所迷惑的人，常常会丧失心智，只顾追求荣华富贵，却大多得不到好下场。所以，这样的人最好自我反省一下，不要贪得无厌。

114. 富贵嗜欲猛　宜带清冷气

【原文】

　　生长富贵丛中的，嗜欲如猛火，权势似烈焰。若不带些清冷气味，其火焰不至焚人，必将自烁矣。

【注释】

　　嗜欲：多指放纵自己对酒色财气的嗜好。

【译文】

　　生长在富豪权贵的家庭之中的人，对物欲的贪念如同熊熊的猛火，对权势的欲望好似炽热的烈焰。如果不用清凉的气息加以调和，那么强烈的欲火即使焚烧不到别人，也一定会把自己灼伤。

【评析】

　　生活在富贵中的人们切忌得意忘形、贪得无厌。胸中的欲火不灭，最终会引火自焚。清风徐来时要保持清醒的头脑，看透眼前的浮华，保持身心的平衡才能常立于险峰之巅。

115. 守正安分　远祸之道

【原文】

　　趋炎附势之祸，甚惨亦甚速；栖恬守逸之味，最淡亦最长。

【注释】

　　趋炎附势：投靠、攀附权贵。

【译文】

　　攀附权贵者所招致的祸害，往往悲惨且快速；而安于恬淡而安逸的趣味，最平淡也最长久。

【评析】

强劲的雷阵雨，往往下几个钟头就会停，而绵绵细雨却能连下数日，甚至数月，一如范仲淹在《岳阳楼记》中所述："霪雨霏霏，连月不开。"趋炎附势者因依附权势所得之荣华富贵，就如同雷阵雨般来得快，去得也快，其祸"甚惨亦甚速"。只有不贪求名利、不趋炎附势的人，才能过上既悠闲又快乐的生活。

116. 人情冷暖　世态炎凉

【原文】

我贵而人奉之，奉此峨冠大带也；我贱而人侮之，侮此布衣草履也；然则原非奉我，我胡为喜？原非侮我，我胡为怒？

【注释】

胡：为什么。

【译文】

我有权有势的时候人们就奉承我，其实是奉承我的官位和纱帽；我贫贱穷苦的时候人们就鄙视我，其实是鄙视我的布衣和草鞋。可见人们根本不是奉承我，我为什么要高兴呢？人们也根本不是鄙视我，我又为什么要生气呢？

【评析】

常言道"贫居闹市无人问，富在深山有远亲"，这句话道尽人情的冷暖。想来可悲，人们竟然是以权势、财富来评断生命存在的意义与价值。"这个人很了不起，他事业成功，赚了很多钱"，相信大部分人都听过不下百次类似的描述，在这类描述中突显了世俗的价值观：有钱才能受到肯定。

正因如此，一般人才喜欢趋炎附势，认为只要能攀上有权有势的富豪权贵，自己的身价也会跟着水涨船高。而有许多富豪权贵，也陶醉于人们的奉承之中，已经看不清人们奉承的其实是他们的功名利禄而已。

117. 凡事当留余地　五分便无殃悔

【原文】

爽口之味，皆烂肠腐骨之药，五分便无殃；快心之事，悉败身丧德之媒，五分便无悔。

【注释】

爽口：美味、可口。皆烂肠腐骨之药：强调山珍海味吃得过多就会伤害肠胃。悉：都，全部。

【译文】

可口的山珍海味，吃多了便成为伤害肠胃、有损健康的毒药，但如果控制在只吃五分饱就不会伤害身体；称心如意的好事，也往往是让人身败名裂的媒介，但如果保持在差强人意的限度上就不至于懊悔。

【评析】

可口的佳肴美馔，吃多了便不觉味美；治病的良药，服用过量也可能成为致命毒药。近几年，自助餐厅如雨后春笋般涌现，食客趋之若鹜。很多人不顾一切地拼命多吃，直到吃不下任何东西了才肯罢休。

这样的吃法不仅毫无质量可言，更会危害健康。一个深明养生之道的人，绝对不会以这种方式来摧残自己。同样，人在得意的时候也不可过于狂喜，否则就会损身败德，俗话说"乐极生悲"，人往往容易在得意忘形的状态下发生意外，因此凡事当适可而止。

118. 竹篱闻犬吠　芸窗听蝉吟

【原文】

竹篱下，忽闻犬吠鸡鸣，恍似云中世界；芸窗中，雅听蝉吟鸦噪，方知静里乾坤。

【注释】

云中世界：形容自由自在的快乐世界。芸窗：书房。

【译文】

站在竹篱笆的底下，忽然听到狗吠鸡鸣之声，恍惚使人觉得置身于云中仙境；静坐书斋之中，悠闲地聆听蝉鸣鸦啼，才领会到寂静中别有另外一番天地。

【评析】

竹篱鸡鸣、柴门犬吠，乍闻之下仿佛到了世外仙境，人间繁华竞逐、喧闹纷扰，哪会有如此宁静恬淡的时光，因为系心于世俗争斗的人是听不见犬吠鸡鸣。蝉噪林越静，鸟鸣山更幽。有声方能现无声之静境，有诗书为伴更能感受静里乾坤。人世的繁华终比不上云外鸡鸣的恬淡，繁华的结局总是荒凉，在无丝竹乱耳、有诗书相伴，山野恭耕、朴拙自然的生活中才能品出人间真味。

当世之人虽不能比肩古人，但只要心远凡尘，亦能体会云中世界、静里乾坤的高妙。

119. 得冲和之气　识淡泊之真

【原文】

神酣布被窝中，得天地冲和之气；味足藜羹饭后，识人生淡泊之真。

【注释】

酣：大睡，酣睡。冲和：谦虚，和顺。

【译文】

在粗布被中酣然入睡的人，能够得到天地间平和的精气；在粗茶淡饭后心满味足的人，能够领悟到宁静淡泊的人生真谛。

【评析】

想在布被窝中得到天地冲和之气，需要的是一份平和的心态，所谓高枕无忧，心中无忧方能高枕安卧。想在藜羹饭后识得人生淡泊之真，需要的是一种旷达的胸怀，所谓心宽体胖，心中无虑才能味甘体胖。旷达平和的心胸要在简单朴素的生活中练就。

"得常咬菜根，即做百事成。"俭朴的生活能磨炼意志，锻炼吃苦耐劳、坚韧顽强的精神，使人们在通往理想的道路上，披荆斩棘，奋勇直前。纸醉金迷的生活，只能消磨人的意志，使精神变得更加空虚，于人生毫无意义。

120. 人能放得心下 即可入圣超凡

【原文】

放得功名富贵之心下，便可脱凡；放得道德仁义之心下，才可入圣。

【注释】

入圣：进入光明伟大的境界。

【译文】

一个人要能抛得开功名富贵的名利思想，才可以摆脱尘世的杂念；要能放得下仁义道德等美名的束缚，才可以进入超凡脱俗的圣贤境界。

【评析】

"名"与"利"经常是世人用来评定一个人是否成功的标准。在一般人眼里，功成名就者往往名利双收，生活得也比别人精彩。自古至今有许多人为了功名富贵不惜铤而走险，而有的人不贪慕荣华富贵，但独爱美好的声誉。事实上，受功名富贵所羁绊的人，心灵都难以获得真正的自由，因为汲汲于名利会成为功名富贵的奴隶，而热衷于做一个人人赞美的道德家则会流于沽名钓誉。

因此，只有胸襟豁达而不受俗世名利思想所左右的人，才能得到真正的自由。

121. 处富知贫　居安思危

【原文】

处富贵之地，要知贫贱的痛痒；当少壮之时，须念衰老的辛酸。

【注释】

痛痒：痛和痒都是一种病，此处比喻痛苦。辛酸：比喻心境悲苦。

【译文】

富贵之时，必须了解贫贱的痛苦滋味；正值年轻力壮之时，必须想到以后年老体衰时的悲哀。

【评析】

正所谓"少壮不努力，老大徒伤悲"，老一辈的人常以这句话忠告年轻人要珍惜青春，要为将来做长远打算，免得日后悔不当初。只是年少轻狂的青年朋友，往往听不进过来人的善意规劝。同样，许多人在身处顺境时，常常忘却人生无常的道理，没有为可能面临的困境作好准备，所以一朝遭逢变故就一蹶不振。

常言道"人无远虑，必有近忧"，更何况人有旦夕祸福，人生的境遇变化无常，如果不能退一步想、往远处看，他朝时移事易，就只能凄凉以对了。

122. 富贵不义视如浮云　真性之外皆为尘垢

【原文】

尼山以富贵不义视如浮云，漆园谓真性之外皆为尘垢。夫如是则悠悠之事，何足介意。

【译文】

孔子把富贵不义看作是浮云，庄子说真性之外的一切都是尘垢。如果真是这样的话，那么悠悠万事，又有什么可以在意的呢？

【评析】

如果真的能把富贵不义看作是浮云，那么世间的事情的确不用介意了，但是想要达到这种境界，实在是太难了。

123. 萼叶徒荣　玉帛无益

【原文】

树木至归根，而后知华萼枝叶之徒荣；人事至盖棺，而后知子女玉帛之无益。

【注释】

归根：比喻事物结局归于根本。萼：花瓣最外部的一圈叶状绿色小片。盖棺：指人死后入殓棺木，表示一个人生命事业的结束。玉帛：玉器和丝织品。泛指财物。

【译文】

树木到了凋谢枯萎的时候，才知道那艳丽的花朵、浓密的枝叶不过徒有一时的繁荣；人到了临死入棺之时，才知道儿孙满堂、钱财名利都没什么用处。

【评析】

春夏之际，树木枝繁叶茂、青翠招摇。直到秋风乍起，叶落归根之时，我们才明白那些浮华的东西是不能长久的。

人们总是到行将入木之时，才能深刻意识到人世的富贵荣华如同树叶一样只是人生的虚设，自己苦苦追寻一生的东西其实并没多大的用处。人们为这些转瞬即逝的东西苦苦纠缠，耗尽了自己的精力和才思，到头也不过是个"空"字！

124. 隐者高明　省事平安

【原文】

矜名不如逃名趣，练事何如省事闲。

【注释】

矜：夸大、炫耀。逃名：躲避荣誉和名声。

【译文】

夸耀自己，还不如躲避名声来得有意义，人情练达者，操心处便越多，哪里比得上省一事、少一事来得悠闲自在呢？

【评析】

所谓"人怕出名猪怕壮""树大招风"，这两句话都能说明人被盛名所累的道理。的确，名利如同华丽的囚衣，人在功成名就的时候，就无法再过着无拘无束的生活。因为"名人"是众所瞩目的焦点，其一言一行都会受到人们的关注，且会受到各种约束，不能够从容做自己。

所以，聪明的人会尽量躲避名声，以免受到虚名的牵累。再者，能者多劳，通达事理的人由于精明能干，事事操心，不得悠闲自在不说，还可能惹来满身是非。

125. 富者多忧　贵者多险

【原文】

多藏者厚亡，故知富不如贫之无虑；高步者疾颠，故知贵不如贱之常安。

【注释】

多藏：财富多。厚：重视，推崇。

【译文】

一个财富积累得太多的人，整天都忧虑自己的钱财被人夺去，可见富有的人不如贫穷的人那样无忧无虑；一个地位尊贵的人，整天都患得患失地担心会丢官，可见为官不如平民那样常感安乐。

【评析】

所谓"富者多忧"，财富往往为人招来祸端。家财万贯的人，整天都忧心别人觊觎自己的财富，还经常怀疑他人接近自己是别有用心。由于与人接触时总是多了一层顾忌，所以容易让对方觉得有隔阂，甚至觉得被轻视，而心生不满。另外，身居高位的人也有其忧虑，他们每天都担心拥有的权势和地位会失去，所以不如平民百姓的"无官一身轻"。事实上，人的苦恼正来自于放不下财富、名位等外在事物。得不到的时候日思夜想，费尽心思去争取，总以为自己一旦拥有财富名位就会心满意足，然而如愿拥有时，却又患得患失，活得更不安乐。

人之所以努力奋斗，目的是为了提高生活质量，如果生活环境改善了，人的烦恼却不减反增，那么人们的努力又有何意义呢？

126. 巨万金钱　末中之末事

【原文】

大千沙界尚为空里之空名，巨万金钱固是末中之末事。

【注释】

大千沙界：指无限的世界。

【译文】

大千世界尚且是空里之空名，那么，巨万的金钱也就是末中之末事。

【评析】

对于寻常百姓来说，虽然很难达到"巨万金钱固是末中之末事"的境界，但是以此来改进自己的金钱观，或许可以让自己得到解脱，不再为钱财而处心积虑。

127. 世间原无绝对　安乐只是寻常

【原文】

有一乐境界，就有一不乐的相对待；有一好光景，就有一不好的相乘除。只是寻常家饭，素位风光，才是个安乐的窝巢。

【注释】

乘除：比喻自然界中的盛衰变化、此消彼长。素位：安于本分，不作分外妄想。

【译文】

天地间的事物往往是相互对立的，有一个安乐的境遇，就会有一个痛苦的境遇随之而来；天地间的事物往往又互为补偿，好的境遇和不好的境遇总是交替出现。所以，只有平平凡凡、安分守己，满足于家常便饭、没有官位的自然光景，才是最快乐的境界。

【评析】

俗话说"有一利就有一弊"，天地间的万事万物都是彼此对立又互为补偿的，所以，看事物用辩证的方法，就不至于走极端，因为凡事都有它相对应的一面。就此而言，一个生活无忧无虑的人，在某些方面必然隐藏着不为人知的苦楚；而艰苦度日的人，也必有令人称羡之处。尺有所短，寸有所长，一切不可能是完美的，平平凡凡才是真。所以，人何必相争呢？不如乐天知命、随遇而安，在平凡之中细细品味人生的真正乐趣。

128. 心无物欲　坐有琴书

【原文】

心无物欲，即是秋空霁海；坐有琴书，便成石室丹丘。

【注释】

石室：指神仙居住的地方。丹丘：此处指仙人所居的地方。

【译文】

心中如果没有对功名利禄的欲望，就会像秋日的天空、雨后的海面一样开阔澄净。家中如果有古琴、诗书相伴，就会像居住在石室丹丘中的神仙一样逍遥快活。

【评析】

物欲是人类心灵的枷锁，琴书是人生的益友良伴。人的心灵如果填满物欲，就会贪得无厌、患得患失。一琴一书的生活虽然清苦，若能自得其乐，便得神仙境界。

人生苦短，若不能扫除名利的浮云，解除名缰利锁的束缚，便无法自由地徜徉在人生的天空下。

129. 浮生可见　妙本难穷

【原文】

浮生可见，如梦幻泡影，虽有象而终无；妙本难穷，谓真性灵明，虽无象而常有。

【注释】

浮生：短暂而虚幻的人生。

【译文】

人生可以看到，就像梦幻般的泡影，尽管有具体的形状但是最终会化为乌有；妙本难以穷尽，那是本性的灵光，虽然无形但却是永恒的。

【评析】

"浮生可见，如梦幻泡影，虽有象而终无"，人生如泡影，虽然有些消极，但是它可以让人们明白，在虚幻的人生中争名夺利是多么愚蠢的事情。到最后一切都会化为乌有，又何必争来争去呢？

130. 冷静观世事　忙中去偷闲

【原文】

从冷视热，然后知热处之奔驰无益；从冗入闲，然后觉闲中之滋味最长。

【注释】

冷：寂寞、闲散。热：指名位权势。奔驰：为利益忙碌。

【译文】

从冷静的角度去观察热闹纷繁的名利场，就会发现，那些热衷名利的奔波劳碌对生活毫无益处。从忙碌的生活中清闲下来，才知道安闲生活中的滋味是最悠长的。

【评析】

人生的真谛是要从冷处和闲中才能领悟到的。酸甜苦辣人生百味固然丰富，尝过之后才会懂得最真淳的味道来自最平淡的生活。争名逐利的竞技场，已让人们疲惫不堪。也许，只有当偷得浮生半日闲之时，才能获得片刻的安宁。其实，只要心里没有太多的欲望，生活大可不必那么忙碌，多一颗平常之心，少几分功名之念，自然能够体会超然物外的洒脱。

131. 万钟一发　只在寸心

【原文】

心旷，则万钟如瓦缶；心隘，则一发似车轮。

【注释】

万钟：古时量器名，比喻大量财富。瓦缶：古代用来装酒的瓦器，形容没价值的物品。

【译文】

心胸开阔，看待万钟的财富就像瓦罐一样不值钱；心胸狭隘，一根头发也会被看得像车轮一样重要。

【评析】

翱翔天际的雄鹰与坐井观天的青蛙所看到的天空本质上没什么不同，只不过它们的视野与心胸各异，因此所得的结论便有了天壤之别。

活在自己小天地中的人，心胸是狭隘的，周围的细小变化都逃不过他们的双眼，因此凡事都要较真。而心胸宽广的人，不会斤斤计较于个人的得失，他们能放下尘世浮华，对人对己都不苛求，以开阔宽容的心态去面对人生。就如同弥勒佛，只有大肚能容，方能笑口常开。

132. 胸中无私欲　眼前有空明

【原文】

胸中即无半点物欲，已如雪消炉焰冰消日；眼前自有一段空明，时见月在青天影在波。

【注释】

空明：明亮而透彻。

【译文】

心中如果没有一点物质欲望，私心就会像雪消融在火炉中、冰融化在阳光下一样迅速自然；眼前如果有一分空明透彻，就能时常看见朗月挂在晴空，月影浮在水波上了。

【评析】

欲望是人的一种自然之性，也是烦恼的来源。儿女情长的欲望让人承受心智的折磨，金钱利益的欲望让人迷失本心。我们一旦陷入"追逐物欲"的泥淖中迷失了自己，想要抽身出来就不容易了。太多不切实际的欲望，往往是我们登上人生顶峰的阻碍。无欲则刚，修一颗清净无欲之心，情感便能坦然，利益才可长久。

慧远禅师年轻时喜欢四处云游，二十岁那年，在行脚途中，他遇到了一个嗜烟的路人，两个人结伴走了很长一段山路。在休息的过程中，那个路人送给了他一根烟管和一些烟草，慧远禅师非常高兴，欣然接受了路人的馈赠。

与路人分开之后，慧远禅师心想："这个东西实在令人舒服，肯定会打扰我禅定，时间长了的话，一定会养成坏的习惯，所以还是趁早戒掉的好。"于是他就把路人送给他的烟管和烟草悄悄放到了路旁。

过了几年，慧远禅师又迷上了研究《易经》。那个时候刚好是冬季，天气非常寒冷，他给师父写信，索要一些御寒的衣服。但是冬天都已经过去了，他仍旧没有收到师父寄来的衣服。于是，慧远禅师便用《易经》为自己卜了一卦，结果显示那封信根本没有送到师父手里。

慧远禅师心想："《易经》占卜这么准确，如果我沉迷于此的话，又怎么可能全心全意地参禅呢？"之后，他便放弃了对《易经》的研究。

后来，慧远禅师又迷上了书法和诗歌。他每天钻研，小有所成，竟然博得了几位书法家和诗人的赞赏。但是他仔细一想："我又偏离了自己的正道，再这样下去，我很有可能成为一名书法家或诗人，而不是一位禅师。"

从那以后，慧远禅师不再舞文弄墨、习字赋诗，而且放弃了一切与禅无关的东西，一心参悟，终于成为了一代著名的禅宗大师。

欲望可以是推动人们向上的力量，也可以成为人们堕落的源头，所以，一定要克制自己，不要为欲望所驱使，这样内心才能更清净，才能更好地致力于自己所努力的方向和目标。人生路上不为外物所迷惑、所引诱，才能成就自我的追求。

133. 盛衰何常　强弱安在

【原文】

狐眠败砌，兔走荒台，尽是当年歌舞之地；露冷黄花，烟迷衰草，悉属旧时争战之场。盛衰何常？强弱安在？念此，令人心灰！

【注释】

砌：台阶。荒台：荒芜的台。古代君王多筑台祭天或授官。黄花：菊的异名。李清照："帘卷西风，人比黄花瘦。"

【译文】

狐狸居住的坍塌墙壁，兔子出没的荒废亭台，都是当年歌舞升平、热闹繁华的地方。寒露沾湿遍地黄花，轻烟弥漫满川衰草，这里当年曾经是金戈铁马、争斗纷纷的战场。繁华衰败变化何其无常？强弱胜负如今又在哪里？想到这些，不免叫人心灰意冷！

【评析】

沧海桑田、世事变换，昨日的舞榭歌台今日只剩残垣断壁，昔日英雄争霸的沙场现在已是斜阳草树。即使是千古风流人物，也终会被大浪淘尽。岁月的狂流不仅卷走了弱者，也淹没了强者。宇宙万物没有什么是永恒不变的，世事如烟，人生如寄，繁华兴亡又有谁能够强留得住？

134. 去留无系　静躁何干

【原文】

孤云出岫，去留一无所系；朗镜悬空，静躁两不相干。

【注释】

岫：峰峦，山脉的峰顶。

【译文】

孤云从山间飘出，它来去自由、无所牵挂；明月悬于天空，世间宁静喧嚣都与它不相干。

【评析】

"孤云出岫"是何等自在洒脱、无拘无束,"朗镜悬空"又是何等清朗明澈、无尘无俗!人类羡慕这些自然美好的东西。可是,身处花花世界,满眼的繁华与诱惑,如何才能做到"去留一无所系""静躁两不相干"?于是人们对一切自由的事物都充满了羡慕。

只是,人们不愿去承认,即使自由如"孤云"也要受制于风,即使澄净如明月也无法摆脱阴晴。世人之所以羡慕它们的自在空明,是因为世人都想拥有一颗随遇而安的心!

135. 勿恃格兽之能　莫纵染指之欲

【原文】

非理外至,当如逢虎而深避,勿恃格兽之能;妄念内兴,且拟探汤而疾禁,莫纵染指之欲。

【注释】

非理:不合常理,违背情理。探汤:把手伸进热水里。

【译文】

对于违背情理的言行,应该像看到老虎一样远远躲避,不要逞能与野兽格斗;对于内心生出的虚妄念头,应该像把手伸到热水中一样快速缩回来,不要放纵自己的欲望。

【评析】

人们内心总是会生出种种"妄念"。这些"妄念"如果不清除,就会给人们造成伤害。因此只要"妄念内兴",我们就要及时提醒自己,不要放纵自己的欲望。抛却心中的"妄念",才能做到于利不趋,于失不馁,于得不骄,达到宁静致远的人生境界。

136. 浓处味常短　淡中趣独真

【原文】

悠长之趣，不得于浓酽，而得于啜菽饮水；惆恨之怀，不生于枯寂，而生于品竹调丝。故知浓处味常短，淡中趣独真也。

【注释】

浓酽：特别浓厚的味道。啜菽饮水：指清淡的饮食。

【译文】

回味无穷的味道，不是从甘淳的烈酒中得来，而是从嚼豆饮水的清淡生活中得来；惆怅忧伤的情怀，不是在寂寥困苦中产生，而是在轻歌曼舞的享乐中产生。由此可见，浓厚的味道很快就会消散，而清淡中的趣味才是最真实的。

【评析】

贪得者虽富亦贫，知足者虽贫亦富。清茶中有悠长韵味，俚曲中有雅致之韵。恬淡之处，却是玄机奥妙所在，看是滋味冲淡，但却俗中有雅，精巧绝伦。食美味、看美色、纵欢乐，这样的人常常多病、短命。长寿的人却是粗茶淡饭，勤于劳作。

生活是如此，交友也是如此。君子之交淡如水，但可以生死与共，不离不弃。小人之交甘如醴，但人走茶凉，势去人空，翻脸无情。

137. 繁华不及清淡　心动未若神爽

【原文】

春日气象繁华，令人心神骀荡，不若秋日云白风清，兰芳桂馥，水天一色，上下空明，使人神骨俱清也。

【注释】

骀荡：舒缓放荡。

【译文】

春天枝繁叶茂、景色绚烂,使人心驰神往、躁动不安,不如秋日云淡风轻,兰桂飘香,水天一色,天地一片澄澈空明,使人神清气爽、通体舒畅。

【评析】

刘禹锡诗曰:"自古逢秋悲寂寥,我言秋日胜春潮。晴空一鹤排云上,便引诗情到碧霄。"这首诗正好说明了这段文字所描写景象。

春日繁花似锦、莺歌燕语,令人遐思无限、怦然心动,但又不免会心头发热、躁动不安。正像人身处掌声与鲜花之中,难免会心浮气躁、得意忘形。而云淡风轻、水天一色的清秋季节,虽然会令人有草木凋落的惆怅,但更能令人神清气爽、头脑冷静。好似人生处在低潮期,虽然会失落烦恼,却能冷静思考,为收获储备能量。

138. 知哀破尘情　知乐臻圣境

【原文】

羁锁于物欲,觉吾生之可哀;夷犹于性真,觉吾生之可乐。知其可哀,则尘情立破;知其可乐,则圣境自臻。

【注释】

羁锁:束缚。夷犹:流连,犹豫迟疑不前。

【译文】

被物质欲望所束缚,就会觉得我们的人生是悲哀的。倘徉于自己纯真本性中,就会觉得我们的生活是愉快的。懂得被物欲束缚的悲哀,世俗的情欲就可以立刻消除;知道保持本性的快乐,神圣的境界就自然能够达到。

【评析】

人生在世,如果把功名利禄看得过重,就会不知不觉为自己带上一副沉重的枷锁。如同被奴役的牛马一样,失去了自我,整日在劳作忙碌中度过,人生怎会有快乐可言？只有不失本真，随心所欲、率性而为才能使身心得到放松。因此，明智的人往往不看重名利，他们追求的是一种淡泊的生活态度。淡泊是一种高尚的境界。

　　如果每个人都能存有一颗淡泊之心，不断反省自己、修养身心，人间就会充满宁静祥和之气了。

中华传统文化核心读本书目

【处世经典】

《论语全集》
享有"半部《论语》治天下"美誉的儒家圣典
传世悠久的中国人修身养性安身立命的智慧箴言

《大学全集》
阐述诚意正心修身的儒家道德名篇
构建齐家治国平天下体系的重要典籍

《中庸全集》
倡导诚敬忠恕之道修养心性的平民哲学
讲求至仁至善经世致用的儒家经典

《孟子全集》
论理雄辩气势充沛的语录体哲学巨著
深刻影响中华民族精神与性格的儒家经典

《礼记精粹》
首倡中庸之道与修齐治平的儒家经典
研究中国古代社会情况、典章制度的必读之书

《道德经全集》
中国历史上最伟大的哲学名著,被誉为"万经之王"
影响中国思想文化史数千年的道家经典

中华传统文化核心读本书目

《菜根谭全集》
旷古稀世的中国人修身养性的奇珍宝训
集儒释道三家智慧安顿身心的处世哲学

《曾国藩家书精粹》
风靡华夏近两百年的教子圣典
影响数代国人身心的处世之道

《挺经全集》
曾国藩生前的一部"压案之作"
总结为人为官成功秘诀的处世哲学

《孝经全集》
倡导以"孝"立身治国的伦理名篇
世人奉为准则的中华孝文化经典

【成功谋略】

《孙子兵法全集》
中国现存最早的兵书，享有"兵学圣典"之誉
浓缩大战略、大智慧，是全球公认的成功宝典

《三十六计全集》
历代军事家政治家企业家潜心研读之作
中华智圣的谋略经典，风靡全球的制胜宝鉴

中华传统文化核心读本书目

《鬼谷子全集》
风靡华夏两千多年的谋略学巨著
成大事谋大略者必读的旷世奇书

《韩非子精粹》
法术势相结合的先秦法家集大成之作
蕴涵君主道德修养与政治策略的帝王宝典

《管子精粹》
融合先秦时期诸家思想的恢弘之作
解密政治家齐家治国平天下的大经大法

《贞观政要全集》
彰显大唐盛世政通人和的政论性史书
阐述治国安民知人善任的管理学经典

《尚书全集》
中国现存最早的政治文献汇编类史书
帝王将相视为经时济世的哲学经典

《周易全集》
八八六十四卦,上测天下测地中测人事
睥睨三千余年,被后世尊为"群经之首"

中华传统文化核心读本书目

《素书全集》
阐发修身处世治国统军之法的神秘谋略奇书
以道家为宗集儒法兵思想于一体的智慧圣典

《智囊精粹》
比通鉴有生活，比通鉴有血肉，堪称平民版通鉴
修身可借鉴，齐家可借鉴，古今智慧尽收此囊中

【文史精华】

《左传全集》
中国现存的第一部叙事详细的编年体史书
在"春秋三传"中影响最大，被誉为"文史双巨著"

《史记·本纪精粹》
中国第一部贯通古今、网罗百代的纪传体通史
享有"史家之绝唱，无韵之离骚"赞誉的史学典范

《庄子全集》
道家圣典，兼具思想性与启发性的哲学宝库
汪洋恣肆的传世奇书，中国寓言文学的鼻祖

《容斋随笔精粹》
宋代最具学术价值的三大笔记体著作之一
历史学家公认的研究宋代历史必读之书

中华传统文化核心读本书目

《世说新语精粹》
记言则玄远冷隽，记行则高简瑰奇
名士的教科书，志人小说的代表作

《古文观止精粹》
囊括古文精华，代表我国古代散文的最高水准
与《唐诗三百首》并称中国传统文学通俗读物之双璧

《诗经全集》
中国第一部具有浓郁现实主义风格的诗歌总集
被称为"纯文学之祖"，开启中国数千年来文学之先河

《山海经全集》
内容怪诞包罗万象，位列上古三大奇书之首
山怪水怪物怪，实为先秦神话地理开山之作

《黄帝内经精粹》
中国现存最早、地位最高的中医理论巨著
讲求天人合一、辨证论治的"医之始祖"

《百喻经全集》
古印度原生民间故事之中国本土化版本
大乘法中少数平民化大众化的佛教经典